现代守时技术

董绍武　袁海波　屈俐俐　赵书红　编著

科学出版社

北　京

内 容 简 介

本书介绍基于原子钟的现代时间产生与保持（守时）技术。全书共六章，主要内容包括守时的基本概念、现代守时和授时技术、原子钟噪声理论、时间尺度算法、时间频率传递技术、地方原子时尺度的产生、时频信号产生、综合原子时、守时条件控制、全球卫星导航系统时间等。本书行文力求规范、准确，参考国际原子时建立的通行要求和守时工作实践，突出实际应用。

本书可供标准时间产生与保持、时间频率测量、时间信号授时发播、导航、通信等领域的科技人员参考，也可供天体测量与天体力学、测试计量技术及仪器、电子科学与技术等学科的研究生参考阅读。

图书在版编目（CIP）数据

现代守时技术/董绍武等编著. —北京：科学出版社，2022.10

ISBN 978-7-03-073149-4

Ⅰ. ①现… Ⅱ. ①董… Ⅲ. ①原子钟-研究 Ⅳ.①TH714.1

中国版本图书馆 CIP 数据核字（2022）第 168516 号

责任编辑：祝 洁 / 责任校对：崔向琳

责任印制：赵 博 / 封面设计：迷底书装

科学出版社 出版

北京东黄城根北街 16 号

邮政编码：100717

http://www sciencep com

固安县铭成印刷有限公司印刷

科学出版社发行 各地新华书店经销

*

2022 年 10 月第 一 版 开本：720×1000 1/16

2024 年 6 月第三次印刷 印张：12 1/4

字数：240 000

定价：120.00 元

（如有印装质量问题，我社负责调换）

前　言

时间是现代科学技术发展和进步必不可少的基础参数，在人类活动、科学技术、国防与国民经济建设的各个领域都有应用。无论何种时间服务或应用，都依赖于高精度的守时，即标准时间的产生与保持。随着科学技术的发展，守时经历了从天文时到原子时的过渡和发展，守时实现的准确度和精度也越来越高。我国系统性的原子守时工作开始于20世纪70年代的长、短波授时系统建设，几十年来，守时系统为我国长波、短波等各类授时系统提供了连续且稳定的标准时间频率信号，为我国的科学实验、国防科技事业提供了重要支撑。为了总结我国守时系统运行和发展的经验，进一步促进守时工作的发展，特撰写本书，供从事守时工作及其相关专业的科技人员和研究生阅读参考，希望能为对守时工作感兴趣的人员提供有用信息。

守时是时间服务的基础和核心。本书主要介绍标准时间产生及保持（守时）的相关内容，对守时的基本概念、原子钟噪声分析、时间尺度算法、全球卫星导航系统时间等均进行了较详细论述，并结合实例力图使读者对现代守时过程有全面的了解。全书共六章，第1章为绪论，介绍时间及守时的基本概念、守时发展历程，以及守时方法和技术的发展和演变；第2章为现代守时基础，介绍守时型原子钟特性和时间尺度计算的基本方法；第3章为现代守时系统，介绍现代时间基准系统的构建和原子时的产生；第4章为高精度时间产生，介绍时间基准系统物理信号的产生和精密控制方法；第5章为守时条件控制，介绍现代守时辅助系统，如供电和环境控制系统的要求；第6章为全球卫星导航系统时间，介绍全球卫星导航系统时间系统的组成。本书的特点是紧密联系守时工作实际，具有较强的实用性。

本书由中国科学院国家授时中心董绍武主持撰写，参与撰写的有袁海波、屈俐俐、赵书红。其中，第1章、第5章和第6章由董绍武撰写，第2章由赵书红撰写，第3章由屈俐俐撰写，第4章由袁海波撰写。

本书撰写过程中得到了中国科学院国家授时中心的大力支持，在此表示感谢。在资料和数据收集过程中，得到了中国科学院国家授时中心时间基准实验室全体科研人员的大力支持和协助，在此表示感谢。为反映本领域的最新科研成果，本书引用了国内外知名专家、学者的研究成果，已在参考文献中列出，在此表示郑重感谢。

由于作者水平有限，书中疏漏之处在所难免，恳请读者批评指正。

目　　录

前言

第 1 章　绪论 1

1.1　时间的基本概念 1
1.2　守时的基本概念 4
1.3　时间测量方法的发展 8
1.4　时间测量的数学基础 11
1.5　世界时 16
1.6　原子时和协调世界时 20
1.7　现代守时和授时技术 25
1.8　原子时间尺度产生与保持 28
1.9　我国的时间服务工作 31
参考文献 35

第 2 章　现代守时基础 37

2.1　原子钟噪声模型 37
2.1.1　原子钟输出信号的表示 37
2.1.2　幂律谱噪声模型 38
2.1.3　阿伦方差与随机噪声的近似关系 40
2.2　守时型原子钟的特性 42
2.2.1　准确度和稳定度 42
2.2.2　不确定度 50
2.2.3　频率漂移和频率复现性 51
2.3　原子时算法 52
2.3.1　原子时算法的基本原理 52
2.3.2　经典的原子时算法 54
2.4　ALGOS 算法的改进 62
2.4.1　新的频率预报算法 63
2.4.2　新的权重算法 65

2.5 国际标准时间建立 67
2.5.1 国际标准时间概述 67
2.5.2 快速协调世界时 70
2.5.3 地球时 71
参考文献 71

第3章 现代守时系统 73

3.1 原子钟组 74
3.1.1 基准频标/次级频标 74
3.1.2 守时型原子钟 75
3.2 本地测量比对 78
3.3 时间频率传递技术 80
3.3.1 传统的时间频率传递技术 81
3.3.2 GNSS 时间传递技术 82
3.3.3 TWSTFT 技术 88
3.3.4 TWSTFT 与 GNSS PPP 结合 89
3.3.5 激光时间频率传递技术 90
3.3.6 光纤时间频率传递技术 91
3.4 比对链路的校准 93
3.5 地方原子时尺度的产生 95
3.5.1 时间比对数据预处理 95
3.5.2 原子钟噪声分析及降噪方法 102
3.5.3 地方原子时算法 105
参考文献 107

第4章 高精度时间产生 109

4.1 时频信号产生原理 109
4.1.1 主钟选择 110
4.1.2 钟组配置 112
4.1.3 UTC(*k*)的控制 117
4.1.4 主备主钟系统切换 124
4.2 联合守时方法 128
4.3 综合原子时 130
4.3.1 综合原子时原理 131
4.3.2 综合原子时实例 133

4.4 时间尺度国际标准溯源 142
参考文献 147

第5章 守时条件控制 149

5.1 电力保障 149
5.2 守时环境保障 151
5.3 守时系统状态监测 154
5.3.1 设备噪声和干扰 154
5.3.2 系统状态实时监测 157
5.4 主钟信号完好性监测 158
参考文献 160

第6章 全球卫星导航系统时间 162

6.1 GPS 时间 162
6.1.1 时间系统 162
6.1.2 系统时间产生 164
6.1.3 系统时间溯源 166
6.2 GLONASS 时间 168
6.2.1 时间系统 168
6.2.2 系统时间产生 169
6.2.3 系统时间溯源 170
6.3 GALILEO 时间 173
6.3.1 时间系统 173
6.3.2 系统时间产生与溯源 174
6.4 北斗卫星导航系统时间 176
6.4.1 时间系统 176
6.4.2 系统时间产生与溯源 177
6.5 各 GNSS 时间的相互关系 178
参考文献 180

附录 181

附录 1 守时常用名词 181
附录 2 全球保持协调世界时 UTC(*k*)的守时机构名录 182
附录 3 全球保持独立原子时 TA(*k*)的守时机构名录 186

第1章　绪　　论

1.1　时间的基本概念

时间的基本单位“秒”是国际单位制（SI）七个基本物理量中最具特性的一个：首先，它是当前测量精度最高的物理量；其次，它有着悠久的测量历史和多种测量手段，单位定义具有复杂性。

20 世纪 50 年代之前，标准时间的测量和定义是以天体测量的观测结果为基础，即以地球自转周期为基础的世界时（universal time，UT），因此一直以来标准时间的产生和保持（也称为守时，timekeeping）隶属于天文台站的工作。基于天体测量的天文时间在人类历史活动和科学技术进步中曾经发挥了巨大作用，目前依然是确定国际标准时间的两个要素之一。

由于天体运动的周期不够稳定，由其确定的时间单位（日或者秒）的测量精度不高，而且观测时间长，不便使用，不能满足现代科学技术高速发展的需要，因此在 20 世纪 50 年代以后，时间单位“秒”的定义逐步被以量子物理学为基础的原子时间频率标准所代替。建立在量子物理学基础上的铯原子时间标准诞生于 1955 年。经过十几年的理论分析、交替测量和技术协调，铯原子时间标准在 1967 年正式取代了天文时间标准的“秒长”定义，并在几年之后形成全球统一的时间标准——国际原子时（international atomic time，TAI）和协调世界时（coordinated universal time，UTC），并沿用至今。UTC 是现今世界各国法定时间授时发播服务实际使用的标准时间，它是世界时和国际原子时的折中和统一。一般来说，世界时能够直接反映地球自转和昼夜变化规律，在日常生活生产活动、天文观测、大地测量和宇宙飞行等领域不可或缺，而国际原子时准确、稳定，在通信、卫星导航、科学研究等领域广泛应用。

1. 认识时间

时间依据其特性可分为人文时间、科学时间及哲学时间。人文时间涉及人对于时间的感觉、意识，以及人对于时间的心理学、生理学、病理学特征；科学时间涉及作为基本物理量的时间的定义和测量，以及自然科学和其他学科发展揭示的时间的各种特性；哲学时间则涉及对于时间本质的认识和概括。本书仅讨论科学时间，着重在科学层面上研究和讨论时间的定义、测量、传递及应用。

提出了三大经典力学定律的科学家牛顿（1643～1727年）认为，时间是绝对的、不受外来因素干扰的，且可以永久存在。一切不变是牛顿时期时间科学的基础，也是直到20世纪初被普遍接受的科学时间概念。

真理是相对的，它总是随着科学的进步而发展。进入20世纪后，人类在物理学、天文学的新成果、新发现向“绝对时间”的基本观念提出了质疑。20世纪，科学家爱因斯坦将时间与空间耦合一起，“推翻”了牛顿的观点。爱因斯坦狭义相对论指出，时间是相对的，时间不能脱离宇宙及其事件的观察者而独立存在，时间是宇宙与其观察者之间联系的一个方面。处于相对匀速运动的不同观察者，一般对同一事件总会测出不同的时间。例如，相对观察者做匀速运动的钟比相对于观察者静止的钟走得慢，钟的相对速度越大，越接近光速，效应越明显。另外，爱因斯坦广义相对论的一个直接推论是，由于引力场的存在，处于地球表面不同高度的时钟走时速度不一样，海拔越高，钟速越快，差值约为1.09×10^{-16}s/m，即海拔每升高100m，时钟变快百万亿分之一秒。爱因斯坦相对论做出的这些预言已经被实验所证实。另外，如果承认根据爱因斯坦相对论和20世纪重大天文发现（河外星系谱线红移、微波背景辐射、不同星系上近似的氦丰度）提出的“大爆炸”宇宙模型，那就要接受宇宙必然有“开端”（至少在100亿年前），并且还可能有终结（至少在几百亿年以后）。由爱因斯坦广义相对论和量子理论得出的现代宇宙论的研究成果：观测所及的宇宙（范围约150亿光年）是有限无界的，即在空间-时间尺度上有限但无边界（或边缘），无始无终，无生无灭！当然，这只是一种比较新的宇宙模型，由此做出的科学预言还要接受实际观测的验证。

物理学家史蒂芬·威廉·霍金认为，爱因斯坦只给出了时间变化的特性，没有解释时间的起点和终点。霍金的时间理论是在广义相对论与量子理论的基础上的延伸与发展，他认为时间是有起点也是有终点的，时间随着宇宙膨胀而产生。霍金在其著作《时间简史——从大爆炸到黑洞》总结出“时间起源于大爆炸，结束于大挤压”。

总而言之，“时间是什么”的问题实质上是探索时间的本质，从古至今，科学家都在努力研究时间、认识时间。然而直到现在，还没有任何一种关于时间本质的学术观点被一致认同，需要长期探索下去。好在时间已在人类生产生活，特别是科学技术发展进步中得到极大的应用，对时间的认识也会随着社会的发展，尤其是科技的进步而不断达到新的高度。通常来讲，科学时间涵盖了时间产生与保持（也称为守时）、时间服务（也称为授时）、时间应用（也称为用时）三方面内容，如图1.1所示。

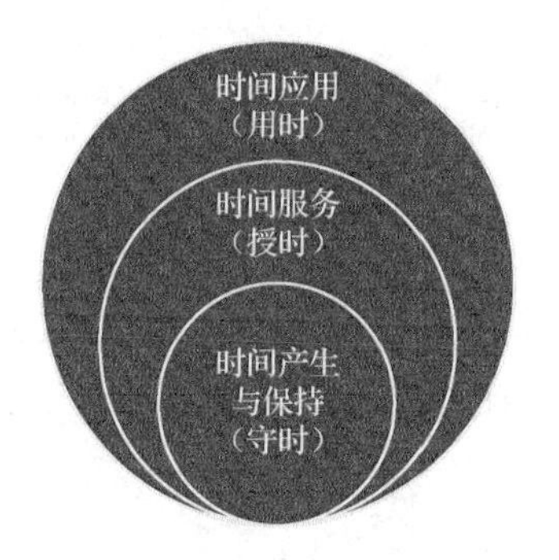

图1.1 科学时间涵盖的内容

2. 科学时间应用

时间是科学研究、科学实验和工程技术等方面的基本物理参量，为一切动力学系统和时序过程的测量和定量研究提供了必不可少的时基坐标。精密时间以其完美的线性和连续性展示出缤纷的客观世界的理性，成为人类认识世界和改造世界的有力科学工具。

精密时间在国防现代化、国民经济建设的诸多方面都有着广泛应用。精密计时、现代通信、导航定位和计算机自动控制等都离不开精密时间尺度和时间频率测量技术。现代数字同步网主要需要频率同步，在此基础上的业务网，如同步数字系列（synchronous digital hierarchy，SDH）通信网时间同步、码分多址（code division multiple access，CDMA）通信基站间的时间同步等，不仅需要频率同步，而且需要高精度的时间同步。

在导航系统中，尤其是星基导航系统，如美国的全球定位系统（global positioning system，GPS）、俄罗斯格洛纳斯的全球卫星导航系统（GLObal NAvigation satellite system，GLONASS）、欧盟的伽利略卫星导航系统（Galileo satellite navigation system，GALILEO）及中国的北斗卫星导航系统（BeiDou navigation satellite system，BDS）都是采用测时测距体制，高精度时间频率测量和同步是导航系统的关键和核心，整个GPS星座的星载钟之间的同步精度在几纳秒水平。

在很多科学研究（如电离层特性研究等）、计量和校准领域，以及时间戳等方面，都需要高精度时间基准。在航天领域，如火箭发射等需要高精度的时间和频率同步。独立自主的时间频率体系关乎国家安全和核心利益。世界主要发达国家极其重视时间频率体系建设和发展，美俄均建有独立完备的国家时间频率体系。目前，我国正在建设和完善以北斗卫星导航系统授时为主导，以陆基无线电、光纤、网络等授时手段相辅助的国家时间频率体系。国家时间频率体系包含守时、授时、定时、计量校准与监测等方面。

1.2　守时的基本概念

守时是科学时间服务的核心和基础，是对时间进行定义、测量、产生和维持的过程；授时是将符合规范的标准时间通过一定方式发送给用户的过程；定时是指用户接收标准时间信号，使标准时间服务于各种应用的过程，如图 1.2 所示。

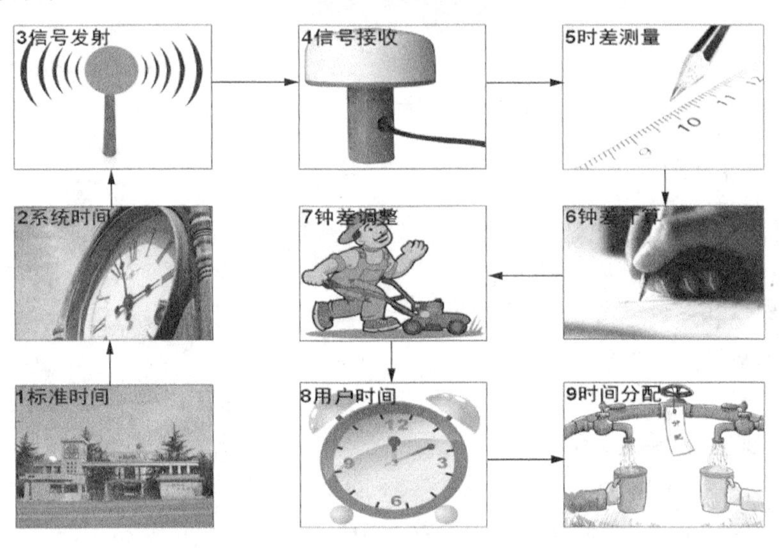

图 1.2　守时、授时与定时（李孝辉，2015）

1. 时间及守时的重要性

时间是科学技术发展和进步必不可少的基础参数，同时科学技术发展提供的科学原理和技术手段又促进了时间科学的发展和进步。现代量子频标的出现和电子技术的进步，极大地提高了时间频率计量测试的稳定度和准确度，使之遥遥领先于其他量值的计量水平。由于极高的测量精度和直接传递的特性，时频计量成为其他量值计量向着量子基准转化的先导。1983 年，第十七届国际计量大会（general conference of weights & measures，CGPM）的会议决议中重新定义了“米长”[光在真空中 1/299792458s（3.3356ns）所传播的距离]。长度和时间的这种密切的关系已经被用于导航系统，全球定位系统尤其令世人注目。完成这种转换而重新定义的量值还有电压单位伏特（1990 年），电阻单位欧姆（1990 年）。德国的 ACAM 公司已经开发出基于时间间隔测量（time interval counter，TIC）的电容和电阻传感器，提高了电容和电阻的测量精度。由此可见，时间频率已成为当今物理量准确计量的基础。

时间渗透于人类活动、科学实验和国家建设的各个领域，在社会发展的各个历史时期都受到高度重视。在信息化时代的今天，时间得到了更加广泛的应用，人们的日常生活正处在时间的“包围”之中。国家的很多重要基础设施和行业，如通信、电信、定位、导航、测绘等，其活动效率和质量在很大程度上依赖于高精度时间服务保障。

全球卫星导航定位系统（global navigation satellite system，GNSS）就是高精度时间在定位的一个典型应用，如美国 GPS 和中国 BDS。无论时间服务还是应用，都依赖于高精度的守时，守时是时间工作的基础和核心内容。任何一个大国都想拥有自己独立的、并力图建立与保持高性能和高可靠性的时间标准。例如，如果守时精度不能突破微秒（百万分之一秒）量级的限制，那么便不可能有今天的全球卫星定位系统，地球物理学将很难获得今天空间测量所提供的精细信息，当然也就不可能有今天这样准确的卫星气象预报和精密制导的远程武器系统。

由于社会发展，对信息传输和处理的要求越来越高，对守时精度的要求也越来越高，这就需要更高准确度的时频基准和更精密的测量技术。20 世纪 50 年代初原子钟发明至今，全球多个国家（包括我国）都在原子频率标准（简称“原子频标”）的研究上不断取得进展。传统的铯原子频标、氢原子频标、铷原子频标成为时间频率领域里最成熟、实用的原子频标，它们的秒级稳定度都在 10^{-12} 量级及以上。除此之外，自 20 世纪 80 年代起，欧美国家开始研制新型冷原子频标，如光抽运铯束频标、原子喷泉、离子阱频标和光频标等，这些新型的冷原子频标的准确度和稳定度是在传统的原子频标之上。高稳晶振、原子频标等频率源的研制和应用范围的不断扩大，也不断向更精密的测量技术提出挑战。时间和频率的测量分辨率已经分别达到了皮秒和 10^{-16} 量级，不确定度则下降到了 10^{-14} 量级。

2. 守时的基本原理

时间是连续流逝的物理量，包括时刻和时间间隔两部分。时刻表示事件发生或者结束的时间点；时间间隔表示事件发生所持续时间的长短。

守时的基本原理如图 1.3 所示，测量得到一个稳定的时间间隔，并且进行计数，从时间起点加上累加的时间间隔得到当前的时刻。稳定的时间间隔是通过测量物质的周期性运动而获得。

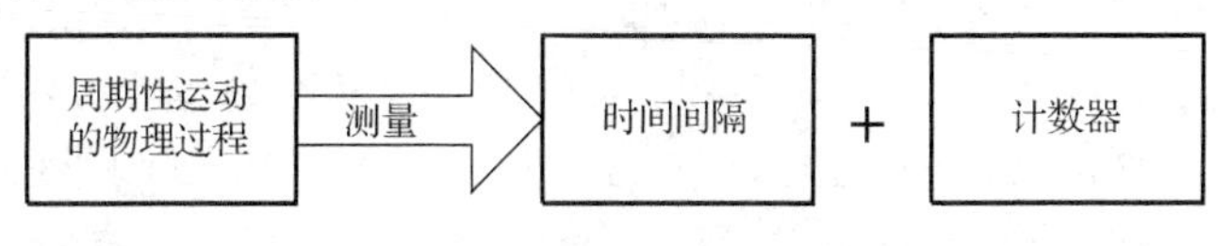

图 1.3　守时的基本原理

以上对守时的表述或许太过抽象，图 1.4 是较为容易理解的两个例子。通过测量钟摆的运动，可以得到稳定的时间间隔，将其计数并累加即可得到当前的时刻。对于铯原子钟（简称铯钟），在能级跃迁时吸收或释放一定能量的电磁波，这类电磁波同单摆一样，是一种周期运动，由于其频率更高，周期更短，稳定性更强，因而测量得到的时间间隔更加精确，守时精度也就更高。

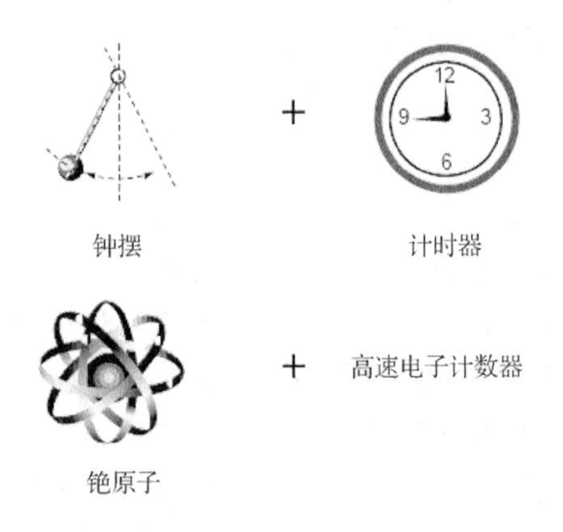

图 1.4　利用钟摆和铯原子钟守时（Allan et al.，1997）

原子钟守时原理：原子频标输出标准频率，经过适当分频和控制后带动时钟钟面，从而给出一种由原子频标所确定的时间，该类型的时钟被称为原子钟。如果所用的是铯束原子频标，即为铯原子钟。任何一台原子钟均存在各种系统误差和随机误差，原子钟输出频率包含不同的变化分量，为提高守时性能，首先需要研究原子钟输出信号的变化特性。基于原子钟的现代守时方法的基本原则是采用一组原子钟，通过精密测量比对，尽可能消除各种系统误差和随机误差的影响，由统计学方法产生平均或者综合时间尺度。对所产生的原子时间尺度的要求是尽可能均匀或者稳定。

3. 时间标准的测量和表征

时间的测量依靠物质的连续运动。理论上，任何一个连续运动的物理过程或物理量，都可以表征为以时间为自变量的函数。假如一种运动过程或物理量的变化是可被测量的，就能以它为标准去测量时间。人类在进行时间测量的过程中，总是选取某种周期性运动过程。在守时过程中，人类选用了各种各样的周期变化过程进行时间测量和计数。但是，为了更精确地守时，必须采用一种公认的、有权威性的周期运动作为时间标准，这种时间标准一般应按两方面来选择：

（1）稳定性。在不同的时期内该时间标准所给出的运动周期必须是一样的，不能因为外界条件的变化而有过大的变化（绝对没有变化是不可能的）。

（2）复现性。该周期运动在地球上任何地方、任何时候，都应该能够在实际中通过一定的实验（或观测）予以复现，并付诸应用。

当然，稳定性和复现性同其他任何物理参数一样，不可能是绝对的，而是针对一定的精度指标而言的。也就是说，在某一历史阶段内，它只是人类科学技术水平所能达到的极限值，并以此作为当时选择的依据，随着科学技术的发展，新仪器、新方法的不断涌现，人类又可以依据这两个条件去寻找新的时间标准。

随着现代社会的高速发展，对高精度时间频率提出了更高要求，特别是现代数字通信网的发展、信息高速公路建设，各种政治、文化、科技和社会信息的协调都是建立在严格的时间同步基础上的。表 1.1 为不同领域对时间频率性能的要求（董绍武等，2017）。

表 1.1 不同领域对时间频率性能的要求

应用领域	时刻准确度	频率稳定度
卫星导航	±20ns	$\pm2\times10^{-13}$
电子侦察卫星	±10ns	$\pm5\times10^{-13}$
巡航导弹	±50ns	$\pm5\times10^{-13}$
卫星测轨	±50ns	$\pm1\times10^{-12}$
高速数字通信网	±0.5μs	$\pm5\times10^{-12}$
电力传输网	±1μs	$\pm1\times10^{-11}$
电视校频	—	$\pm5\times10^{-12}$

对于精密时间的测量而言，由于时间是由原子振荡频率来定义，频率稳定度和频率准确度便成为时间测量的一个重要概念。在时频测量中习惯上把不稳定性称为稳定度，如国际原子时（TAI）的稳定度为$\pm3\times10^{-16}$（30d），就是指国际原子时在取样时间内的不稳定性。

（1）时域下的时间稳定度测量。被测时钟和参考时钟的输出信号（如秒）分别进入时间间隔计数器。参考时钟的秒脉冲信号为开门信号，被测时钟的秒脉冲信号为关门信号，然后由时间间隔计数器计算被测时钟秒脉冲到达预设波阵面高度的时刻。

（2）时域下的频率稳定度测量。测量时域下的频率稳定度一般使用两个频率不同但相近的振荡器去伺服混频器，再经过低通滤波后，由电子计数器进行测量。

（3）频域下的频率稳定度特征。测量频域下的频率稳定度，一般将它们的功率谱密度函数在所有的频率上进行积分，然后对增量利用方差进行统计处理，最常用的是阿伦方差。

（4）时间和频率比对。在原子时测量领域中，构成时间的基本单位是频率，因此实验室内部需要经常进行频率比对，以求得尽量均匀的时间单位；同时，各个实验室之间也需要相互时间比对。时间比对主要分为局部时间比对和远距离时间比对，在远距离时间比对中又采用搬运钟法、单向法和双向法。

1.3　时间测量方法的发展

时间的测量、定义、产生与保持经历了从天文测时到原子守时的发展过程。从人类发展的史前阶段开始，就在对时间进行“测量”。当然，它不是现代科学概念上的测量，而只是一种简单的标注。随着人类活动范围的扩大，社会生产力的发展，以及人类对自然界认识的不断提升，人类对时间也逐步由“标注”走向科学测量，这一进程是非常缓慢的。在漫漫历史长河中，人类对时间的认识在不断进步（包括自然科学，特别是物理学的发展），时间的测量也逐步接近科学化。

太阳东升西落，周而复始，利用这样的自然周期现象来测量和定义时间，是人类一直以来确定时间的基本方法。

利用太阳有规律的周期性运行，人类逐渐产生了时间的基本单位“日”的概念。有了日的概念以后，便可以开始计数日历。在我国，有据可考的计日方法是殷商时代的甲骨文干支表。从春秋时期开始连续用干支法计日，直到清朝宣统三年为止，共 2600 多年（漆贯荣，2006；胡永辉等，2000），这是迄今为止所知的世界上最早、最长的连续记日资料。现代天文学和时间测量中有一些资料仍然采用连续计日的方法来记录。目前，全球使用的不是我国的干支计日法，而是儒略计日法，它所记得日数称儒略日（Julian day，JD）。儒略日于 1583 年所创，其起点定在公元前 4713 年 1 月 1 日格林尼治时间平午（世界时 12:00），即 JD 0 指定为 UT 时间的公元前 4713 年 1 月 1 日 12:00 到公元前 4713 年 1 月 2 日 12:00 的 24h。每一天赋予了一个唯一的数字，连续计数，如 1996 年 1 月 1 日 12:00:00 的儒略日是 2450084。

由于儒略日数字位数太多，国际天文学联合会于 1973 年采用约化儒略日（modified Julian day，MJD）计数，MJD 相应的起点是 1858 年 11 月 17 日世界时零时，因此 MJD 与 JD 的关系为 JD−MJD=2400000.5。例如，2020 年 12 月 31 日零时的约化儒略日数为 59214。

对于现代科学技术来说，“日”作为时间的基本单位显然太“粗”了。随着科学技术的不断进步，时间单位被不断细分到秒、毫秒（10^{-3}s）、微秒（10^{-6}s）、纳秒（10^{-9}s）、皮秒（10^{-12}s）、飞秒（10^{-15}s）、阿秒（10^{-18}s）甚至更小量级。人类目前已知的时间范围如图 1.5 所示。

时间测量技术的发展有着十分久远的历史。从一定意义上来说，时间测量技术的发展是以科技水平为基础的，在计时发展史上，人类创造了多种多样的时间测量方法。图 1.6 为时间测量方法的发展历程。随着时间测量技术的发展，时间测量的精度也随之越来越高。

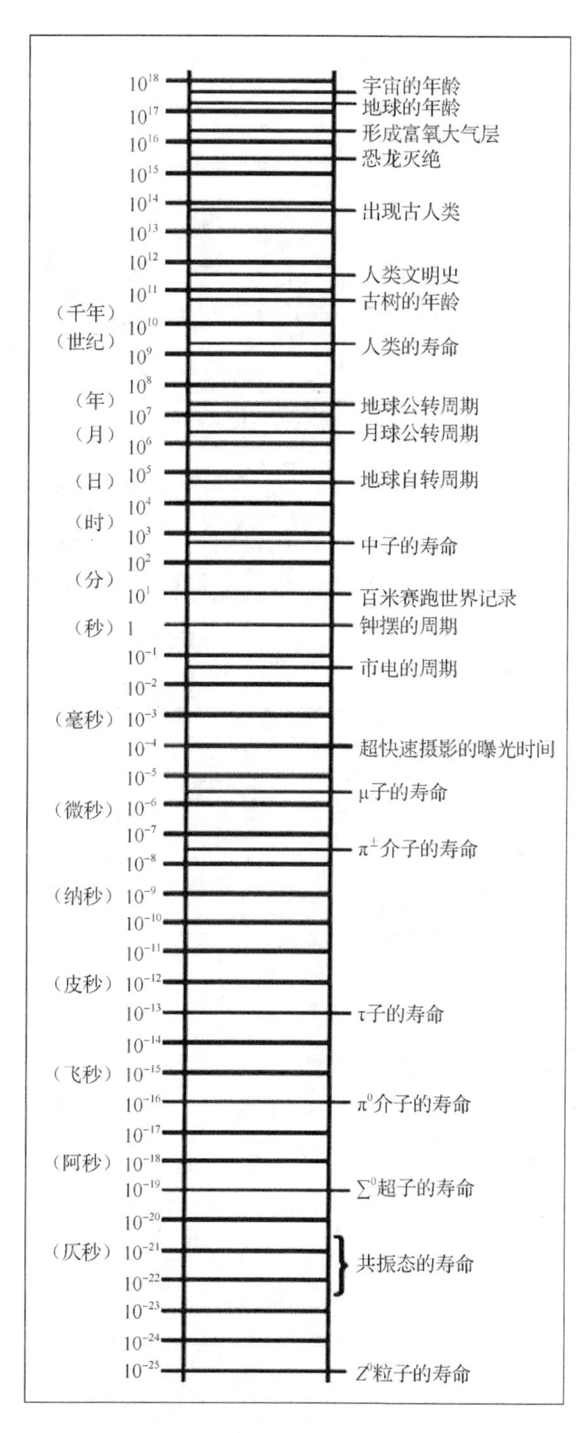

图 1.5　人类目前已知的时间范围

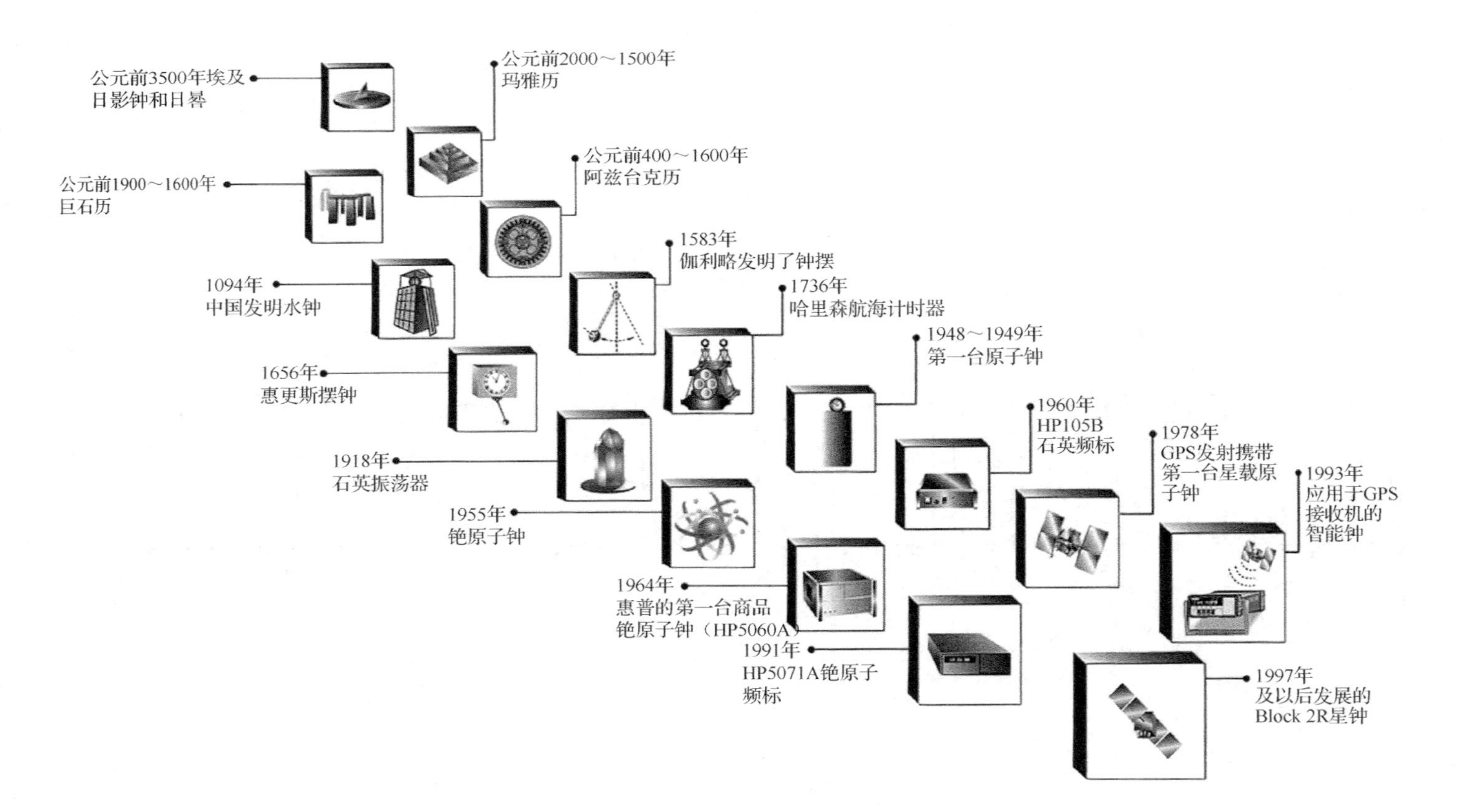

图 1.6　时间测量方法的发展历程（Allan et al.，1997）

1.4 时间测量的数学基础

1. 时间测量的数学约定

对于时间测量问题，一般期望能有这样一个基本原则，即如果x和y是两个相邻的持续时间，则对由它们组成的相应的持续时间测量，应该等于对这两个分量各自测量x和y的算术和$x+y$。事实上，在时间测量中，这个原则一般是遵守的。但是，应该指出，不能认为该原则对所有测量方式都是适用的，在理论分析中应该更一般地处理问题（胡永辉等，2000）。

于是，引入了这样一个基本原则：如果用数字标注持续时间，则时间相加必须符合交换律和结合律。换句话说，假定x和y相继持续时间的“和”$x+y=y+x$，同时三个持续时间x、y和z的复合和中的任一持续具有相同的测量，即不论x“加”到y和z的“和”上，还是z“加”到x和y的“和”上，其结果都是一样的。如果x和y的时间和表示为单值函数$f(x,y)$，要求$f[f(x,y),z]$对x、y和z均匀连续，则令$f(x,y)$和$f[f(x,y),z]$的函数算子分别为$\theta_y(x)$和$\theta_z\left[\theta_y(x)\right]$，可以证明：

$$\theta_z[\theta_y(x)]=\theta_y[\theta_z(x)] \tag{1.1}$$

由式（1.1）可知，函数算子θ_y和θ_z符合交换律。由于x和y可以取连续系统中的任意值，可以看出，如果和函数是可微分的，则有

$$f(x,y)=\theta_y(x)=\varphi^{-1}[\varphi(x)+\alpha(y)] \tag{1.2}$$

式中，φ是与x和y无关的单调函数算子。因为$f(x,y)$是均匀连续函数，所以$\alpha(y)=\varphi(y)$，有

$$f(x,y)=\varphi^{-1}[\varphi(x)+\varphi(y)] \tag{1.3}$$

相应地，如果ω是x和y两个持续时间的和，则有

$$\varphi(\omega)=\varphi(x)+\varphi(y) \tag{1.4}$$

时间相加符合交换律和结合律这一基本原则意味着，对于某个单调函数中，可以分解出ω持续测量的任意两个连续x和y的测量，必须服从式（1.4），这是一个重要结论。该结论表明，即使初始选择的测量尺度不是算术相加的，也可以被“绘制”在可以相加的另一个尺度上，即可以转换为另一个测量尺度，实施这一转换所需要的只是将原尺度下的x转换为新尺度X，这里$X=\varphi(x)$。于是，如果Y和W表示新尺度对原尺度下y和ω的新测量，则很清楚，$W=X+Y$。因此，对服从加法交换律和结合律的持续时间进行标注测量的任何方法，在原理上最终都可使其能给出服从算术相加通常定律的量。然而，只有满足方程$f(x+y)=$

$f(x)+f(y)$ 的连续函数才有 $f(X)=\lambda(X)$（λ 为附加常数），新的测量尺度也才能是唯一的（吴守贤等，1983）。

可以通过下面的例子对这些约定加以说明，希望通过计算放射性元素的衰变来建立一个时间尺度。

假定已知在某个给定瞬间一个给定的放射性元素中原子的总数，又能够检测每一个原子的衰变，可以测定任意持续时间衰变了的原子数，以及任一瞬间所剩原子总数。如果在一特定持续时间的开始，初始元素的原子总数是 n_0，在该间隔中衰变的原子数是 δn_0，可以取 $\delta n_0/n_0$ 为这一持续 x 的变量。如果在一个邻近的相继持续中衰变数为 δn_1，则可以按同样规则标注这一持续的测量 $y=\delta n_1/n_1$。这里 $n_1=n_0-\delta n_0$，对于由这两个持续结合形成的总持续 ω，必然有

$$\omega=\left(\delta n_0+\delta n_1\right)/n_0 \tag{1.5}$$

按简单代数法，可以得到

$$\omega=x+y-xy \tag{1.6}$$

式（1.6）给出了符合交换律和结合律的加法定律，三个持续间隔，x、y 和 z 的“和”为 $x+y+z-xy-yz-zx+xyz$。由于 $1-\omega=(1-x)(1-y)$，式（1.6）可化为式（1.5）。因此有

$$\lg\left(\frac{1}{1-\omega}\right)=\lg\left(\frac{1}{1-x}\right)+\lg\left(\frac{1}{1-y}\right) \tag{1.7}$$

如果选择按式（1.8）给出的新的测量尺度：

$$X=\lg\left(\frac{1}{1-x}\right) \tag{1.8}$$

便可得出加法定律

$$W=X+Y \tag{1.9}$$

由式（1.8）可以看到

$$X=\lg\left(n_0/n_1\right) \tag{1.10}$$

因而，如果 t 代表新时间尺度，且当初始元素的原子数 $n=n_0$ 时，$t=0$，则有

$$n=n_0\exp(-t) \tag{1.11}$$

按照前面指出的，新尺度与原尺度之间有一附加常数的差别，于是可以更一般地写出

$$n=n_0\exp(-\lambda t) \tag{1.12}$$

式中，λ 为新尺度与原尺度的差别，是一常数。可以推出

$$\frac{\mathrm{d}n}{\mathrm{d}t}=-\lambda n \tag{1.13}$$

式（1.13）在形式上与熟知的 Rutherford-Soddy 放射衰变定律相一致，它的实际意义在于：

（1）由式（1.13）定义的时间尺度，在实验精度范围内，同用其他方法，如天文观测方法确定的物理学均匀时间一致。

（2）对于选定的时间单位，λ 相同，不随衰变元素的气压、温度等变化。

时间间隔简单算术相加定律作为一般规则还受物理学定律影响。一般认为，物理学定律与事件发送的次数无关，重要的是各次事件发生的时间差，而不是每一次事件发生的本身。因此，时间测量决定于标准间隔或周期的选择，类似于距离测量中的标准距离单位的选择。在实践中，人们总是按照所考虑的时间间隔选择不同的时间测量单位。迄今为止，人们所选择的时间测量单位都是用单位周期的数值倍数进行测量的，因此这些选择符合算术相加定律的约定。

算术相加定律约定的重要性可以从机械钟发明的历史作用中得到说明。发明机械钟的决定性意义不在于其计时精度有多高，而在于它所依赖的是周期过程而非连续过程这一事实。与日晷、水钟和沙漏不同，机械钟依赖于机械运动，这种运动重复出现产生了类似于长度单位的更精密的时间单位概念。

2. 时间测量的基本公式

从时间是运动的数目，到时间是物质存在和运动的基本形式，时间都与物质运动有关。因此，要实现时间的记录，必须选择适当的物质运动过程作为测量标准。

在原理上，任一连续运动过程或物理量，都可以表征为以时间 t 为自变量的函数（漆贯荣，2006）：

$$F = f(t) \tag{1.14}$$

如果这个过程的变化是可测的，就可以以它为标准进行时间测量。$f(t)$ 的最简单形式是线性函数，即

$$F = f(t) = a + bt \tag{1.15}$$

式中，a 和 b 为常数。严格来说，在自然界中很难找到完全表现为线性函数形式的物理运动过程。一般情况下，式（1.15）写为

$$F = f(t) = a + bt + \varphi(t) \tag{1.16}$$

式中，$\varphi(t)$ 为任一连续运动过程或物理量的非线性部分，对于时间测量而言，要求 $\varphi(t)$ 尽量小，在一定精度范围内可以忽略，或者 $\varphi(t)$ 具有特定形式，可以在记录 F 变化中扣除。

式（1.16）通常被称为时间测量的基本方程。如果忽略 $\varphi(t)$，则式（1.16）可写为

$$F = a + bt \tag{1.17}$$

式中，a 表征运动的起始状态，给出了测量系统的起点，或规定了时刻的起点，按照天文学术语，它规定了测量系统的历元；b 表示 F 在单位时间内的变化。当

规定以 $\mathrm{d}t$ 作为某种时间测量单位时，即令 $\mathrm{d}t=1$，则 $\mathrm{d}F=b$，表明在测量中只要精细地把 F 的变化记录下来，就得到了时间间隔的测量单位。

人类在进行时间测量时，总是选取某种周期性物理运动过程。事实上，迄今为止，人类用以测量时间的周期运动大体可以分为三类：

（1）转动体的自由旋转，如地球自转运动，由此导出了应用广泛的、人类第一个科学时间测量系统——世界时。

（2）开普勒运动，即卫星体在引力作用下绕中心体的轨道运动，如地球绕太阳的公转运动，月球绕地球的轨道运动等，由此导出了理论上均匀的历书时（ephemeris time，ET）。

（3）谐波振荡运动，绝大多数机械钟或电子钟的振荡运动都属于此类。

第（1）类和第（2）类周期运动是天文学时间概念和天文时间测量系统的基础。第（3）类谐波振荡运动产生了一般意义上的各种时钟，其中以原子钟最为精确，可以由此获得原子时间测量标准。

在现代时间测量中，无论采用哪种运动作为标准来建立时间测量系统，均匀性都是一个最重要的技术指标。所谓均匀性，是指时间尺度上各“刻度”间的时间间隔要尽可能保持相等。当然，均匀性同其他任何物理参数一样，不可能是绝对的，它总是针对一定精度要求而言的。在时间测量中，人们总是根据一定历史阶段内科学技术所能达到的较高水平，选择不同的物质运动过程，建立尽可能均匀的时间测量系统，这就是时间测量史上测量标准发生更迭的原因。

3. 时间测量的基本理论和模式

长期以来，时间测量是通过天文观测实现的。在观测精度低下的时代，人们视星际空间为真空平直空间，天体间的几何关系为欧几里得几何，天体运动遵循牛顿定律。因此，天文时间测量的理论基础是牛顿力学。

16 世纪，意大利天文学家伽利略揭示了时间各向同性、均匀性和无限性等特征，在他的坐标变换中 $t'=t$，表明自然界存在普适的、绝对的时间。牛顿总结包括伽利略在内的前人成果，创立了完整的经典力学体系，提出了人类历史上的第一个科学时空理论——绝对时空理论。牛顿把时间和空间分为绝对和相对两个范畴，认为绝对时间和绝对空间是抽象的，相对时间和相对空间是“可感的度量”；绝对时间等速流逝，与外界事物无关，与空间坐标无关。因此，牛顿力学定律不受坐标变换影响，即

$$t \to t' = t \tag{1.18}$$

$$x_i \to x_i' = x_i + a_i t \tag{1.19}$$

式中，a_i 为三个与坐标原点变化无关的常数。式（1.19）实际上还是伽利略坐标变换，是一般意义上时间测量的理论依据。

原子钟问世以后，虽然原子时的理论基础是量子力学，但是在实际测量中，人们所依据的仍然是式（1.16），只是根据量子力学定律来表征函数 $\varphi(t)$，并在必要的时候考虑相对论效应的改正。

在所有物理量的测量中，时间测量的历史最为悠久。从人类为了生存需要本能地观察某些自然现象，到自觉地制造测量器具，经历了漫长的粗犷时代。近代科学的兴起，为精密时间测量开辟了广阔前景（李孝辉等，2010）。尽管人类在漫漫时间长河中发明了各式各样、巧夺天工的时间测量器具，但是纵观古今，人类测量时间的基本模式，归纳起来只有两种。

1）复制型模式

复制型模式以周期不变性为基础。古人有“日出而作，日入而息”传统；古埃及人把两次尼罗河泛滥的时间间隔定为一年；游牧民族的先民们以草木枯荣计岁等等。即使是以太阳的东升西落计日，也不能说那个时代的人们已经学会了观察天象并掌握了其运动规律。他们只是把太阳升落、河水泛滥、草木枯荣同视为不变周期的自然现象，并“复制”这些周期“计时”，借以安排他们的起居和生存活动。

我国古代发明的水钟，以及后来伽利略提出的单摆的等时性原理，使得复制型模式测量发生了革命性的变化：人造周期代替了自然现象周期，为提高时间测量精度提供了广阔的舞台，随之而来出现了各种各样精巧的机械钟，进而出现了晶体振荡器，以及当今最高水平的分子和原子振荡器。

复制型模式时间测量理论基础是周期不变性和可复制性原理。严格地说，前者是不成立的。不仅自然界中没有严格不变的周期运动现象，就是人造周期运动也会因为各种原因引进误差（费业泰，2017）。至于可复制性，在一定精度范围可以实现，但它必然受到复制对象、复制方法和复制工艺的制约，从而带有或多或少的复制“制作”误差。因此，复制型模式的关键问题是尽力保持周期——时间单位的稳定性和复制精度，这就是现代原子钟追求频率稳定度和复制性的理论原因。到1998年底，高性能铯原子钟（如铯喷泉原子钟）提供的时间测量单位——秒的准确度已经达到 10^{-15} 量级。

2）动力学模式

动力学模式时间测量的理论基础是经典力学和天体力学，依据人们对特定天体（如地球）运动规律的认识和掌握，得到所谓天文时间标准。应该说，同当年复制型模式测量相比，动力学模式的出现是一个进步。由于动力学模式的观测对象是客观性比较强的、唯一的天体运动，有利于建立全球统一的时间标准，且有利于宇宙学研究中时间坐标的自然转换。

20 世纪 50 年代，人类发明了原子钟，随之出现了世界范围的原子时间测量标准，时间测量又回归复制型模式。在这期间，天文学家和物理学家之间曾经发生过深刻的分歧，通过辩论，以相互让步的妥协使问题得以解决。这种妥协让步，特别是天文学家的妥协让步是明智的。就时间测量本身而言，天文测时的精度远不能与原子守时的精度相比较。出现这一情况的关键在于，动力学模式测量依据的是以轨道力学为基础的星历表，观测对象是地球自转运动，或月球绕地球的轨道运动。星历表的误差、地球自转的不规则性，以及观测中地球大气的影响等诸多因素，使得天文时间标准的精度不可能有大幅度提高。在 20 世纪的前 60 年中，天文测时的精度只提高几倍，仅仅达到 10^{-9} 量级，远远落后于现代科学技术，特别是航天科学技术发展的需要。

1.5 世 界 时

1. 平太阳时

在古代，通过观测太阳（如利用日晷）得到的时间叫作真太阳时。在天文学上，把真太阳连续两次通过观测地点子午线的时间间隔称为一个真太阳日。然后，向上获得月和年，向下获得时、分、秒。

最初人们认为地球自转运动是均匀的，事实上地球绕太阳运动的轨迹并不是一个圆，而是一个椭圆，太阳位于其中的一个焦点上，地球公转的速度并不是均匀的。另外，地球自转轴与地球公转轨道面也不垂直，这使得地球在公转轨道的不同地点反映到太阳的位置变化速度不同。因此，在这一年当中，真太阳日就不会一样长，秒长也就没有固定值。

人类认识到这个问题是在 17～18 世纪，当时的时间测量精度已经达到秒级，人类发现地球自转运动并非均匀，也就是真太阳时是不均匀的。这一问题直到 19 世纪才由法国科学家合理解决。1789 年，法国针对当时度量衡存在的混乱状况，建议法国科学院成立特设科学委员会，确定新的测量标准，这一倡议得到了许多著名科学家的支持与响应。该委员会经过 30 多年的研究，于 1820 年正式提出了秒长的定义，即全年中所有真太阳日平均长度的 1/86400 为 1s。也就是说，把全年中所有的真太阳日加起来，然后除以 365，得到一个平均的日长，就是所谓的“平太阳日”。当时人们认为这样得到的平太阳日是固定不变的，就把它称作“平太阳时”。

法国科学家提出的上述定义似乎解决了一秒有多长的问题，但是在实际的操作中，这种秒并不能够实时得到，必须利用一年的观测，最后取平均才能够得到秒长。为了解决这一问题，人们引进了一个假想的参考点——平太阳。平太阳在天赤道上做匀速运动，其速度与真太阳的平均速度相一致，并且尽可能地靠近真太阳。平太阳参考点是由美国天文学家纽康（Newcomb，1835～1909 年）在 19

世纪末提出的一个假想参考点，而在此之前，人类已经通过在地球上观测天球上的某些参考点，得到以地球自转为基础的时间系统。以春分点作为基本参考点，由春分点周日视运动确定的时间，称为恒星时。某一地点的地方恒星时，在数值上等于春分点相对于这一地方子午圈的时角。平太阳时和平恒星时可以利用严格的分析表达式联系起来，精确地进行相互转换。

恒星时在数值上等于春分点的时角，即

$$\mathrm{ST} = t_{\Upsilon} \tag{1.20}$$

式中，ST 为恒星时，恒星时的测量是通过观测恒星实现的；t_{Υ} 为春分点的时角。平太阳参考点在天赤道上做匀速运动，其速度与真太阳视运动的平均速度相一致，其赤经为

$$a\odot = 18^h38^m45^s.836 + 8640184^s.542T + 0^s.0929T^2 \tag{1.21}$$

式中，$a\odot$ 为赤经；T 为从 1900 年 1 月 1 日 12 时起计的儒略世纪数，以平子夜作为 0 时开始的格林尼治平太阳时，称为世界时。

世界时是由恒星时推导出来的，其转换公式为

$$\mathrm{UT0} = \mathrm{ST} - a\odot - \lambda + 12^h \tag{1.22}$$

式中，UT0 为世界时；ST 为恒星时；$a\odot$ 为赤经；λ 为观测地点的经度（东经）采用值。

2. 世界时的修正

随着科技的进步，人们又认识到，不仅地球自转速度不均匀，而且地球自转轴的位置也在变化，使得两极在地球表面的位置也在变化，这就是“极移”现象。极移的变化范围约 $20\mathrm{m}^2$。世界各地的经纬度是以极点为原点定义出来的，极点的移动必然会使地球各地的经纬度发生变化，相应的时间也会发生变化。由于这种影响在各地是不一样的，所以反映在世界时秒长上的变化也是不一样的。

使世界时秒长在世界各地不同的原因还有北极并不永远指北。地球受月球的吸引而产生“进动”，进动的结果是地轴指向天空的方向不再是一点，而是一个圆。这个圆回转一周的时间是 25800 年，现在地轴北极指向北极星附近，在 12000 年以后将指向北半球天空最亮的一颗恒星——织女星附近，那时候织女星就成了北极星。

为了消除极点的移动，采用一个平均值“平北极”。在 UT0 中引起由极移造成的经度变化改正 $\Delta\lambda$，就得到全球统一的世界时 UT1，即

$$\mathrm{UT1} = \mathrm{UT0} + \Delta\lambda \tag{1.23}$$

$$\Delta\lambda = \left(x\sin\lambda - y\cos\lambda\right)\mathrm{tg}\varphi \tag{1.24}$$

式中，x、y 为瞬间地极坐标；φ 为观测地点的地理纬度；$\Delta\lambda$ 为由极移造成的经

度变化改正；UT1 为世界时，是全世界民用时间的基础，同时表示地球瞬时自转轴的自转角度，是研究地球自转运动的一个基本参量。

经过第一种修正以后，世界时仍然是不均匀的。事实证明，各种季节变化也会对它产生影响，如季风、植物的生长、雷电的分布等随季节变化的各种因素，都会造成地球自转的季节性变化。以季风的影响来说，每年夏季从海洋吹到陆地上，冬季又从大陆吹到海洋，这些风的质量能够达到 300 万亿 t。这么大质量的移动会导致地球重心的变化，地球自转的速度也随之变化，这种变化就是季节性的影响。季节性变化的修正是第二种修正，在 UT1 中加入地球自转速度季节性变化改正 ΔT_{S}，可以得到一年内平滑的世界时 UT2。

$$\mathrm{UT2} = \mathrm{UT1} + \Delta T_{\mathrm{S}} = \mathrm{UT0} + \Delta\lambda + \Delta T_{\mathrm{S}} \tag{1.25}$$

式（1.25）中包含了世界时的两种修正。实际上地球自转的变化是不规则的，表现在每过几十年，地球自转速度存在着或快或慢的波动，但地球自转的长期趋势是变慢的。

地球自转变慢的原因，有人认为是由潮汐摩擦力引起的，还有人认为与地球两极的自然条件变化有关。地球平均温度有上升的趋势，使得两极地区巨大的冰川慢慢融化了，两极的冰川在减少，地球赤道附近的海平面上升，地球要保持原来的转速，就要增加转动力矩。地球的转动力矩是由太阳、月球、地球按照它们自身的规律形成的，相对来说是不变的，只有使地球转动速度变慢才能达到力的平衡。可见，世界时的两种修正主要是受地球自转中不可预测的和长期变化的影响。

上述种种原因导致按照地球自转制定的世界时秒长仍有较大误差，有时可达 10^{-7} 量级，相当于 1s 产生 0.1μs 的误差。20 世纪 60 年代之前，世界各国共同采用世界时为时间标准，在现代科技飞速发展的情况下，10^{-7} 量级的误差很快就达不到人们对时间精度的要求了，不管怎么修正，总是不够理想，就需要寻找新的时间标准。

3. 历书时

要建立一个动力学上秒的定义，只要有一个特殊运动现象的连续时间记录就足够了。因此，任何一个在牛顿万有引力理论基础之上建立起来的天体运动历表都可以近似地给出历书时的秒。

假如一个天体的运动可以被准确地描述为

$$\vec{S}(t) = F_v(\sigma_{i=1,2,\cdots,n}, t) \tag{1.26}$$

式中，$\vec{S}(t)$ 为天体的瞬时坐标；$\sigma_{i=1,2,\cdots,n}$ 为描述天体位置变化规律的一组参数。从式（1.26）可看出，如果能够观测到天体的瞬时坐标，也可以唯一地确定时刻 t。

因此，在运动规律已知的情况下，天体历表中的时间变量可以作为一种时间尺度来使用，通过观测天体的瞬时位置即可得到当前的时刻。

根据以上理论，国际天文联合会（International Astronomical Union，IAU）在 1950 年选用反映地球公转的太阳历表作为定义新时间的基础。诚然，地球公转的速度并非恒定不变，但地球公转的周期却相当稳定。把地球公转周期进行等分，最后得到 1s 的定义，历书时的秒长比世界时的秒长更均匀。

当时在讨论参考对象的选择时，却产生了分歧。在 1952 年召开的 IAU 大会上，有人提出应该参考恒星年作为基础导出新时间的秒定义。持此观点的学者认为，太阳在黄道上相对于同一恒星运动一周的时间间隔（一个恒星年）几乎是个常量，由它定义的秒长会比较固定。通过进一步讨论，人们认识到，虽然平太阳连续两次过春分点的时间间隔（一个回归年）有变化，但更容易直接观测得到。实际上，天文学上直接观测得到的首先是回归年，加上通过春分点黄经岁差的改正才能得到恒星年，势必要涉及岁差常数值的问题。众所周知，采用的岁差常数值不够令人满意，它存在着更改的趋势。如果参考恒星年，天文常数系统一旦发生变化，就会反过来要求更改时间的定义，而作为一个基本定义，应该尽量避免修改。

为了使历书时方便使用，在给历书时进行定义时，要考虑与世界时的衔接，应用时才不会产生混乱和不必要的麻烦，需要遵从两点：①使世界时向历书时过渡时不产生时刻中断；②使历书时的秒长与世界时的秒长尽量保持一致。

因此，在 1956 年，国际计量委员会（International Committee for Weights and Measures，CIPM）根据 1954 年召开的 CGPM 大会授权，给出新时间测量标准的定义：

“历书时的起始时刻是世界时 1900 年 1 月 1 日 0 时，在时刻上严格与世界时衔接起来；历书时的秒是 1900 年 1 月 1 日 0 时开始的回归年长度的 1/31556925.9747。”

1960 年召开的第十届 CGPM 正式通过决议，采纳了这一定义。这样定义的时间测量标准称为历书时，简称为 ET。

历书时和世界时 UT2 的关系可表示为

$$\mathrm{ET} = \mathrm{UT2} + \Delta T \tag{1.27}$$

式中，ET 为历书时；UT2 为世界时；ΔT 为修正时间，其中除包含长期变化外，还包含不规则变化，它只能由观测决定，而不能用任何公式推测。

由于回归年的长度不受地球自转速度的影响，所以历书时的秒长是均匀的。历书时在理论上是一种均匀时，其稳定性达到了 10^{-9}，高于世界时，在当时被认为是一种均匀的时间标准。

虽然历书时的稳定性优于世界时，但是作为时间测量标准，它持续的时间却很短。1967 年，第十三届 CGPM 通过原子时的秒定义之后，历书时便失去了时间测量标准的职能，其原因是显而易见的。除了原子时的优越性之外，历书时本身作为时间测量标准存在着严重缺陷。首先，历书时不是由直接观测得到的，是由对太阳、月球或行星的观测结果，以及根据牛顿力学理论计算的历表数值进行比较而得到的。在实际工作中，天文学家是通过观测月球测定历书时和世界时的差值，然后将观测到的世界时转换成历书时。这样，历书时的引入，就在标准和测量之间造成了互不相容的混乱局面。其次，历书时的定义是建立在 19 世纪末纽康太阳历表的基础之上的。由于天体运动理论的缺陷和求解运动微分方程由实验确定的定积分常数包含误差，因此任何一个天体位置历表给出的只能是近似的力学时间，也就是说历书时并不是真正均匀的时间标准。

此外，从使用的角度而言，历书时的测量需要耗费大量时间，实时性较差，无法应用于对实时性要求较高的场合，如航天、频率测量等。随着科技的发展，历书时的精度逐渐不能满足应用需求，需要寻找新的时间测量标准。

1.6　原子时和协调世界时

20 世纪 50 年代之前，人类测量时间的标准是天体的视运动。通过天文观测测量时间有两方面问题，首先是理论上，即尚未搞清楚时间测量的基础——天体运动的规律；其次是技术上，天体的光线经过地球大气到达观测仪器，大气对星光的折射大大限制了地面观测精度。另外，对于历书时的观测，一般通过月球的观测实现，但月球是一个面积较大的光团，也增加了技术上观测的困难。

随着生产力的发展和科学技术的进步，人们对于时间精度的要求越来越高，如当代的人造卫星、火箭发射、导弹制导、卫星导航系统定位、快速数字通信，以及在现代天文学、物理学、大地测量学等领域，不仅要求时间标准具有很高的准确度，而且要求其具有优良的稳定性和均匀性，世界时和历书时都无法满足这些应用需求。

当以天体运动为基础的宏观时间标准不能适应科学发展的时候，为了满足更高精度的实际需求，人们的认识又向着另一个方向——微观世界发展，开始到物质的微观世界去寻找具有更稳定周期的物质运动形式用作为新的时间测量标准，由此开始了守时的一段新的历程。

1. 原子时

每个原子都有一个原子核，核外分层排布着高速运转的电子。当原子受到 X

射线或电磁辐射时，其轨道电子可以从一个位置跳到另一个位置，物理学上称此为“跃迁”。跃迁时，原子将吸收或放出一定能量的电磁波。这类电磁波类似于单摆，是一种周期运动，但是它振荡周期更短、更稳定，于是科学家们开始思考和探索利用原子的振荡周期制作原子频标。

早在 19 世纪 70 年代，科学家就提出了发射光谱的谱线波长和辐射周期可以被用来确定长度单位和时间单位。历史证明，这是一个具有远见和卓识的预言。

随着电磁学、量子物理学、原子物理学和波谱学的发展，石英钟问世，这是 20 世纪 30 年代时间测量科学中的一件大事。石英钟在短期内测量时间的精度遥遥领先于天文学方法，天体测量学家利用它发现了地球自转速率的季节性变化。石英钟的晶体振荡频率取决于晶体的几何形状和人工切割技术，因此不具备时间测量标准的复制性，但是它的出现却促进了 20 世纪 50 年代初分子钟和原子钟的诞生。在这一过程中，物理学理论的成熟和无线电技术的进步具有决定性作用。Planck 建立量子理论基础，Einstein 引进了光子受激发射概念，Bohr 运用光子理论解释了原子结构并提出能级概念，Hertz 奠定了无线电频率检测基础，De Broglie、Heisenberg 和 Schrodinger 创立并发展了波动力学，Stern 和 Gerlach 发现了原子磁性和它的空间量子化。开始于 20 世纪 30 年代的工艺进步也是不可缺少的，这些工艺进步由于无线电通信和第二次世界大战中产生的雷达技术的需求而被大大加快，到第二次世界大战结束时，无线电技术已经蓬勃发展，频率测量可以达到 30GHz 的水平。在 Townes 和 Pound 的推动下，波谱学发展产生了一次飞跃。早在 1920 年，Darwin 第一个把磁场中晶体的旋转与谐振现象联系起来；1927 年，他又从理论上讨论了原子的非绝热跃迁。接着，Phipps 和 Frish 等进行了原子非绝热跃迁实验。1936 年，Rabi 提出了原子和分子束谐振理论，并进行了相应实验，得到了原子跃迁频率只取决于其内部固有特征而与外界电磁场无关的重要结论，揭示了利用量子跃迁实现频率控制的可能性。为此，Rabi 获得了 1944 年诺贝尔物理学奖。不过，这方面实验和研究工作曾因第二次世界大战而暂时中断过。1948 年，Smith 和 Lyon 在美国国家标准局利用 Rabi 方法做成了氨（NH_3）分子钟，利用的是氨分子的反演跃迁吸收谱线控制和稳定石英晶体振荡器频率技术。但是，由于 Doppler 效应的影响，振荡器谱线太宽，长期稳定度只有$\pm10^{-7}$，并不比石英钟好，因而被放弃。为此，美国物理学家 Ramsey 在 1949 年提出分离振荡场方法。1953 年，美国哥伦比亚大学的 Townes 和中国学者王天眷等利用受激辐射放大原理研制成功激射型氨分子钟。1955 年，英国皇家物理实验室的 Essen 和 Parry 研制成功世界上第一台铯束原子钟，开创了制造实用型原子钟的新纪元。与此同时，Rabi 的学生 Zacharias 在美国麻省理工学院研制成功实用型铯原子钟，并于 1956 年开始商业化生产。

1954～1955 年，Townes、Basov 和 Prokhorov 分别研制成功氢原子钟；美国

史密松天文台的 Vessot 很快实现这种氢原子钟的小型化，使其变为小型化工业产品；中国科学院上海天文台翟造成研究组采用类似方法也实现了氢钟的小型化，并进行批量生产。

根据美国物理学家 Rabi 的原子和分子束谐振理论，原子在发生跃迁时，其谐振频率 f_0 可以表示为

$$hf_0 = W_\mathrm{p} - W_\mathrm{q} \tag{1.28}$$

式中，h 为普朗克常数；f_0 为谐振频率；W_p 和 W_q 分别为原子跃迁前、后两个能级上的总能量，取决于原子自身的物理特性。这就是说，f_0 不会随着环境的变化而变化。在理想情况下，谐波振荡的相位可以表示为

$$\varphi = \varphi_0 + 2\pi f_0 t \tag{1.29}$$

式中，φ_0 为初始相位；φ 为谐波振荡的相位，随时间 t 而变化；f_0 为谐振频率。

根据人类对铯原子的测量结果，得到在一个历书时秒期间铯束谐振器的振荡次数，即谐振频率为

$$f_\mathrm{cs} = (9192631770 \pm 20)\mathrm{Hz} \tag{1.30}$$

式中，f_cs 为铯束谐振器的谐振频率；20Hz 为不确定度，来源于历书时秒的误差。于是，科学家提出定义原子秒长，并以它作为时间测量的标准。但是在 20 世纪 60 年代初期，铯束原子钟的精度并不高，加之传统的天文测时习惯势力的影响，在 1964 年的第十二届国际计量大会上虽然认同了新定义的必要性，但同时又指出实施的时机尚不成熟，决定对铯（133）（Cs^{133}）超精细能级跃迁做出进一步的研究。

1967 年，铯束原子钟的精度提高到了 10^{-12} 量级，做出新的秒定义已经刻不容缓。1967 年 10 月，在印度新德里召开的第十三届国际计量大会正式把由铯原子钟确定的原子时定义为国际时间标准，取代了天文学秒长的定义。原子秒长的定义：位于海平面上的铯（Cs^{133}）原子基态的两个超精细能级间在零磁场中跃迁振荡 9192631770 个周期所持续的时间为一个原子时秒。这一定义标志着时间测量的一个新时代的到来，并且沿用至今。更长的时间单位由秒的累加而得。

在十三届国际计量大会上通过的决议只是给出了时间测量的单位——秒长的定义，这对于建立新的时间测量系统来说这是不够的。时间测量与其他物理量的测量不同，它必须给出两个要素：测量的基本单位和时刻的起算点，这样才能保证历史事件记录的连续性。原子时起点定在 1958 年 1 月 1 日 0 时（UT），即规定在这一瞬间，原子时和世界时重合。

在 20 世纪六七十年代，各国在努力改善原有原子钟性能指标的同时，把主要精力都放在研制大型铯束原子钟上，即尽量加长微波腔内铯原子的作用区域。但是后来发现，作用区并非越长越好。这期间，中国计量科学研究院研制成功五米级实验室铯束原子钟，上海市计量局研制成功氢原子钟，中国科学院武汉物理研

究所研制成功铷原子钟。由于半导体激光器的应用，光抽运选态方法引起人们的注意。从 80 年代初开始，世界各国相继研制出光抽运选态铯原子钟。目前，这类铯原子钟的准确度约为 10^{-14} 量级。

上述铯原子钟采用的都是热原子。束中原子的运动速度很快，因而引进的二阶 Doppler 频移较大（约 10^{-13} 量级），修正误差一般为 10^{-14} 量级，限制了铯束原子钟准确度的进一步提高。1969 年，Major 提出激光冷却和离子囚禁理论。美国斯坦福大学的 Hansch 和 Schauwlow 于 1979 年利用这一理论，在实验室实现了对钠原子的激光减速。1985 年，朱棣文等利用光学黏团首先实现对钠原子的激光冷却，此后又实现磁光阱和囚禁原子的技术。1989 年，Wieman 及其研究组在美国科罗拉多大学也成功地实现了这些技术。

利用激光冷却和囚禁技术研制的第一台喷泉铯原子钟是法国国家标准实验室的 Clairon 和法国高等师范大学的 Salomon 及其研究组合作于 1996 年完成的。目前，喷泉钟的不确定度进入 10^{-16} 量级，光频标原子钟也进入飞速发展的时代，光钟的不确定度达到了 10^{-18} 量级。预计不久的将来，光频标有可能取代目前的微波频标，成为新一代的时间频率基准。

2. 协调世界时

原子时秒长稳定，但时刻没有物理内涵；世界时恰好相反，它的秒长不稳定，但它的时刻对应于太阳在天空中的位置，反映地球在空间旋转时地轴方位的变化，这不仅与人们的日常生活密切相关，而且具有重要科学应用价值。大地测量、天文导航和空间飞行体的跟踪、定位等领域，需要知道瞬间地球自转轴在空间中的角位置，即世界时时刻；而精密校频、信息传输等应用领域，则要求均匀的时间间隔，即需要秒长稳定的原子时。

但是，时间服务部门不可能以同一原子钟为标准发播时间同时满足性质完全不同的这两种要求，于是就出现了原子时和世界时如何协调的问题。原子时起点的定义与世界时是一致的，假定在某一时刻 t_0，原子时时刻与世界时时刻的差值为零。但是由于地球自转速度逐年减慢、季节性不均匀变化等因素，自 $t = t_0$ 时刻起，TAI−UT 不再等于零，随着时间的推移，原子时与世界时之差变得越来越大（Panfilo，2016）。

为了协调原子时与世界时之间的关系，在定义了原子时的起点（1958 年 1 月 1 日）以后，就产生了协调世界时。1972 年以前，通过频率补偿和小步长的相位补偿，使得协调世界时的时刻与世界时之差小于 0.1s。从 1959 年 8 月开始，美国和英国的授时部门以原子时为标准发播时号，并不定期地对发射信号的载频实施时刻阶跃为 50ms 的调偏改正，这个办法很快被一些其他国家的授时部门所采用。1960 年，国际电信联盟（International Telecommunications Union，ITU）向国际时间局（Bureau International de l’Here，BIH）提出建议，固定实施频率调偏改正的日期在一年当中保持不变，这一建议得到了采纳。自 1963 年起，频率调偏引起的阶跃由 50ms 变为 100ms，以保证 TAI−UT 不超过 0.1s，调偏日期一般规定为每月的月初。

协调方法几经改变，最终的协调方案是当协调世界时与世界时的时差超过 0.9s 后，人为进行调整，使其增加或减少 1s，即实行所谓的“闰秒制”。协调世界时在本质上还是一种原子时，它的秒长规定要和原子时秒长相等，只是在时刻上，通过人工干预，尽量靠近世界时（董绍武，2015）。

$$\text{UTC=TAI−闰秒} \tag{1.31}$$

$$\text{UTC−UT1<0.9s} \tag{1.32}$$

到目前为止，闰秒数已经达到了 37s，最后一次闰秒的时间是 2017 年 12 月 31 日。由图 1.7 可以看出，UTC 与 UT1 在 1958 年 1 月 1 日被设定同步，但是直到 1972 年才采用闰秒的方式来修正 UTC 和 UT1 的时差。

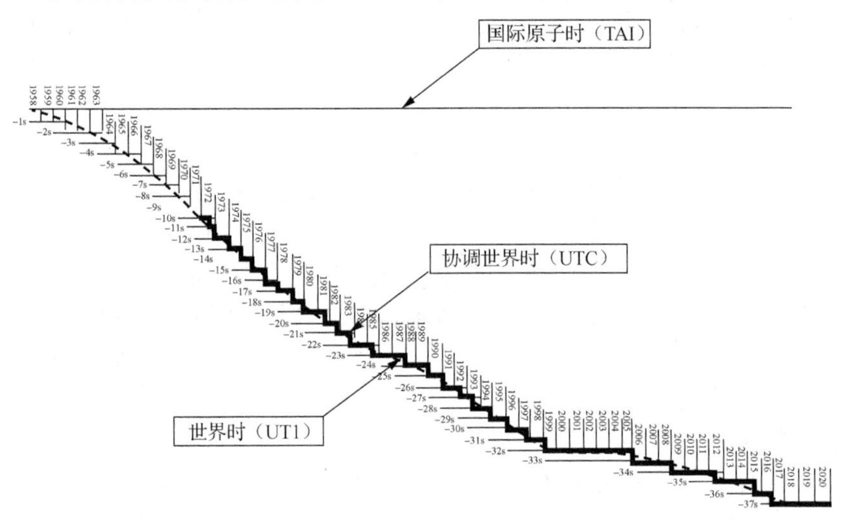

图 1.7　TAI 与 UTC 之间的关系

是否闰秒，由国际地球自转与参考系服务组织（International Earth Rotation and Reference System Service，IERS）决定。国际地球自转与参考系服务定向中心设在法国巴黎天文台，每六个月要发布公报，预告下一个可能的闰秒日期的闰秒情况，或确认不发生闰秒（董绍武等，2008）。

一般，设置闰秒是在协调世界时年末 12 月 31 日或者年中 6 月 30 日。正常情况下 1min 是 60s，从第 0s 到第 59s，然后进入下一分钟的第 0s。如果是正闰秒，则在闰秒当天的 23:59:60 后插入 1s，对应北京时间下一天的 7:59:59，插入后的时序是 58s、59s、60s、0s，这表示地球自转慢了，这一天不是 86400s，而是 86401s，实际进行闰秒的调整如图 1.8 所示；如果是负闰秒，则把闰秒当天 23 时 59 分中的第 59s 去掉，去掉后的时序是 57s、58s、0s，这一天是 86399s。

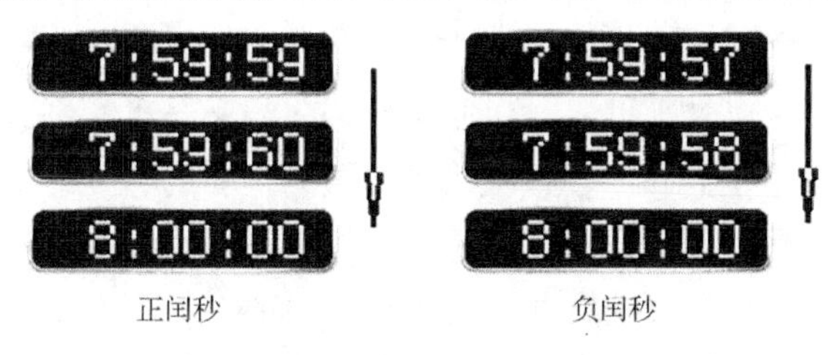

图 1.8　闰秒调整

1.7　现代守时和授时技术

现代原子守时（区别于天文测时）开始于 20 世纪 50 年代，其标志是分子钟和原子钟的诞生。原子钟的出现为精密时间提供了具有更高稳定度的频率源，为精密时间展现出更广阔的应用前景。过去的 50 年中，高精度钟的稳定度几乎每 7 年提高一个数量级，因此秒长测定的准确度越来越高，达到 0.3ns/d，成为人类社会最准确的测量。如此高的准确度使得时间频率设备被用作为其他各种基本物理量（电压、电流、电阻、长度）的计量基准。因此，精密时间是现代高科技发展的必要条件，实际上，精密时间的应用涉及从基础研究领域（天文学、地球动力学、物理学等）到工程技术领域（信息传递、电力输配、深空跟踪、空间旅行、导航定位、武器实验、交通运输、地震监测、计量测试等）的各个方面。

1. 现代守时系统

标准时间的产生与保持（也称守时）是授时服务的基础和核心，守时实验室的时间基准系统完成标准时间的产生和保持，生成的时间信号或者编码通过不同媒介传递给时间用户从而实现授时服务。图 1.9 为中国科学院国家授时中心（National Time Service Center，Chinese Academy of Sciences，NTSC）保持的我国 UTC（NTSC）时间基准系统。

图 1.9　我国 UTC（NTSC）时间基准系统

随着现代高速数字通信、空间活动、精密导航定位等技术的发展，对于时间尺度的稳定性提出了越来越高的要求。过去的半个世纪中，全世界实际应用的时间尺度从稳定度为 $10^{-8}d^{-1}$ 的地球自转产生的世界时过渡到目前稳定度达 $10^{-15}d^{-1}$ 的原子时，其中不仅包含了世界时向原子时转化的一个质的变迁，原子频标本身在稳定性方面约每 7 年提高一个数量级则是更为重要的发展。从完整的概念上来说，为科学应用提供具有高稳定性的时间系统，是世界上所有的时间实验室的共同任务，它涵盖了几个重要的方面：①用什么样的“钟”？新型频标的研制或者某种具有高稳定度的、周而复始的自然现象的实际应用能为时间尺度提供具有更高稳定度的频率源。然而，对于守时工作来说，更重要的是如何利用现有的“钟”来产生并保持一个稳定的时间尺度。因此，当前国际上大多数的守时实验室基本采用商品原子频率标准（氢原子钟、铯原子钟、铷原子钟等）来组成守时系统。②将什么时间作为国际标准参考时间？如何得到标准参考时间？1972 年确定用加闰秒的新协调世界时作为国际标准参考时间至今已 50 年，但是究竟用 UTC 还是直接用 TAI 或是定义新的时间尺度，是近年来国际时间频标领域正在激烈争论的问题。ITU 无线电通信局第七研究组（Radiocommunication Bureau Study Group 7，ITU-R/SG7）每年会议的主要议题之一就是关于“UTC 未来”（The Future of UTC）的讨论和争论，各国的守时实验室和相关单位根据实际应用和各自国家的利益提出了诸多关于未来时间尺度的定义和解决方案（Beard，2004）。③如何使全球不同的钟、不同的时间尺度同步到国际公认的时间频率标准上来？这里包含了远距离钟比对的各种不同技术及其数据处理方法。伴随着原子钟技术的快速发展，时间同步手段也因通信技术的发展而不断进步，精度不断提高（Panfilo et al.，2012）。

目前，国际上把上述三个方面统一在现代“守时”这个总的概念之下。系统的守时技术研究不仅要有理论性极强的、与天文学不可分割的相对论和时空框架下的各种时间尺度（力学时、坐标时）的研究，更要有“守时”领域中的理论、方法、技术，以及各种误差处理的实际应用研究。

2. 现代守时关键技术

“守时”涉及的关键技术主要包括原子钟性能分析评估、测量比对、原子时计算方法、环境影响及标准溯源等方面。原子时计算方法的研究通过对同一个实验室或不同实验室的一组原子钟的噪声进行分析，采用优化的数据处理及综合计算方法，从而得到由这一组钟产生的原子时，它相当于一个综合钟给出的时间，最大限度地消除了各单个原子钟的噪声影响，因此它在长期和短期稳定性方面均好于任何一个单个的原子钟所给出的时间尺度（宋会杰等，2017b；Davis et al.，2011；Breakiron，1992）。对于原子钟性能及其环境影响的研究，由于原子钟的工作原理决定了每个原子钟的性能与其所处的电场、磁场、环境温度、湿度，以及电压、电流等其他物理条件有密切的关系，不同类型的原子钟受环境影响也不相同。通过实际环境条件对原子钟性能影响的研究，改善环境因素，使原子钟处于理想工作状态，确保其稳定性。由不同地点时间实验室的原子钟组成的时间尺度（如国际原子时 TAI 或者一个国家的综合原子时）要求这些守时实验室之间时间比对手段的精度和稳定性与所用的原子钟的性能相匹配，不能因为比对手段的误差显著降低原子钟原有的稳定性（宋会杰等，2017b）。这就要求对各种比对技术的误差进行充分的研究，并采用较好的硬件和软件方法来弥补比对技术的不足。

为了进一步提高授时服务的质量，对守时产品——原子时 TA(k)的均匀性和协调世界时 UTC(k)的准确度都提出了越来越高的要求（Davis，2001；Koppang et al.，2000）。ITU 要求各国守时实验室保持的协调世界时 UTC(k)与 UTC 的差要控制在小于±100ns。目前，全球主要守时实验室保持的地方原子时 TA(k)的稳定度已达 10^{-16}（30d）量级（Jiang et al.，2009；Lewandowski et al.，2006）。为保持如此高的性能，除了要配置优良的原子钟和守时硬件系统，还要开展守时理论和方法、守时技术、高精度测量和比对等基础研究工作，同时需要严格的守时辅助系统，包括稳定可靠的供电和精密环境控制。

3. 现代授时技术

建立并保持某种时间标准，通过一定方式把代表这种标准的时间信息传送出去，供应用者使用，这一整套工作，在国外称为时间服务（time service），在我国称为授时。授时这一称谓，或许来源于《尚书·尧典》中“乃命羲和，钦若昊天，历象日月星辰，敬授人时”这段文字。

授时有着悠久的历史，并且随科学技术的发展而不断进步。20 世纪初期，无线电进入实用阶段。1902 年，法国首先在巴黎埃菲尔铁塔顶层尝试发播短波无线电时号，取得成功。接着，德、英、美等国相继试验，收到良好效果。于是，一个崭新的无线电授时的时代开始了。

目前，全世界有五十多个国家通过短波（或长波）电台每天发播各自的标准时间信号，有些国家还利用卫星、电视和网络系统，开展授时服务。目前，我国精密授时手段主要包括北斗卫星导航系统等空基无线电授时发播系统和陆基长短波无线电授时发播系统。表 1.2 为我国陆基民用无线电授时台站信息（https://www.bipm.org/en/time-ftp）。

表 1.2 我国陆基民用无线电授时台站信息

台站呼号	台址	频率/kHz	发播时间（UTC 时间）	发播信号格式
BPC	商丘 北纬 34°27′ 东经 115°50′	68.5	00 时 00 分至 21 时 00 分	载波相移键控的 UTC 秒脉冲调制。附加脉宽调制包括日历和本地时间信息
BPL	蒲城 北纬 34°56′ 东经 109°32′	100	连续	BPL 时间信号由 NTSC 产生，与国家标准时间相统一，及 UTC(NTSC)+8h。BPL 系统与 Loran-C 系统相同，采用多脉冲相位编码方案。BPL 广播的信息包含分钟、秒、年、月、日和其他信息。使用脉冲移位调制
BPM	蒲城 北纬 35°0′ 东经 109°31′	2500 5000 10000 15000	07 时 30 分至 01 时 连续 连续 01 时至 09 时	BPM 时间信号由 NTSC 产生，与国家标准时间相统一，及 UTC(NTSC)+8h。信号在 UTC 时间提前发射 20ms，持续时间为 10ms，调制频率为 1kHz。分脉冲持续 300ms，1kHz 调制。UTC 时间信号由 0～10min、15～25min、30～40min、45～55min 发出。UT1 时间信号从 25～29min、55～59min 发出

1.8 原子时间尺度产生与保持

1. 地方原子时

必须指出，在天文时间测量系统中，时间基准是由地球自转或公转运动提供的。由这一基准建立的世界时或历书时，不会因为基准钟的“停止运转”而“丢失”时间。以原子频标作为基准钟建立原子时，情况就不同了。单一的原子钟或者会因为使用寿命而“寿终正寝”，或者会因为外界原因而临时停止运转。这两种情况都会使由原子钟建立的原子时系统中断，是应该避免的情况。

当然，最为理想的方法是由连续运转的高精度基准型原子钟直接导出原子时尺度，如实验室铯束频标、铯原子喷泉钟及光钟，它们的准确度至少要比商品型小铯钟高出一个数量级。但是，对于基准钟这样的一级时间标准，世界上只有少数几个国家的时间频率实验室拥有，有的还不能长期可靠地工作。因此，世界上各国重要的守时实验室，普遍采用以下两种方法建立各自的地方原子时标准（董绍武，2007）。

（1）由高精度实验室初始铯标准定期校准一组次级标准组成的守时钟组，由守时钟组的统计平均给出原子时。

（2）利用一定数量的商品原子频率标准（氢原子钟、铯原子钟、铷原子钟等）组成守时系统，联合导出原子时。

在原子钟守时的早期，比较普遍采取第一种方法。因为那时，拥有初始铯频标的实验室并不多，守时钟组又大多为一组晶体振荡器。后来，商品铯原子钟（如HP5071A）大量出现，质量又有所改进，世界上原子守时实验室也大量增加，从而出现了第二种方法。当然，在实际应用中，人们总可以选择某一特定的原子钟，调整其速率使其尽可能接近平均时间尺度的速率（Panfilo et al.，2008），并由这个钟的钟面时给出反映平均时间尺度的时间信息。

两种方法的主要差别在于，后者建立的时间尺度比前者提供的时间尺度更加均匀和可靠，即平均频率的稳定度可能会优于前者，但是准确度没有前者优越。在第一种方法中，当采用一个更加精确的初始标准去校准性能更好的守时钟组（如商品铯钟）时，则可以同时改善平均尺度的均匀性和准确度。因此，在现代时间的产生与保持工作中，拥有一级标准（如守时型铯原子钟、铷原子钟）的实验室，则是将两种方法相结合使用，以求得到一个比较均匀的原子时尺度（赵书红，2015）。

在一个守时钟组里，各个原子钟的性能不可能完全相同，通常采用原子时算法，也就是一种统计的方法得到原子时。原子时算法通过对实验室的一组原子钟的噪声进行分析（宋会杰等，2017a），采用适当的数据处理综合计算方法，通常根据各个钟的性能来确定权重因子，从而得到由这一组钟产生的原子时相当于一个综合钟给出的时间，最大限度地降低了各单个原子钟的噪声影响，因此它在长期和短期稳定性方面均好于任何一个单个的原子钟所给出的时间尺度。

通过以上方法，一个守时实验室可以建立本地的原子时时间尺度，通常表示为 TA(k)。而 TA(k)是一个滞后的“纸面时间”，无法提供实时的时间频率信号。因此，实际应用中，守时实验室通常会从守时钟组中选取一台性能较好的原子钟，对其进行频率驾驭，作为守时实验室时间尺度的物理信号，通常将某一实验室提供的物理信号表示为UTC(k)。

从以上介绍可见，现代守时实验室建立地方原子时标准的工作包括基准频率的选取、守时钟组的组成、比对测量系统的建立、原子时算法和主钟频率驾驭等主要内容。原子时的计算有多种方法，如 ALGOS 算法［国际权度局（BIPM）采用该方法生成 UTC，而 NTSC、日本国家信息与通信技术研究院（NICT）采用的算法类似］、卡尔曼算法（GPS 等采用）、ARIMA 方法［以色列国家物理实验室（INPL）采用］、指数滤波算法［美国国家标准与技术研究院（NIST）采用］、小波分解算法等。无论采用哪一种算法，都需要确定原子钟的统计模型，这一点对于建立一个准确、均匀的时间尺度至关重要，同时必须研究钟的异常变化情况。此外，需要在测量比对和计算过程中建立一套判断、纠正差错的规则，以防错误数据对平均结果的歪曲。

虽然守时工作已经由天文时过渡到原子时，但是随着科技发展，人类在天文守时方面又有了新的发现——脉冲星。脉冲星是高速自转的中子星，用射电望远镜在合适的频段持续观测脉冲星，就能接收到时间间隔十分均匀的连续脉冲信号。脉冲星最重要的特征之一是具有快速自转及高稳定性的周期，尤其是毫秒脉冲星。

由于脉冲星时受多方面因素限制，如计时过程中参考的原子时本身造成的误差，星际介质闪烁造成的误差，参数拟合所参考的行星历表带来的误差，引力波背景辐射影响，以及脉冲星本身自转不稳定等，脉冲星时的短期稳定度不如原子时，但长期稳定度优于原子时。很多毫秒脉冲星时的相对稳定度优于 10^{-14} 量级，部分毫秒脉冲星时的频率长期稳定度优于 10^{-15} 年$^{-1}$，如 PSRJ0437-4715 一年观测得到的频率稳定度就优于原子钟。脉冲星是自然天体，具有寿命长、可靠性高、不受人为影响等优点，且其长期稳定度可与原子钟媲美，是挂在天上的天然标准钟。

目前，对毫秒脉冲星脉冲到达时间的测量是一项研究热点，这项研究意味着毫秒脉冲星将来可作为时间基准来定义时间尺度，由此可见守时工作也是一个发展的过程。虽然目前原子时是公认的时间标准，但是未来随着对脉冲星守时潜力的发掘，以脉冲星高稳定度快速自转为基础的脉冲星时间尺度有可能取代现在的原子时，使人类重新利用天体作为测量时间的标准并用于守时。

2. 远距离时间频率比对

以上讨论解决了一个守时实验室建立地方原子时的问题。但是，在现代守时工作中，时间标准的建立需要全球的合作与协调，这就需要对分布在世界各地的实验室原子钟进行相互比对。

1905 年，美国首先实现了短波无线电授时，解决了大范围时间比对问题，比对精度为毫秒级。短波无线电传递作为时间比对的主要手段长达半个多世纪。在此期间，时钟从天文摆钟发展成石英钟、氨分子钟、铯原子钟，钟的特性有几个数量级的提高。显然，短波授时不能适应时钟发展的要求。1958 年，Loran-C 长波导航系统开始工作，它的时间同步精度达到微秒级。但是，由于 Loran-C 系统覆盖范围和精度有限，不能满足更高精度时间传递的需要。

20 世纪 90 年代开始，GPS 单通道共视时间比对发展成为国际原子时 TAI 计算中主要采用的远距离高精度时间比对技术，一系列的误差因素通过技术方法的研究和进步被逐步减少，包括卫星广播星历表的误差引起的时延误差、电离层和对流层变化产生的时延误差、接收机天线坐标误差的影响、接收机环境因素的影响和接收机本身的噪声等。

随后，发展了多通道、双卫星系统（如GPS和GLONASS）的全视时间比对技术，由于采用多通道，一天中的比对次数增加了几十倍，因此比对的稳定性大大提高；当同时接收GNSS P码双频信号时，还能实时测定电离层引起的时延误差。近年来发展的GPS精密单点定位（precise point positioning，PPP）技术利用精密轨道和时钟来消除卫星轨道和时钟误差，利用双频观测值来消除电离层的影响，而且PPP技术可以精确地估计对流层的延迟和接收机钟差，从而极大提高了基于GNSS的远距离时间比对精度。

3. 国际标准时间

现代国际标准时间的计量标准是国际原子时，它的基本单位是秒。一个原子时秒的长度是铯原子跃迁振荡9192631770周所持续的时间。更长的时间单位由秒的累加而得。

国际原子时由设在法国巴黎的BIPM建立并保持。BIPM分析处理全世界约八十多个时间实验室的五百多台原子钟数据（截至2019年12月），得到综合时间尺度——国际原子时（TAI）（Panfilo et al.，2010；Petit，2009）。虽然原子时准确、稳定，但是其时刻与地球自转不相关。现代科学技术（如空间活动等）需要知道地球在空间的姿态，因此基于地球自转测量的世界时必不可少。当前，全球使用两套计时系统即原子时（TA）和世界时（UT），国际标准时间其实是这二者的折中和协调。经有关国际学术组织的讨论协商，目前的协调方法：在1958年初，使原子时和世界时的时刻一致，然后原子钟运转积累原子时。由于地球自转不均匀，使原子时和世界时的时刻差不断变化。当这个差值接近0.9s时，人为调整原子时，使其增加或减少1s，即实行所谓的“闰秒制”，使原子时时刻始终靠近世界时，这样得到的时间尺度称为协调世界时（UTC）。从1972年起，协调世界时被确定为全世界的官方时间和国际民用时间标准。目前，世界各国时间服务部门提供的标准时间都是协调世界时。

1.9　我国的时间服务工作

1. 我国标准时间工作进展

现代守时工作的标志是基于原子秒长的时间尺度的建立以及原子钟在守时工作中的广泛使用。有正式记载的国际原子时（TAI）工作可追溯到1967年，根据BIH年报（BIH Annual Report for 1967）记载，当时只有包括美英法德的12个守时实验室参与TAI的归算，在这期BIH年报上登载的信息较少，主要是1966年度的原子钟数据和时间信号发播台站信息。随着原子钟性能的提高以及远距离高精度时间比对手段的出现，TAI的计算方法、工作规范不断完善并持续改进。20

世纪后半叶，全世界实际使用的时间尺度从稳定度为 $10^{-8}d^{-1}$ 的地球自转产生的世界时（UT），过渡到目前稳定度达 $10^{-15}d^{-1}$ 甚至更高的原子时（TA）。原子钟的准确度由最初 10^{-11} 到目前光钟 10^{-18}，远距离时间比对精度由 Loran-C 系统的微秒量级发展到目前卫星双向时间频率传递（two-way satellite time and frequency transfer，TWSTFT）和 GNSS 精密单点定位的亚纳秒级，精度提升了一万倍（董绍武等，2018）。

中国科学院陕西天文台（Chinese Shaanxi Astronomical Observatory，CSAO）是中国科学院国家授时中心的前身。我国陆基无线电长、短波授时服务所依赖的时间基准 UTC(CSAO)系统建成于 20 世纪 70 年代末。据 1980 年的国际时间局年报记载，当年全球共有 45 个守时实验室参与国际原子时（TAI）和协调世界时（UTC）的归算和保持。当时，由中国科学院陕西天文台建立和保持的我国时间基准 UTC(CSAO)系统由 3 台铯钟和 2 台国产氢钟组成，其原子钟差数据正式参与国际原子时（TAI）归算，国际时间链路采用 Loran-C 西北太平洋链（9970-Y）时号接收实现。1987 年，国际时间局年报已经正式发布了我国综合原子时（joint atomic time commission of China，JATC）的数据，当时 JATC 系统由包括中国科学院陕西天文台、中国科学院上海天文台（Shanghai Observatory，SO）、中国科学院北京天文台（Beijing Astronomical Observatory，BAO）、中国科学院测量与地球物理研究所武昌时辰站（Wuhan Timing Observatory，WTO）及北京无线电计量研究院（Beijing Institute of Radio Metrology，BIRM）的约 22 台各类原子钟共同归算，是最早实现原子钟资源共享、异地联合守时的典范。20 世纪 90 年代初，中国科学院陕西天文台在国内率先启用高精度远距离时间比对技术——GPS 共视（common view，CV）时间传递技术，进行国际比对。

四十多年来，UTC(NTSC)连续、稳定、可靠运行并不断进步和发展，守时性能不断改进、作用不断拓展。目前，UTC(NTSC)是全球最重要的守时系统之一，对国际原子时归算的权重贡献连续多年排在全球前几位，为国际时间工作做出了重要贡献。同时，UTC(NTSC)为我国的授时服务工作做出了卓越贡献，满足了我国各个时期战略导弹、卫星发射等国防军工任务、国民经济建设及科学研究对精密时间的需要。进入新时期，随着我国北斗卫星导航系统的建设，UTC(NTSC)作为北斗卫星导航系统时间的溯源参考和备份，为北斗系统的试验验证、性能评估、建设和运行发挥了重要作用。

2. 我国的独立地方时间尺度

我国从 1972 年 7 月 1 日起与国际同步启用新的 UTC 系统，当时的中国科学院陕西天文台利用仅有的几台石英钟开展守时准备工作。独立地方原子时尺度 TA(CSAO)正式建立于 1979 年 10 月，以 2 台国产氢原子钟和一组铷原子钟建立地方原子时，并正式开始出版《时间频率公报》，为我国用户公布时号改正数，该项工作一直延续至今（董绍武等，2016；童宝润，2003）。

1980 年，中国科学院陕西天文台引进 3 台进口铯原子钟联合国产氢钟开展守时工作，并逐步发展和完善适合钟组特性的地方原子时算法产生独立原子时 TA(*k*)。TA(NTSC)一直连续归算，从未中断，为我国时间基准系统 UTC(NTSC)的产生和保持提供可靠参考和保障，在国际比对中断时依然具有一定的自持能力。目前，UTC(NTSC)守时钟组由基准时钟（原子喷泉、光钟等）、进口和国产各类型原子钟（氢原子钟、铯原子钟等）联合产生，进一步提升了守时系统的性能和可靠性，为我国长短波授时系统、北斗系统、海军长河、国际 GNSS 监测和评估系统（International GNSS Monitoring & Assessment System，IGMAS）、可信时间认证（时间戳）、上海海岸电台等各类授时发播系统和重要用户提供连续及稳定的精确时间信号和信息（Song et al.，2016）。图 1.10 为 UTC(NTSC)系统国产和进口原子钟组。

图 1.10 UTC（NTSC）系统国产和进口原子钟组

UTC(*k*)是 UTC 的本地物理实现，通常由一个实际的钟输出，它是各国标准时间信号发播的基础，UTC(*k*)的产生和保持是每个时间实验室的首要任务。地方标准时间的产生流程如下（Matsakis，2010; Levine et al.，2002; Davis et al.，1998）：

（1）原子钟输出标准时间频率信号。

（2）本地测量比对系统完成各单台原子钟与某台特定原子钟（主钟）的测量比对，获得钟差数据。

（3）钟差数据经过一定的方法（原子时尺度算法）算出地方原子时尺度 TA(*k*)。

（4）TA(*k*)作为地方协调时 UTC(*k*)控制的主要参考，参与本地参考时间的控制。

（5）UTC(*k*)主钟系统输出标准时间频率物理信号，如 1PPS，5/10MHz。

（6）参加国际时间比对获得 UTC(*k*)与国际标准 UTC 的关系。

中国科学院国家授时中心产生和保持的我国标准时间 UTC(NTSC)与国际标准时间 UTC 的偏差从 2013 年起控制在 10ns 以内，2018 年起控制在 5ns 内（引自 https://www.bipm.org/en/time-ftp）。UTC(NTSC)的综合性能以及对国际标准时间 UTC 归算的权重贡献均排在全球八十多个守时实验室前列，是全球最重要时间机构之一（BIPM Time Department，2019）。我国标准时间的微小变动都会对国际标准时间产生影响。

守时的最终目的是授时服务，守时系统为授时发播系统提供标准时间频率信号和信息。UTC(NTSC)是我国各类授时服务的基准，同时也是北斗时（BDT）的溯源参考（Dong et al.，2008）。根据《北斗卫星导航系统接口文件 1.0》：北斗系统的时间基准为北斗时（BDT）。BDT 采用国际单位制（SI）秒为基本单位连续累计，不闰秒。起始历元为 2006 年 1 月 1 日协调世界时（UTC）00 时 00 分 00 秒。BDT 通过 UTC(NTSC)与国际 UTC 建立联系，BDT 与国际 UTC 的偏差保持在 50ns 以内（模 1s）（中国卫星导航办公室，2020）。

3. 北京时间

北京时间是我国的标准时间，由中国科学院国家授时中心负责运行的我国时间基准系统 UTC(NTSC)产生、保持和发播。一个国家的时间通常是由多台原子钟与测量比对系统等共同产生，而国际标准时间——协调世界时 UTC，则由来自全球八十多个时间实验室的原子钟通过综合计算获得。

世界时区的划分以本初子午线为标准。从西经 7° 30′到东经 7° 30′为零地区，零时区的时间称为“格林尼治时间”。经度每隔 15° 划一个时区，全球共划分为 24 个时区。各时区都以中央经线的地方平太阳时作为本区的标准时。时区与时区之间，相差整数小时，分和秒相同。例如，我国北京时间是东八时区区时，北京在格林尼治以东的东八时区，也就是国际标准时间加 8h。因此，北京时间为 UTC(NTSC)+8h。图 1.11 为北京时间的产生过程。

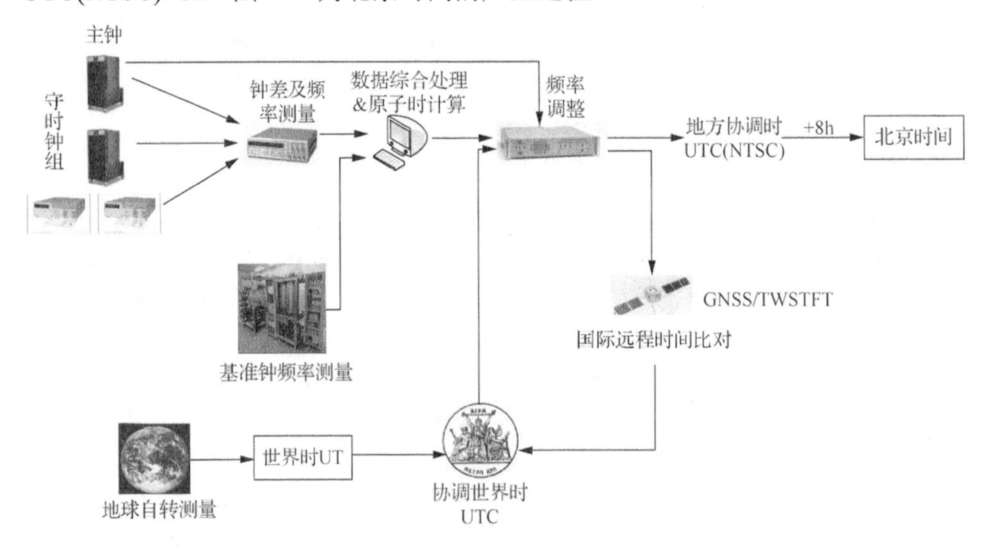

图 1.11　北京时间的产生过程

参考文献

董绍武, 2007. 守时中的若干重要技术问题研究[D]. 西安: 中国科学院研究生院(国家授时中心).
董绍武, 2015. 自转变慢, 闰它一秒[J]. 科学世界, 7: 90-93.
董绍武, 屈俐俐, 袁海波, 等, 2016. NTSC守时工作: 国际先进、贡献卓绝[J]. 时间频率学报, 39(3): 129-137.
董绍武, 王燕平, 武文俊, 等, 2018. 国际原子时及NTSC守时工作进展[J]. 时间频率学报, 41(2): 73-79.
董绍武, 吴海涛, 2008. 关于闰秒及未来问题的讨论[J]. 仪器仪表学报, 8(29): 22-25.
董绍武, 武文俊, 张首刚, 2017.北斗卫星时间系统的建设与应用[M]//中国科学院, 国家互联网信息办公室, 中华人民共和国教育部, 等. 中国科研信息化蓝皮书. 北京: 电子工业出版社.
费业泰, 2017. 误差理论与数据处理[M]. 北京: 机械工业出版社.
胡永辉, 漆贯荣, 2000. 时间测量原理[M]. 香港: 香港亚太科学出版社.
李孝辉, 2015. 图解时间[M]. 北京: 科学出版社.
李孝辉, 杨旭海, 刘娅, 等, 2010. 时间频率信号的精密测量[M]. 北京: 科学出版社.
漆贯荣, 2006. 时间科学基础[M]. 北京: 高等教育出版社.
宋会杰, 董绍武, 李玮, 等, 2017a. 原子钟噪声误差估计方法研究[J]. 天文学报, 58(3): 191-200.
宋会杰, 董绍武, 屈俐俐, 等, 2017b. 基于Sage窗的自适应Kalman滤波用于钟差预报研究[J]. 仪器仪表学报, 38(7): 1808-1816.
童宝润, 2003. 时间统一技术[M]. 北京: 国防工业出版社.
吴守贤, 漆贯荣, 边玉敬, 1983. 时间测量[M]. 北京: 科学出版社.
赵书红, 2015. UTC(NTSC)控制方法研究[D]. 西安: 中国科学院研究生院(国家授时中心).
中国卫星导航办公室, 2020. 北斗卫星导航系统地基增强服务接口控制文件(1.0版)[R].北京：中国卫星导航办公室.
ALLAN D W, ASHBY N, HODGE C, 1997. The Science of Timekeeping[R]. Texas: Hewlett Packard.
BEARD R, 2004. ITU-R Report of the Special Rapporteur Group on the future of the UTC time scale[C]. Proceedings of the 23rd Annual Precise Time and Time Interval (PTTI) Applications and Planning Meeting, San Diego, CA:327-332.
BIPM Time Department, 2019. BIPM Annual Report on Time Activities for 2019[R]. Paris: BIPM.
BREAKIRON L A, 1992. Timescale algorithms combining cesium clocks and hydrogen masers[C]. Proceedings of the 23rd Annual Precise Time and Time Interval (PTTI) Applications and Planning Meeting, Pasadena, CA: 297-305.
DAVIS J A, FURLONG J M, 1998. A study examining the possibility of obtaining traceability to UK national standards of time and frequency using GPS disciplined oscillators[C]. Proceedings of the 29th Precise Time and Time Interval (PTTI) Meeting, Long Beach, CA: 329-343.
DAVIS J A, SHEMAR S L, CLARKE J D, 2001. Results from the National Physical Laboratory GPS common-view time and frequency transfer service[C]. Proceedings of the 33rd Precise Time and Time Interval (PTTI) Meeting, Long Beach, CA: 99-110.
DAVIS J A, SHEMAR S, WHIBBERLEY P, 2011. A Kalman filter UTC (*k*) prediction and steering algorithm[C]. IEEE International Frequency Control Symp. and European Frequency and Time Forum (IFCS-EFTF), San Francisco, CA:779-784.
DONG S, LI X, WU H, 2008. About Compass time and its coordination with other GNSS[C]. Proceedings of the 39th Precise Time and Time Interval (PTTI) Meeting, Long Beach, CA: 19-23.
JIANG Z H, PETIT G, 2009. Combination of TWSTFT and GNSS for accurate UTC time transfer[J]. Metrologia, 46(3): 305-314.
KOPPANG P, MATSAKIS D, 1999. New steering strategies for the USNO Master Clocks[C]. Proceedings of the 31st Annual Precise Time and Time Interval (PTTI) Meeting, Dana Point, CA: 277-284.
LEVINE J, PARKER T, 2002. The algorithm used to realize UTC (NIST) [C]. IEEE International. Frequency Control Symposium and PDA Exhibition, New Orleans, LA: 537-542.

LEWANDOWSKI W, MATSAKIS D, PANFILO G, et al., 2006. The evaluation of uncertainties in [UTC − UTC (*k*)][J]. Metrologia, 43(3): 278-286.

MATSAKIS D, 2010. Time and frequency activities at the United States Naval Observatory[C]. Proceedings of the 42st Annual Precise Time and Time Interval (PTTI) Meeting, Reston, Virginia: 11-32.

PANFILO G, 2016. The coordinated universal time[J]. IEEE Instrumentation & Measurement Magazine, 19(3): 28-33.

PANFILO G, ARIAS E F, 2010. Studies and possible improvement on EAL algorithm[C]. IEEE Ultrasonics, Ferroelectrics, and Frequency Control Symposium, 57(1): 154-160.

PANFILO G, HARMEGNIES A, TISSERAND L, 2012. A new prediction algorithm for the generation of International Atomic Time[J]. Metrologia, 49(1): 49-56.

PANFILO G, TAVELLA P, 2008. Atomic clock prediction based on stochastic differential equations[J]. Metrologia, 45(6):108-116.

PETIT G, 2009. Atomic time scales TAI and TT (BIPM): Present status and prospects[C]. Proceedings of the 7th Symposium on Frequency Standards and Metrology, CA: 475-482.

SONG H J, DONG S W, WANG Z M, et al., 2016. An analysis of NTSC's timekeeping hydrogen masers[J]. Chinese Astronomy and Astrophysics, 40: 569-577.

第 2 章　现代守时基础

2.1　原子钟噪声模型

目前，原子钟的应用非常广泛，如大地测量、天文观测、数字通信、精密仪器制造等领域。产生时间频率信号的主要设备是原子钟，其性能的改善对守时精度的提高具有促进作用。原子钟的输出信号不仅包含有用的信号，也包含不确定的随机噪声。受原子钟随机噪声的影响，产生的信号相位和振幅会随着时间的变化而变化，原子钟的性能会有所降低。由于不同类型的随机噪声对原子钟性能的影响不尽相同，了解每种噪声分量的产生机制、特性及简单精确的噪声模型，有助于采取合适的算法减弱或消除噪声，能够大幅度提高守时精度，具有非常重要的意义。

2.1.1　原子钟输出信号的表示

同其他任何频率源一样，原子钟的输出电压 $V(t)$ 可写成

$$V(t)=\left[V_0+\varepsilon(t)\right]\sin\left[2\pi f_0 t+\varphi(t)\right] \tag{2.1}$$

式中，V_0 为标称电压幅值；$\varepsilon(t)$ 为幅值变化；f_0 为频率标称值；$\varphi(t)$ 为相位变化（Riley，2008）。

$$\left|\frac{\varepsilon(t)}{V_0}\right|\ll 1，\quad \left|\frac{\dot{\varphi}(t)}{2\pi f_0}\right|\ll 1 \tag{2.2}$$

正弦波的相位为

$$\Phi(t)=2\pi f_0 t+\varphi(t) \tag{2.3}$$

相位的变化率是频率，则

$$f(t)=f_0+\frac{\dot{\varphi}(t)}{2\pi} \tag{2.4}$$

式（2.4）表示原子钟的输出频率为一个恒定的频率标称值 f_0 和一个由相位扰动所引起的微小随机项之和，换句话说，原子钟的输出频率表现为围绕着频率标称值 f_0 随机波动的特性。

瞬时相对频率偏差 $y(t)$ 和瞬时相位偏差 $x(t)$ 的定义为

$$\begin{cases} y(t) = \dfrac{\dot{\varphi}(t)}{2\pi f_0} \\ x(t) = \dfrac{\varphi(t)}{2\pi f_0} \end{cases} \tag{2.5}$$

将式（2.5）中 $x(t)$ 表达式代入式（2.1），有

$$V(t) = \left[V_0 + \varepsilon(t)\right]\sin\left\{2\pi f_0\left[t + x(t)\right]\right\} \tag{2.6}$$

式中，$x(t)$ 为相位变化 $\varphi(t)$ 的一个函数，在物理上表现为时间偏差（time deviation，TDEV），单位为 s；相对频率偏差 $y(t)$ 为无量纲的量，一般称为瞬时频率，物理表现为时间偏差变化率。对于非常稳定的原子钟来说，瞬时频率是很小的。

由式（2.1）可知，理想情况 $\varphi(t)=0$，原子钟的输出为频率恒定的正弦波信号。但在实际中，一台原子钟的实际输出频率往往会偏离它的频率标称值 f_0，有两个主要原因：一是系统因素，如原子钟的内部老化及外界环境因素的变化；二是随机因素，主要由原子钟内部的噪声所决定。由于原子钟的内部老化，输出频率会有一个随着时间而改变的线性漂移，如铷原子钟会有频率漂移的表现，一些铯原子钟也会表现出频率漂移，但是铯频标漂移的量是非常小的。频率漂移分析结果的适当性往往要依赖于原子钟的模型，通常情况下可以用式（2.7）来描述一台原子钟输出的系统模型：

$$x(t) = x_0 + y_0 t + \frac{1}{2}at^2 + x_r(t) \tag{2.7}$$

式中，x_0 为初始时刻相位偏差；y_0 为初始频率偏差；a 为频率漂移系数，也称老化；$x_r(t)$ 为随机项。在足够长的时间内进行测量时，可以从测量数据中扣除相位偏差、频率偏差和老化，这样扣除后的项就是随机的噪声项，它是影响频率稳定度的主要因素。

2.1.2　幂律谱噪声模型

原子钟频率漂移和频率稳定度的表征都是建立在一定的系统模型和噪声模型上。对于原子钟而言，其系统不稳定因素通常为线性频率漂移，随机的不稳定因素为 5 种幂律谱噪声。该模型认为，尽管振荡器频率波动的物理过程并不十分清楚，但可以用 5 种独立的随机噪声线性叠加来描述，它的统计特性表示为

$$S_y(f) = \sum_{\alpha=-2}^{2} h_\alpha f^\alpha \tag{2.8}$$

式中，$S_y(f)$ 为相对频偏谱密度；h_α 为幅度，代表了每种噪声的能量；α 为幂律谱指数。

式（2.8）代表幂律谱噪声模型，通常包括 5 种独立噪声过程（α=−2、−1、0、1、2），依次为频率随机游走噪声（random walk frequency noise，RWFM）、频率闪烁噪声（flicker frequency noise，FFM）、频率白噪声（white frequency noise，WFM）、相位闪烁噪声（flicker phase noise，FPM）和相位白噪声（white phase noise，WPM）。

图 2.1（a）为频率随机游走噪声，它的频率非常接近载波，很难被测量到。频率随机游走噪声通常与振荡器的物理环境有关。如果频率随机游走噪声是谱密度图的主要特征，那么机械冲击、振动、温度或其他环境影响可能会导致载波频率的随机波动。图 2.1（b）为频率闪烁噪声，通常与有源振荡器的物理共振机制、电子器件的设计和选择、环境特性相关。在高性能振荡器中很常见，在低质量振荡器中可能被频率白噪声或相位白噪声所掩盖。图 2.1（c）为频率白噪声，是被动谐振器频率标准中常见的一种噪声类型，铯钟和铷钟具有频率白噪声的特性。图 2.1（d）为相位闪烁噪声，可能与振荡器中的物理共振机制有关，但通常是由噪声电子元件添加的。这种类型的噪声很常见，为了使信号振幅达到可用的水平，放大器在信号源中使用，也有可能是在倍频器中引入，这些均有可能引入相位闪烁噪声。图 2.1（e）为相位白噪声，与共振机理关系不大，可能由类似于相位闪烁噪声的现象产生的，放大器通常是产生相位白噪声的原因。可以通过良好的放大器设计、手工选择部件、在输出端添加窄带滤波等方式将相位白噪声保持在非常低的值（Galleani et al.，2003）。

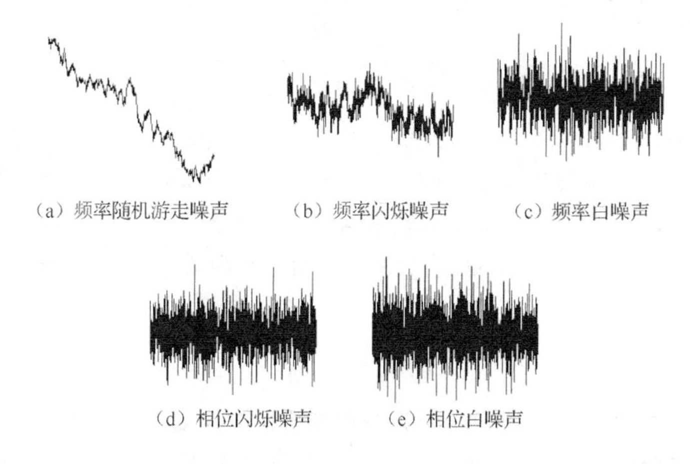

图 2.1　5 种幂律谱噪声的模拟图形

通过守时实践和原子钟物理性能等的研究，建立了精密时钟噪声中的每种噪声分量都存在与之相对应且各自独立的激励因素。精密时钟噪声中各种噪声分量的激励因素如表 2.1 所示。

表 2.1 精密时钟噪声中各种噪声分量的激励因素

噪声类型	激励因素
频率随机游走噪声	环境因素
频率闪烁噪声	原子钟谐振性能
频率白噪声	原子钟内部热噪声
相位闪烁噪声	电子器件量子噪声
相位白噪声	钟外层或外部后端设备

针对守时工作，往往更关心这些噪声在相位时间 $x(t)$ 上的表现。由于相位时间 $x(t)$ 是频率的积分，因此相位时间的幂律谱噪声模型为

$$\begin{aligned} S_x(f) &= \frac{1}{(2\pi f)^2} S_y(f) \\ &= \frac{1}{(2\pi)^2}\left(h_{-2}f^{-4} + h_{-1}f^{-3} + h_0 f^{-2} + h_1 f^{-1} + h_2\right) \end{aligned} \tag{2.9}$$

从式（2.9）中可以看出，大多数噪声谱在频率低端都是发散的，这就意味着这些噪声在较长时间的周期会表现出的非平稳性，这些非平稳性随着频率的幂次升高而增加。对于一个实际的噪声过程，就无法得到其真正的幂率谱，只能通过有限的离散数据去模拟，由于离散化采样率和数据长度的有限，只能尽量使幂率谱估计不失真。因此，幂率谱模型只提供了在特定时间间隔上影响原子钟稳定度的噪声类型，而不能提供出特定时间间隔内的不准确度。

2.1.3 阿伦方差与随机噪声的近似关系

阿伦方差（Allan variance，AVAR）是采用时间样本平均的方法提取所需要的噪声，将一个不平稳的被测信号通过一个滤波器，使之平稳化，然后从中提取出表征噪声强弱的噪声系数。阿伦方差常常作为原子钟频率稳定度在时域上的一种表征方法，式（2.10）为阿伦方差与采样时间的函数关系（Allan et al.，1991）。

$$\sigma_y^2(2,\tau) = \frac{1}{(2N-1)}\sum_{k=1}^{N-2}\left[\frac{x(k+2)-2x(k+1)+x(k)}{\tau}\right] \tag{2.10}$$

式中，τ 为采样间隔；N 为在一个采样周期内以 τ 为采样间隔的样本数。一般计算稳定度的结果通常用阿伦方差的平方根，即阿伦偏差（Allan deviation，ADEV）表示。

图 2.2 为阿伦偏差对应的原子钟噪声类型，并可以按照此图分析原子钟在不同时期所表现的噪声类型。

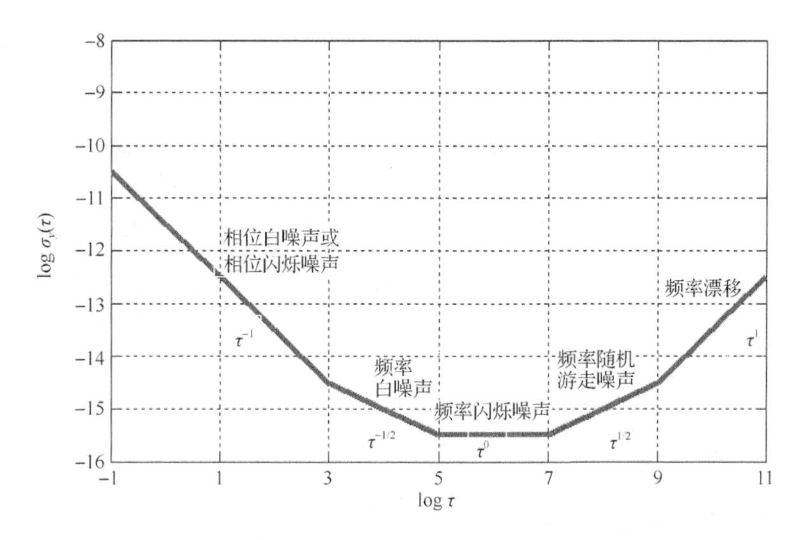

图 2.2　阿伦偏差对应的原子钟噪声类型

第Ⅰ阶段：当$\sigma_y(\tau)\ll\tau^{-1/2}$（频率白噪声）或$\sigma_y(\tau)\ll\tau^{-1}$（相位白噪声或相位闪烁噪声），反映了标准的基本噪声性质，这种性质随着平均时间的增加而连续下去，直至$\sigma_y(\tau)\ll\tau^{0}$（频率闪烁噪声）。

第Ⅱ阶段：当$\sigma_y(\tau)\ll\tau^{0}$时，$\sigma_y(\tau)$与平均时间无关，这种性质几乎在所有类型的原子钟中都能发现，可能产生的原因是电源电压起伏、磁场起伏、原子钟中元器件的变化和微波功率变化。

第Ⅲ阶段：当$\sigma_y(\tau)\ll\tau^{1/2}$（频率随机游走噪声）时，稳定度随时间的延长而降低，主要发生在几天到几个月的时间内，与特定的原子钟类型有关。而$\sigma_y(\tau)\ll\tau^{1}$的性质可能对应着线性漂移或者老化，而不是原子钟的随机噪声过程。在对大多数原子钟进行分析发现，从τ^{0}到τ^{1}范围内的斜率主要是内部元器件的老化和影响频率参数规则变化的环境因素不稳定造成的，因此对这部分的噪声消除，可以通过实验室环境等的精密控制加以改善。

从图 2.2 中也可以看出，可通过平均时间的增加提高稳定度，主要原因在于部分噪声可以通过平均消除。另外一部分噪声，增加平均时间对稳定度的提高无益，这些点称为噪声本底，这些点的噪声是类似频率闪烁噪声和频率随机游走噪声的非平稳过程。

在守时应用中，通常采用“相位-噪声”或“相位-时间起伏”，而不是用$S_y(f)$描述频率的幂律谱。表 2.2 为振荡器中各种噪声分量在阿伦方差中的表现，给出了阿伦方差与幂率谱间的数学关系，使得可以借助数学关系，对噪声在时域上的性质进行分析，同时也可从时域上测量噪声强弱。其中，f_h为测量带宽的高端截止频率（漆贯荣，2006；Zucca et al.，2005）。

表 2.2　振荡器中各种噪声分量对应的阿伦方差与幂率谱间的数学关系

噪声	$S_y(f)$	$\sigma_y^2(\tau)$
相位白噪声	$h_2 f^2$	$\dfrac{3h_2 f_h}{4\pi^2\tau^2}$
相位闪烁噪声	$h_1 f$	$h_1\dfrac{1.04+3\ln(2\pi f_h\tau)}{4\pi^2\tau^2}$
频率白噪声	h_0	$\dfrac{h_0}{2\tau}$
频率闪烁噪声	$\dfrac{h_{-1}}{f}$	$2h_{-1}\ln 2$
频率随机游走噪声	$\dfrac{h_{-2}}{f^2}$	$\dfrac{2h_{-2}\pi^2\tau}{3}$

2.2　守时型原子钟的特性

原子钟的主要技术指标有稳定度、准确度、不确定度、频率漂移和频率复现性等，可以作为衡量原子钟优劣的主要指标。守时常用名词见附录 1。

2.2.1　准确度和稳定度

准确度是描述测量值或计算值与真值的符合程度，表征与真值的关系。稳定度指测量值或计算值是否在同一个值附近微小波动，表征测量值或计算值的波动情况（吴守贤等，1983）。准确度表示振荡器输出的正确性，而稳定度表示振荡器输出信号的波动稳定。准确度和稳定度的关系见图 2.3 所示。

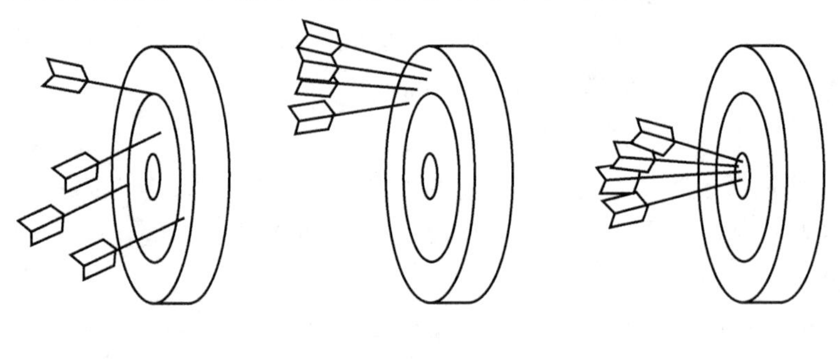

图 2.3　准确度和稳定度的关系

1. 频率准确度

原子钟的频率准确度通常是指其输出的实际频率与频率标称值之间的符合程度，频率准确度的计算公式会因不同的研究对象而不同（翟造成等，2009；胡永辉等，2000）。

针对基准频率标准（如铯基准等），必须详细研究所有干扰源才能加以评定，确定基准频率标准准确度的物理学方法为估计所有干扰源的影响。假定 σ_i 为第 i 种干扰的测量准确度，并假定各种干扰之间是相互独立的，因此基准频率标准的准确度的计算公式为

$$\sigma_E = \left(\sum \sigma_i^2\right)^{1/2} \tag{2.11}$$

针对守时型原子钟，其准确度估计一般取为实际测量值与其标称值之差同标称值之比，即

$$\sigma_i' = \frac{\overline{f} - f_0}{f_0} \tag{2.12}$$

式中，f_0 是频率标准的频率标称值，Hz；$\overline{f}$ 为实际平均频率，Hz。实验室一般做多次测量，因此守时型原子钟的准确度计算公式为

$$\sigma_E' = \left(\sum \sigma_i'^2\right)^{1/2} \tag{2.13}$$

在实际测量中，计算守时型原子钟的频率准确度，一般选取基准频率标准作为参考标准进行比对测量，除了参考标准的准确度、稳定度和被测标准的稳定度外，测量方法和所用设备都会给测量对象的准确度确定带来影响。因此，一般要求参考标准准确度要比被测标准高一个数量级，且设备测量误差要比被测标准准确度小于一个数量级。

2. 频率稳定度

原子钟的频率稳定度通常是指其输出频率信号的随机波动大小，表征的是振荡器在一定时间内产生同样时间或频率的能力，它不能表明时间或频率的正确与否，只说明是否在同一个值附近微小波动。由于原子钟内部噪声的存在，振荡器输出的频率表现出不稳定性。频率稳定度表征的就是一种关于不稳定性的衡量标准，一般可选用频率稳定度的频域表征或时域表征来描述原子钟的频率起伏（李孝辉等，2010；张敏，2008；Riley，2008）。

在频域上，相位时间信号的稳定度用幂率谱噪声模型表示。在时域上，同频域幂率谱模型对应的量是自相关函数，自相关函数和幂率谱函数构成一对傅里叶变换，即

$$S_x(\omega) = \int_{-\infty}^{\infty} R_x(\tau)\exp(-\mathrm{j}\omega\tau)\mathrm{d}\tau \tag{2.14}$$

$$R_x(\tau)=\frac{1}{2\pi}\int_{-\infty}^{\infty}S_x(\omega)\exp(\mathrm{j}\omega\tau)\mathrm{d}\omega \tag{2.15}$$

式中，$S_x(\omega)$为幂率谱函数；$R_x(\tau)$为自相关函数。除非噪声过程是平稳遍历的，否则式（2.14）和式（2.15）不能直接被用来表征振荡器的频率稳定度。实际上，对于频率源的几种噪声过程，只有$\alpha \geqslant 0$时噪声过程是平稳的，而其他几种噪声过程将其功率谱代入式（2.15）中都将导致积分发散。因此，幂率谱模型在频域与时域之间的转换遇到了困难，这也同样表现在实际应用中。

在式（2.15）中，令$\tau=0$，得到标准方差为

$$\sigma_x^2=R_x(0)=\frac{1}{2\pi}\int_{-\infty}^{\infty}S_x(\omega)\mathrm{d}\omega \tag{2.16}$$

当$\alpha \leqslant 1$时，噪声过程的平稳性假设不成立，积分发散。另外，若假定均值为零，标准方差的时域测量为

$$\sigma_x^2(N)=\frac{1}{N-1}\sum_{i=1}^{N}x_i^2 \tag{2.17}$$

对于平稳遍历过程，当N趋近于无穷时，标准方差的估计值应接近于真值。但是，对于振荡器噪声，大量实践证明，其标准方差的测量总是与N有关，随着N的增加而发散，原因就在于噪声的非平稳性。

由于噪声的非平稳性，试图以一些常用的分析方法和工具得到幂率谱噪声模型在时域的统计性质，在理论上和实践上都遇到了极大的困难。实现幂率谱噪声模型从频域到时域的转换，需要一些特殊的分析方法和工具。一般有两种分析方法用来描述原子钟的频率起伏，即频域稳定度和时域稳定度。

频域稳定度描述频率信号内部噪声调制产生的谱噪声大小，单边带（single side band，SSB）调制相位噪声以 log £ (f)表征，单位为 dB/Hz 频域稳定度的表示方法如表 2.3 所示。

表 2.3　频域稳定度的表示方法

偏离载频/Hz	SSB 相位噪声/（dB/Hz）
100	≤100
101	≤120
102	≤130
103	≤150
104	≤160
105	≤160

时域稳定度描述了频率取样值的随机波动大小，但由于频率源输出信号中含有非平稳噪声过程（FFM 和 RWFM），用传统的标准方差来描述频率稳定度不能保证它的收敛性，因此介绍一些最常用的评定时域稳定度的方法及其局限性。

1）阿伦方差

阿伦方差是在时域稳定度测量的数据处理中最常用的方法，是基于频率数据的一阶差分、时差数据的二次差分。非重叠阿伦方差的表达式为

$$\sigma_y^2(\tau)=\frac{1}{2(M-1)}\sum_{i=1}^{M-1}\left[y_{i+1}-y_i\right] \tag{2.18}$$

式中，τ 为采样时间；y_i 为相邻时间间隔的相对频率测量值；M 为频率采样数。

对于相位数据，阿伦方差定义为

$$\sigma_y^2(\tau)=\frac{1}{2(N-2)\tau^2}\sum_{i=1}^{N-2}\left[x_{i+2}-2x_{i+1}+x_i\right]^2 \tag{2.19}$$

式中，x_i 为相邻时间间隔的相对相位时间测量值；$N=M+1$。

对于频率白噪声来说，阿伦方差与传统的标准方差一样，对于更加分散的噪声（如闪烁噪声类型）来说，使用阿伦方差分析有更明显的优越性，这是因为它不依赖采样数目而收敛于一个值。阿伦偏差估计的置信区间也依赖于噪声类型，但是通常用 $\pm\sigma_y(\tau)/\sqrt{N}$ 估计。

2）重叠阿伦方差

一些稳定度的计算可以通过重叠式采样来实现，其中利用各种可能组合的数据集合来参与计算，采样过程的选取见图 2.4。使用重叠式采样数据可以提高估计的置信度，但却增加了更多的计算时间。虽然重叠式采样并不完全是独立的，但它的确可以增加其自由度，重叠式采样可以应用于阿伦方差、阿达马方差（Hadamard variance，HDAV）及总方差（total variance，TOTVAR）等。

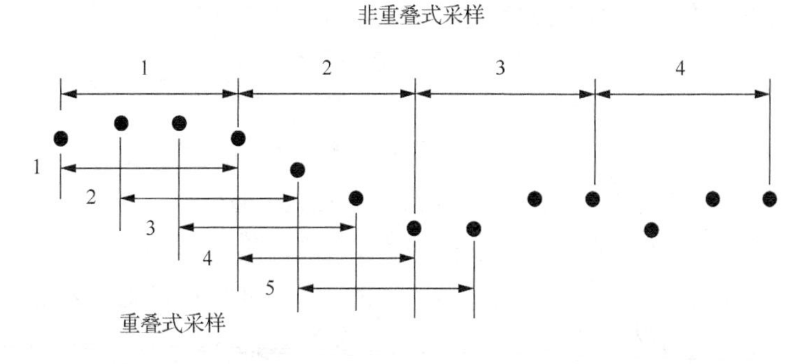

图 2.4　重叠阿伦方差的采样过程

重叠阿伦方差是常规阿伦方差的另一种形式，它可以通过 M 个频率测量值估计，表达式为

$$\sigma_y^2(\tau)=\frac{1}{2m^2(M-2m+1)}\sum_{j=1}^{M-2m+1}\sum_{i=j}^{j+m-1}\left[y_{i+m}-y_i\right]^2 \tag{2.20}$$

式中，τ 为采样时间；m 为平滑因子，$\tau=m\tau_0$；M 为频率采样数；y_i 为相邻时间间隔的相对频率测量值。

就相位数据而言，重叠阿伦方差可以表示为

$$\sigma_y^2(\tau)=\frac{1}{2(N-2m)\tau^2}\sum_{i=1}^{N-2m}\left[x_{i+2m}-2x_{i+m}+x_i\right]^2 \tag{2.21}$$

式中，$N=M+1$；x_i 为相邻时间间隔的相对相位时间测量值。

重叠阿伦方差虽然在统计上并非独立，但增加了自由度，因此改善了估计的置信度。对于重叠阿伦方差估计可以计算其自由度数，并且对于一定的置信因子来说可用该自由度数来建立单边或双边置信区间，该置信区间建立在 χ^2 统计基础上，结果通常采用阿伦偏差（ADEV），即阿伦方差的平方根。

3）修正阿伦方差

传统阿伦方差对高频依赖关系非常敏感，也就是说它对相位白噪声和相位闪烁噪声有着很不同的带宽依赖关系。通过改变测量系统的带宽（硬件带宽）或者计算测量数据的谱对不同类型的噪声进行辨别。带宽函数的测量方法，以及谱的计算均能够通过修正阿伦方差（modified Allan variance），表示为 $\mathrm{Mod}\,\sigma_y^2(\tau)$ 来避免。修正阿伦方差是另一种常见的频率稳定度时域表征方法，这是由 M 个平滑时间 $\tau=m\tau_0$ 的频率测量数据推导出来的，公式为

$$\mathrm{Mod}\,\sigma_y^2(\tau)=\frac{1}{2m^4(M-3m+2)}\sum_{j=1}^{M-3m+2}\sum_{i=j}^{j+m-1}\sum_{k=i}^{i+m-1}\left[y_{k+m}-y_k\right]^2 \tag{2.22}$$

式中，τ 为采样时间；M 为频率采样数；m 为平滑因子，$\tau=m\tau_0$；y_k 为相邻时间间隔的相对频率测量值。

根据相位数据，修正阿伦方差通过 N 个（N=M+1）时间测量数据推导出来的：

$$\mathrm{Mod}\,\sigma_y^2(\tau)=\frac{1}{2m^2\tau^2(N-3m+1)}\sum_{j=1}^{N-3m+1}\sum_{i=j}^{j+m-1}\left[x_{i+2m}-2x_{i+m}+x_i\right]^2 \tag{2.23}$$

式中，$N=M+1$；x_i 为相邻时间间隔的相对相位时间测量值。

结果通常采用修正阿伦偏差（modified Allan deviation，MDEV），即修正阿伦方差的平方根。当 m=1 时，修正阿伦方差和常规阿伦方差相同。对相位白噪声过程，修正阿伦方差对带宽仍旧具有依赖关系，这也是修正阿伦方差的缺点。修正阿伦偏差决定的置信区间依赖于噪声类型，但通常表示为 $\pm\sigma_y(\tau)/\sqrt{N}$。

4）时间方差

阿伦方差和修正阿伦方差比较适用于表征频率标准的频率不稳定度。然而在有些情形下，重点关注的是时间测量而不是频率测量，这就引入了时间方差（time variance，TVAR)，它是基于修正阿伦方差的一种时间稳定度的测量。时间方差定义为

$$\sigma_x^2(\tau)=\left(\tau^2/3\right)\cdot \text{Mod } \sigma_y^2(\tau) \tag{2.24}$$

时间方差具备修正阿伦方差所有的优点，可以辨别时间系统中存在的噪声类型，同时对于时间和频率测量系统、比对系统及网络同步系统的时间稳定度的测量颇为有用，通常用它的平方根即时间偏差来表示时间稳定度。

5）阿达马方差

阿达马方差（在时频领域，又称哈达马方差）是与双样方差相类似的三样方差，它是频率数据的二次差分，相位数据的三次差分，正因为如此，阿达马方差可以扣除频率线性漂移对其的影响，这也使得它对 GPS 系统铷原子钟的稳定度分析尤其有用。

对于频率数据，非重叠阿达马方差描述为

$$H\sigma_y^2(\tau)=\frac{1}{6(M-2)}\sum_{i=1}^{M-2}\left[y_{i+2}-y_{i+1}+y_i\right]^2 \tag{2.25}$$

式中，τ 为采样时间；M 为频率采样数；y_i 为相邻时间间隔的相对频率测量值。

依据相位数据，阿达马方差定义为

$$H\sigma_y^2(\tau)=\frac{1}{6\tau^2(N-3m)}\sum_{i=1}^{N-3}\left[x_{i+3}-3x_{i+2}+3x_{i+1}-x_i\right]^2 \tag{2.26}$$

式中，$N=M+1$；x_i 为相邻时间间隔的相对相位时间测量值。

6）重叠阿达马方差

与重叠阿伦方差一样，重叠阿达马方差在每个平滑时间 τ 内最大限度地利用所有可能的重叠的三次取样的数据。该数据可以通过 M 个频率测量值估计，平滑时间 $\tau=m\tau_0$，m 为平滑因子，τ_0 为基本测量区间，可表示为

$$H\sigma_y^2(\tau)=\frac{1}{6m^2(M-3m+1)\tau^2}\sum_{j=1}^{M-3m+1}\sum_{i=j}^{j+m-1}\left[y_{i+2m}-2y_{i+m}+y_i\right]^2 \tag{2.27}$$

对于相位数据，重叠阿达马方差公式可表示为

$$H\sigma_y^2(\tau)=\frac{1}{6(N-3m)\tau^2}\sum_{i=1}^{N-3m}\left[x_{i+3m}-3x_{i+2m}+3x_{i+m}-x_i\right]^2 \tag{2.28}$$

与阿伦方差类似，重叠阿达马方差通常用其平方根来表达，即重叠阿达马偏差。重叠统计的期望值和非重叠阿达马方差的值相同，但选择重叠式计算的置信度更好。从统计学角度讲，尽管所有的重叠式采样并非独立，但却增加了自由度数，因此提高了估计的置信度。可用分析方法计算重叠阿伦方差估计的自由度数，同样基于 χ^2 统计量按指定的置信因子，用重叠阿达马方差估计建立合理的单边或双边置信区间。

$$\sigma_{\min}^{2}=\frac{\left(s^{2}\cdot \mathrm{df}\right)}{\chi^{2}\left(p,\mathrm{edf}\right)} \tag{2.29}$$

$$\sigma_{\max}^{2}=\frac{\left(s^{2}\cdot \mathrm{df}\right)}{\chi^{2}\left(1-p,\mathrm{edf}\right)} \tag{2.30}$$

式中，χ^2为与概率p和自由度df有关的函数分布值；s^2为采样方差；σ^2为标准方差；df为自由度的个数（不一定是整数），由数据点数和噪声类型决定；edf为等效自由度，不一定为整数值。和非重叠阿达马方差统计相比，重叠阿达马方差能产生比较平稳的结果，因此使得重叠阿达马方差成为较有用的分析工具。

7）总方差

总方差与双样本或阿伦方差相似，具有相同的期望值，但在较长平滑时间上有较高的置信度。由于数据对称，阿伦方差在较大平滑因子的情况下有可能出现“崩溃”，于是总方差就应运而生。一种思想是将占据数据记录时间总长度1/4的数据进行移位，对这两个数据序列分别进行阿伦方差估计，并将两个阿伦方差结果平均；另一种思想是将数据首尾相接，形成一个闭环，并计算在每个基本测量间隔τ_0下所有阿伦方差的平均值。此方法在大的平滑因子情况下提高置信度非常有效，但要求数据匹配。由此，总方差的概念进一步发展，通过映射来扩展数据，起初是在数据的一个末端，后来在数据两端扩展，最终形成一种新的方法，称为总方差。总方差不仅在大的平滑因子上提高置信度，并且是一个崭新的、重要的统计方法。

用式（2.31）表示总方差的估计为

$$\mathrm{Totvar}\left(\tau\right)=\frac{1}{2\tau^{2}\left(N-2\right)}\sum_{i=2}^{N-1}\left[x_{i+m}^{*}-2x_{i}^{*}+x_{i-m}^{*}\right]^{2} \tag{2.31}$$

式中，x_i为相邻时间间隔的相对相位时间测量值；N为相位时间采样数；τ为采样时间，$\tau=\tau_0$时测到的N个相位数据x_i通过两端点映射扩展形成一个的从$i=3-N$到$i=2N-2$的虚拟序列，长度为$3N-4$。原始数据位于x^*的中间，其中$i=1,2,\cdots,N$且$x^*=x$。每端映射部分加上从$j=1,2,\cdots,N-2$奇数扩展，其中$x_{1-j}^{*}=2x_1-x_{1+j}$，$x_{N+j}^{*}=2x_N-x_{N-j}$。

相应地，对于频率数据的估计式为

$$\mathrm{Totvar}\left(\tau\right)=\frac{1}{2\left(M-1\right)}\sum_{i=1}^{M-1}\left[y_{i+j+1}^{*}-y_{i+j}^{*}\right]^{2} \tag{2.32}$$

式中，y_i为相邻时间间隔的相对频率测量值；M为频率采样数，$M=N-1$；τ为采样时间，$\tau=\tau_0$测到M个分数频率值y，通过在两端映射扩展形成一个虚拟数组y^*。原始数据位于y^*中间，其中$i=1,2,\cdots,M$，$y_1^*=y_1$。在$j=1,2,\cdots,M-1$的

扩展数据为 $y_{1-j}^{*}=y_j$， $y_{M+1}^{*}=y_{M+1-j}$。

计算结果通常表示为总方差的平方根 $\sigma_{\text{total}}(\tau)$，即总偏差。对于相位白噪声，相位闪烁噪声和频率白噪声，通过上述两端映射方法计算出来的总方差期望值与阿伦方差相同。对于频率闪烁噪声及频率随机游走噪声，需要用公式 $1/\left[1-a(\tau/T)\right]$（$T$ 为记录长度，a 分别取 0.481 和 0.750）对偏移进行修正。

对于频率白噪声，频率闪烁噪声和频率随机游走噪声，可以通过表达式 $b(T/\tau)-c$（b 分别取 1.168、0.927，c 分别取 0、0.222 和 0.358）估算出总方差的 χ^2 自由度数。对于相位白噪声和相位闪烁噪声，总偏差估计的等效自由度数与 χ^2 自由度数增加 2 的重叠阿伦偏差的等效自由度数相同。

8）动态方差

动态方差（dynamic stability）是用一系列变化的时间窗口来完成阿伦方差或阿达马方差的分析，显示了钟的特性随时间的变化非平稳状态，能够动态地探测钟稳定度分析中的各种方差。动态稳定度分析的结果是以三维图呈现的。

以动态阿伦方差（dynamic Allan variation，DAVAR）为例，它是经典阿伦方差的扩展，当随机信号 $x(t)$具有时变特性，动态阿伦方差就是在不同时间段内重复估计信号的阿伦方差。阿伦方差是在给定观测间隔时间 τ 的情况下，以二维图的形式描述信号的误差特性，而动态阿伦方差是在给定时间 t 和观测间隔时间 τ 的情况下，以三维图形式来描述随机信号的稳定性信息。正常原子钟的动态阿伦偏差如图 2.5 所示。

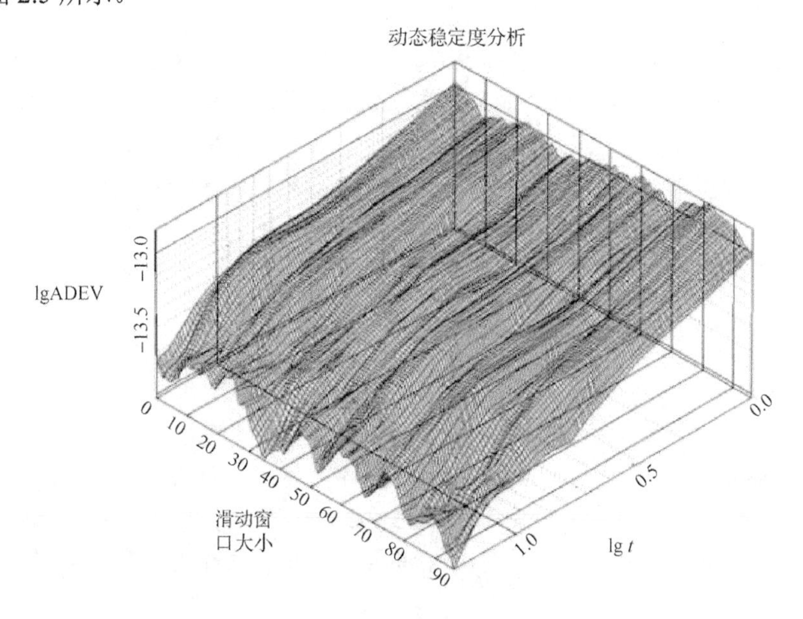

图 2.5 正常原子钟的动态阿伦偏差

当存在外界干扰时，信号稳定性会随着时间而变化，可以用动态阿伦方差描述这种变化：

$$\sigma_y^2[n,k]=\frac{1}{2k^2\tau_0^2}\frac{1}{N-2k}\sum_{m=n-\frac{N_\omega}{2}+k}^{m=n+\frac{N_\omega}{2}-k-1}E\left[\left(x[m+k]-2x[m]+x[m-k]\right)^2\right] \quad (2.33)$$

式中，$k=1,2,\cdots,\frac{N}{2}-1$；$N$ 为离散的时间。

2.2.2 不确定度

BIPM 要求国际上统一采用测量不确定度来表征任一被测量结果的准确度，以便使用者能评价其可靠性，并给出评价不确定度的具体定量指标和估算的基本方法（费业泰，2017；翟造成等，2009）。不确定度的评定方法可归纳为 A、B 两类。测量不确定度是用来表征合理赋予被测量值的分散性的评定指标。这种分散性是在已知的系统影响尽可能地予以修正后，所有随机影响也包含该修正值本身的不确定性所引起的。因此，评定不确定度时，无论是 A 类评定方法还是 B 类评定方法，都是基于其概率分布，只不过由观测序列统计分析所做的不确定度 A 类评定是基于频率的客观概率概念，而由不同于该统计分析的其他方法所做的不确定度 B 类评定则是基于信任度的主观概率概念。

1. 标准不确定度的评定方法

1）A 类评定方法

用标准差表征的不确定度，称为标准不确定度，用 u 表示。A 类评定方法是用统计分析法评定，其标准不确定度 u_A 等同于由系列观测值获得的标准差 σ。通常用贝塞尔法、别捷尔斯法、极差法、最大误差法等方法求得标准差 σ。

当用单次测量值作为测量结果时，A 类评定标准不确定度的计算公式为

$$u_\text{A}=\sigma \quad (2.34)$$

当用多次测量取得算数平均值作为测量结果时，计算公式为

$$u_\text{A}=\sigma/\sqrt{n} \quad (2.35)$$

式中，n 为测量次数。

2）B 类评定方法

标准不确定度的 B 类评定是借助于一切可利用的有关信息进行科学判断，确定估计的标准偏差。通常是根据有关信息或经验，判断被测量的可能区间（$-a, a$），假设被测量值的概率分布，根据概率分布和要求的置信水平 p 估计置信因子 k_j，则 B 类评定的标准不确定度 u_B 为被测量的可能值的区间半宽度除以 k_j 的商，计算公式为

$$u_\text{B}=a/k_j \quad (2.36)$$

式中，a 为被测量可能值的区间半宽度；k_j 为置信因子。

2. 测量不确定度的合成

1）合成标准不确定度

通过周密分析各种不确定度来源，并对多个分量做出A类评定和B类评定后，需要将这些不确定度分量加以合成，以表示出测量结果的不确定度，即合成标准不确定度 u_c。

当被测量 Y 的估计值 y 是由 N 个其他量的测量值 $x_1, x_2, \cdots, x_N$ 的函数求得，即

$$y = f\left(x_1, x_2, \cdots, x_N\right) \tag{2.37}$$

则测量结果 y 的不确定度 u_y 应是所有不确定度分量的合成，用合成标准不确定度 u_c 表示，计算公式为

$$u_c = \sqrt{\sum_{i=1}^{N}\left(\frac{\partial f}{\partial x_i}\right)^2 \left(u_{x_i}\right)^2 + 2\sum_{1\leqslant i<j}^{N}\frac{\partial f}{\partial x_i}\frac{\partial f}{\partial x_j}\rho_{ij}u_{x_i}u_{x_j}} \tag{2.38}$$

式中，ρ_{ij} 为任意两个直接测量值 x_i 和 x_j 不确定度的相关系数。

2）扩展不确定度

在一些实际工作中，如高精度比对等，要求给出的测量结果包含被测量真值的置信概率较大，而合成标准不确定度给出的测量结果包含测量真值的置信概率仅为68%，置信概率过低，达不到一些高精度比对的要求。为此需用扩展不确定度表示测量结果，即给出一个测量结果的区间，使被测量的值大部分位于其中。

扩展不确定度由合成标准不确定度 u_c 乘以包含因子 k 得到，记为 U，即

$$U = ku_c \tag{2.39}$$

用扩展不确定度来作为测量不确定度，则测量结果表示为

$$Y = y \pm U \tag{2.40}$$

当各不确定度分量的自由度均已知，可以更准确地求解出扩展不确定度。但往往由于缺少资料难以确定每一个分量的自由度，无法求解出扩展不确定度。为了求得扩展不确定度，一般情况下可取包含因子 k 为 $2\sim3$。

2.2.3 频率漂移和频率复现性

频率准确度在单位时间内的变化量称为频率漂移，简称频漂。根据单位时间的不同取值，频漂有日频漂、周频漂、月频漂和年频漂之分（周渭等，2006）。计算频漂的基本公式为

$$b = \frac{\sum_{i=1}^{N}\left(f_i - \bar{f}\right)\left(t_i - \bar{t}\right)}{f_0\sum_{i=1}^{N}\left(t_i - \bar{t}\right)^2} \tag{2.41}$$

式中，t_i 为第 i 个采样时刻，单位可以取秒、时、日等；f_i 为第 i 个采样时刻测得的频率值；f_0 为标称频率值（理论值）；N 为采样总数；$\overline{t}=\frac{1}{N}\sum_{i=1}^{N}t_i$ 为平均采样时刻；$\overline{f}=\frac{1}{N}\sum_{i=1}^{N}f_i$ 为平均频率。

频率复现性描述频率在规定条件下多次间断开机时，其产生的实际值相对于频率值的符合程度。频率复现性以多次开机测得的相对频率值 y_i 的标准偏差（1σ）估计值表征：

$$R_y(\sigma)=\sqrt{\frac{1}{N}\sum_{i=1}^{N}\left(y_i-\frac{1}{N}\sum_{i=1}^{N}y_i\right)} \tag{2.42}$$

式中，N 为采样总数；y_i 为相对频率测量值。

2.3 原子时算法

每一台原子钟都可以产生一个时间尺度，但由于每台钟都存在噪声和偏差，且每一种物理装备都有可能出现物理故障，为了保持时间尺度的准确度和稳定度，采用原子时算法，使得最终计算的时间尺度稳定度优于钟组内单台钟的稳定度。产生时间尺度的实验室通常有多台不同类型的原子钟，如何最大程度发挥出不同类型的原子钟的性能，这就需要依据实际需求，选择或建立合适的原子时算法得到一个稳定、准确且可靠的原子时时间尺度。

对原子时而言，算法是调整原子钟之间的相互关系，每一种不同的相互关系，都代表着不同物理过程的实现。研究原子时算法就是选择或构造某一个物理过程，使时间尺度的不确定性变小，稳定性增强。原子时算法的基础是原子钟噪声模型，原子钟之间的相互关系，实际上也是它们之间的噪声关系，通过各自的噪声系数体现在算法中，即原子时算法就是所有原子钟噪声系数的某种组合。

2.3.1 原子时算法的基本原理

若有 N 台原子钟，其读数为 $h_i(t)$，$i=1,2,\cdots,N$，利用加权平均算法，建立一个时间尺度 TA(t)（Thomas et al.，1996），其一般形式可写为

$$\begin{cases}\mathrm{TA}(t)=\sum_{i=1}^{N}\omega_i(t)h_i(t)\\ \sum_{i=1}^{N}\omega_i(t)=1\end{cases} \tag{2.43}$$

式中，TA(t)为时间尺度；$\omega_i(t)$ 为原子钟 i 的权重；$h_i(t)$ 为原子钟 i 在 t 时刻的钟

面时。当每个钟相互独立时，采用正确的加权算法会产生比任何单钟更稳定的时间尺度。

TA(t)即是综合钟，TA(t)的噪声是各个钟噪声加权和：

$$\varepsilon_s(t)=\sum_{i=1}^{N}\omega_i(t)\varepsilon_i(t) \tag{2.44}$$

为了使综合钟的噪声 $\varepsilon_s(t)$ 最小，通常利用式（2.45）决定权重：

$$\omega_i(t)=\frac{1/\sigma_i^2}{\sum_{j=1}^{N}1/\sigma_j^2},\quad j=1,2,\cdots,N \tag{2.45}$$

式中，σ_i^2 可以是阿伦方差或是标准方差，不论哪种方差，都能使综合钟的噪声方差变小。

若 $h_i'(t)$ 为在 t 时刻加到钟 i 读数上的时间修正，应用此值的目的是在计算时间尺度时，当钟 i 的权重发生改变或者参与计算的原子钟数目改变时，可保证时间尺度相位和频率的连续性。因此，式（2.43）可以写为

$$\begin{cases}\mathrm{TA}(t)=\sum_{i=1}^{N}\omega_i(t)\left\{h_i(t)+h_i'(t)\right\}\\ \sum_{i=1}^{N}\omega_i(t)=1\end{cases} \tag{2.46}$$

式中，$\omega_i(t)$ 表示原子钟 i 的权重；$h_i'(t)$ 为钟 i 在 t 时刻的时间修正。$\omega_i(t)$ 和 $h_i'(t)$ 的计算方法因不同原子时算法而不同。

事实上，由于不存在理想的时间，单个钟相对于理想时间的差是无法获取的，换句话说，不能从式（2.46）计算出时间尺度 $\mathrm{TA}(t)$ 的数值，所能得到的是钟 i 和平均时间尺度 TA(t)的差 $x_i(t)$，即

$$x_i(t)=\mathrm{TA}(t)-h_i(t) \tag{2.47}$$

$X_{ij}(t)$ 是钟 i 和钟 j 的相位差，是直接经过测量获取到的数据。

$$X_{ij}(t)=x_j(t)-x_i(t),\quad i=1,2,\cdots,N,\text{且}i\neq j \tag{2.48}$$

由式（2.46）和式（2.47）得

$$\sum_{i=1}^{N}w_i(t)x_i(t)=\sum_{i=1}^{N}\omega_i(t)h_i'(t) \tag{2.49}$$

式（2.48）和式（2.49）组成方程组

$$\begin{cases}\sum_{i=1}^{N}w_i(t)x_i(t)=\sum_{i=1}^{N}\omega_i(t)h_i'(t)\\ X_{ij}(t)=x_j(t)-x_i(t),\quad i=1,2,\cdots,N,\text{且}i\neq j\end{cases} \tag{2.50}$$

式（2.49）中有（N−1）个相互独立的方程，再加式（2.48），共 N 个方程，N 个

未知数，可以从中解出 N 个 $x_i(t)$。

通常情况下，$h_i'(t)$ 是利用线性预测得到的，常见的预测公式为

$$h_i'(t) = x_i(t_0) + y_i'(t)(t - t_0) \tag{2.51}$$

式中，t_0 是上次计算的最后时刻；$x_i(t_0)$ 为上一次计算的在 t_0 时刻的 TA 与钟 i 的差；$y_i'(t)$ 是钟 i 相对于所计算的平均时间尺度 TA(t)的频差，或者称为钟 i 相对于所计算的平均时间尺度 TA(t)的速率。

上述时间尺度算法中始终认为 $\omega_i(t)$ 已知，因此只给出了原理式（2.46），而对于 $\omega_i(t)$ 的具体求法将在各个不同的算法中予以详细说明。基于经典加权的不同原子时算法主要是预测 $y_i'(t)$ 和 $\omega_i(t)$ 的方法不同。计算 TA 应考虑的重点问题：

（1）在测量 $X_{ij}(t)$时所带进的误差应该远远小于各个钟的噪声。

（2）每个钟必须自由、独立运行。

原子时算法需根据实际需求来进行设计。例如，要计算得到的原子时时间尺度是实时的（如 NTSC 采用的每 1h 计算一次）还是滞后的（如 BIPM 每个月计算一次，滞后 40～45d）时间尺度？或多长时间段的稳定度更重要，短期稳定好还是长期稳定好？这些因素影响着计算 TA 的时间段及频率预测算法。频率预测方法取决于原子钟的性能及预测时间段，下面是几种典型情况。

（1）频率白噪声为主要噪声时：一台商品铯原子钟在平均时间 τ 为 1～10d 表现的主要噪声，对于下一个 τ 时间段的频率预报值可以采用前几个 τ 时间段上的频率值的平均。

（2）频率随机游走噪声为主要噪声时：一台商品铯原子钟在平均时间 τ 为 20～70d 表现的主要噪声，可以采用前一个 τ 时间段的频率估计值作为下一个 τ 时间段的频率预测值。

（3）频率的线性漂移为主要情况：大部分氢钟的频率有长期漂移，在 τ 大于几天的时候属于这种情况。下一个 τ 时间段的频率预报值可采用前一个时间段的频率估计值扣除漂移项计算得到。

每个钟的权重与该钟的频率方差成反比，如果没有约束条件，TA 的频率方差应该小于每个钟的频率方差，即 TA 的稳定度优于每个钟的稳定度。当所计算的原子时尺度自身作为参考时间尺度时，权重大的钟对时间尺度有较大的影响，通常采用最大权重的方法来限制由于个别钟的权重过大而导致时间尺度的不可靠性。

2.3.2　经典的原子时算法

1. ALGOS 算法

计算 TAI 的第一步是计算自由原子时尺度（Échelle atomique libre，EAL），它是由世界各地四百多台原子钟加权平均得到的，算法选取 ALGOS 算法，主要

保证了 EAL 的长期稳定度好。之后，EAL 经过频率校准获得 TAI，其频率校准是通过 EAL 频率与基准频标相比较获得的。

计算 EAL 时所用的基本公式如下：

$$x_j(t) = \text{EAL}(t) - h_j(t) = \sum_{i=1}^{N} \omega_i(t)[h_i'(t) - x_{i,j}(t)] \tag{2.52}$$

式中，N 为原子钟的个数；ω_i 为钟 i 的相对权重；$h_i(t)$ 为钟 i 在 t 时刻上的读数；$h_i'(t)$ 为钟 i 在 t 时刻的预报值；$x_{i,j}(t)$ 为钟 i 和钟 j 的相位差数据，直接通过测量可以获得，公式为

$$x_{i,j}(t) = h_j(t) - h_i(t) \tag{2.53}$$

1）频率预报算法

在两个连续的时间段 $I_{k-1}(t_{k-1}, t_k)$ 和 $I_k(t_k, t_{k+1})$ 计算时间尺度时，需在 t_k 时刻预测出钟 i 的修正项 $h_i'(t)$ 的值，来保证相位和频率上都连续。

EAL 每个月计算一次，计算中采用的数据是通过远程时间比对手段获取到的各实验室的原子钟与 UTC(PTB)的比对结果，每 5d 一个值，数据点对应的时刻是 BIPM 规定的标准历元（MJD 的尾数为 4 和 9）UTC 0h，每次计算的周期为 30d 或 35d，故可以获得每台钟的 $x_i(t_k + nT/6)$，$n = 0, \cdots, 6$ 或 $x_i(t_k + nT/7)$，$n = 0, \cdots, 7$，基于这些数据，利用最小二乘拟合算法，得到钟 i 相对于 EAL 的频率 $B_{ip,I_k}(t_k + T)$。因此，在一个月的间隔 $I_k(t_k, t_{k+1})$，钟 i 的修正项 $h_i'(t)$ 为

$$h_i'(t) = a_{i,I_k}(t_k) + B_{ip,I_k}(t) \cdot (t - t_k) \tag{2.54}$$

式中，$a_{i,I_k}(t_k)$ 为钟 i 在 t_k 时刻相对于 EAL 的相位差；$B_{ip,I_k}(t_k)$ 为 $I_k = [t_k, t]$ 时间间隔内，钟 i 相对于 EAL 的频率；下标 i 表示参与计算的各原子钟；p 表示在上一次计算的时间间隔内，预测的参数。式（2.54）中包含了相位和频率两个参数，在计算的时间间隔内，频率为一固定常量。

$\hat{a}_{i,I_k}$ 的估计值为

$$a_{i,I_k}(t_k) = \text{EAL}(t_k) - h_i(t_k) = x_i(t_k) \tag{2.55}$$

当计算周期为 30d 或 35d 时，铯原子钟的噪声主要表现为频率随机游走噪声，假定当前时间段 $I_k(t_k, t_{k+1})$ 预测的速率和前一个时间段 $I_{k-1}(t_{k-1}, t_k)$ 上的频率相同。因此，对 $x_i(t_k - T + nT/6)$ $(n = 0, \cdots, 6)$，或 $x_i(t_k - T + nT/7)$ $(n = 0, \cdots, 7)$，进行一阶线性预测得到 $B_{ip,I_{k-1}}(t) = B_i(t_k)$，因此 $\hat{B}_{ip,I_k}$ 的估计值为

$$B_{ip,I_k}(t) = B_i(t_k) \tag{2.56}$$

式中，$t = t_k + nT/6$ $(n = 0, \cdots, 6)$ 或 $t = t_k + nT/7$ $(n = 0, \cdots, 7)$。

2）权重计算算法

在当前时间段 $I_k(t_k, t_{k+1})$ 上权值的确定是根据下列步骤实现的。

（1）利用上一次计算时间段 $I_{k-1}(t_{k-1},t_k)$ 上所采用的权重以及式（2.56）中的速率 $\hat{B}_i(t_k)$ 来求解当前时间段上的 6 个或 7 个 $x_i(t)$。

（2）将获得的 6 个或 7 个 $x_i(t)$，利用一阶线性预测计算得到当前的速率 $B_{ip,I_k}(t)$。利用钟数据计算 $\sigma_i^2(12,T)$，$\sigma_i^2(12,T)$ 是当月和之前 11 个月的速率值计算的方差（频率方差或阿伦方差）。计算公式为

$$\sigma_i^2(12,T)=\frac{1}{12}\sum_{k=1}^{12}\left[B_{ip,I_k}(t)-\left\langle B_{ip,I_k}(t)\right\rangle_{11}\right]^2 \tag{2.57}$$

式中，k 为时间段索引；$B_{ip,I_k}(t)$ 为钟 i 在时间段 $I_k(t_k,t_{k+1})$ 内的频率；$\left\langle B_{ip,I_k}(t)\right\rangle_{11}$ 为钟 i 在当月和之前 11 个月内频率的均值。

权值计算为

$$\begin{cases} p_i = 1/\sigma_i^2(12,T) \\ \omega_i = p_i \Big/ \sum\limits_{i=1}^{N} p_i \end{cases} \tag{2.58}$$

式中，$\sigma_i^2(12,T)$ 为 12 个月（含当月）的频率值计算的方差；ω_i 为钟 i 的归一化权重。

参与 TAI 计算的原子钟大体上分为三类：高性能 HP5071A 铯原子钟、氢钟及其他钟。在计算 TAI 时，为了发挥性能良好的原子钟优势，采用了加权算法，以提高性能好的钟在原子时计算中所占的比例。但是如果给性能好的钟太大的权重，则会使计算得到的原子时尺度对性能好的一台或几台钟的依赖性增大，如果这些钟组中的一台或几台出现不可预料的问题时，可能使得计算出的原子时表现出不连续。为了防止上述问题的发生，有必要对权作一定的限制，这就提出了最大权重问题。

当 $\omega_i(t) \geqslant \omega_{\max}$，则

$$\omega_i(t)=\omega_{\max} \tag{2.59}$$

$$\omega_{\max}=A/N \tag{2.60}$$

式中，$\omega_{\max}$ 表示最大权重；N 为参与计算的钟数；A 为经验常数（BIPM 常取值 2.5）。A 的选取应考虑到参与运算的原子钟的性能，既要考虑到尽量发挥更多性能优异原子钟的优势，又不能使满权的钟的数目过大，以确保 TAI 的频率稳定度。

3）异常钟的检测方法

为了从所有钟数据中剔除不正常的钟数据，ALGOS 算法采用如下方法。如果当前时间段的 $B_{ip,I_k}(t)$ 和前 11 个月平均的 $\left\langle B_{ip,I_k}(t)\right\rangle_{11}$ 相差很大时，赋给该钟 0 权，即

$$B_{ip,I_k}(t)-\left\langle B_{ip,I_k}(t)\right\rangle_{11} > 3\mathrm{si}(12,T),\quad \omega_i(t)=0 \tag{2.61}$$

式中，$B_{ip,I_k}(t)$ 为当月的频率；$\langle B_{ip,I_k}(t)\rangle_{11}$ 为前 11 个月频率的平均值；ω_i 为钟 i 的权重；$\mathrm{si}(12,T)$ 由式（2.62）定义。

考虑到 TAI 的长期稳定性，则涉及原子钟的噪声主要为频率随机游走噪声，$\mathrm{si}(12,T)$ 为

$$\mathrm{si}^2(12,T)=\frac{12}{11}\sigma_i^2(11,T)=\frac{1}{11}\sum_{k=1}^{11}\left[B_{ip,I_k}(t)-\left\langle B_{ip,I_k}(t)\right\rangle\right]^2 \tag{2.62}$$

式（2.62）就是判断异常钟的 3σ 准则。

2. AT1 算法

AT1 算法是一个实时原子时尺度算法，依据当前的钟差数据，对下一时刻的钟差值进行估计，使用第 i 台钟和主钟的钟差数据作为中间的替代变量，得到主钟和计算纸面时的钟差。通过守时钟组中每台钟得到一个主钟相对于纸面时的钟差，对这些钟差进行加权平均，得到最终的主钟与纸面时的偏差，作为主钟驾驭的参考。算法分为三个部分：钟差估计、频率预报及权重的计算。

钟差估计为

$$\hat{X}_i(t+\tau)=X_i(t)+Y_i(t)\tau \tag{2.63}$$

$$X_j(t+\tau)=\sum_{i=1}^{n}\omega_i(t)\left[\hat{X}_i(t+\tau)-X_{ij}(t+\tau)\right] \tag{2.64}$$

式中，$X_i(t)$、$Y_i(t)$ 分别为相对于某个参考时间尺度，t 时刻的相差和频差的估计；τ 为测量间隔；$\hat{X}_i(t)$ 为钟 i 在 t 时刻的钟差预报；$X_{ij}(t)$ 为 t 时刻测量的钟 i 和钟 j 的相差数据；$\omega_i(t)$ 为钟 i 在 t 时刻的权重。

当频率出现频率闪烁噪声或频率随机游走噪声时，需要将其加以抑制。频率预报采用指数滤波器，将频率变成带时间常数的慢变化时间函数。预测的钟 i 的频率变化 $\hat{Y}_i(t+\tau)$ 为

$$\hat{Y}_i(t+\tau)=\frac{X_i(t+\tau)-X_i(t)}{\tau} \tag{2.65}$$

$$Y_i(t+\tau)=\frac{1}{m_i+1}\left[\hat{Y}_i(t+\tau)+m_iY_i(t)\right] \tag{2.66}$$

$$m_i=\frac{1}{2}\left[-1+\left(\frac{1}{3}+\frac{4}{3}\frac{\tau_{\min,i}^2}{\tau^2}\right)^{1/2}\right] \tag{2.67}$$

式中，$\hat{Y}_i(t+\tau)$ 为钟 i 在 t 时刻的频率预报；τ 为测量间隔；m_i 为指数频率平均时间常数；$\tau_{\min,i}$ 为钟 i 表现最稳定的最小采样间隔，直观地说就是计算出的阿伦方差达最小值时所对应的采样间隔。

权重的计算使用的是估计误差，根据每台钟相对于纸面时的钟差与当前时刻计算值的差值来确定，权重由式（2.68）～式（2.71）计算。

$$\hat{\varepsilon}_i(\tau)=\left|\hat{X}_i(t+\tau)-X_i(t+\tau)\right|+K_i \tag{2.68}$$

式中，$\hat{\varepsilon}_i(\tau)$为钟 i 的预测值与估计值之间的差；K_i 为考虑到钟 i 和 TA 之间的相关性而取的改正值。每台钟的均方时间误差是由式（2.69）的指数滤波器决定。

$$\varepsilon_i^2(\tau)\Big|_{t+\tau}=\frac{1}{N_\tau+1}\left[\hat{\varepsilon}_i^2(\tau)+N_\tau\varepsilon_i^2(\tau)\Big|_t\right] \tag{2.69}$$

式中，N_τ 为常数，一般取 20～30d。$\varepsilon_i^2(\tau)$的初始值一般取$\tau^2\sigma_y^2(\tau)$。

纸面时误差估计根据式（2.70）～式（2.72）计算，任何参与原子钟只能改善该值，性能不佳的钟不会影响纸面时的稳定度。

$$\varepsilon_x^2(\tau)=\left[\sum_{i=1}^{n}\frac{1}{\varepsilon_i^2(\tau)}\right]^{-1} \tag{2.70}$$

$$\omega_i=\frac{\varepsilon_x^2(\tau)}{\varepsilon_i^2(\tau)} \tag{2.71}$$

$$K_i=\frac{0.8\varepsilon_x^2}{\left(\varepsilon_i^2\right)^{1/2}} \tag{2.72}$$

AT1 算法不记录过去频率的真实值，而只考虑到频率的变化，这种方法类似于求各钟的阿伦方差。很显然，这种方法忽略了各钟长期波动的信息，其最大的优势在于计算的实时性。

钟权重的确定和频率预测方法选取的主要依据是参与运算的钟数、所采用的测量样本数及计算时间尺度的目的。对于 BIPM 来说，参与 EAL 计算的钟数较多，因此可以利用长期的性能确定各钟在计算中的权重。对于钟数相对较少的实验室，一方面，由于钟数及测量样本数的限制，季节性波动的消除不容易满足；另一方面，由于实时控制本地协调时 UTC(*k*)的需要，作为实时物理信号 UTC(*k*)的驾驭参考，原子时尺度的 AT1 算法实时性更好。

3. 卡尔曼算法

1982 年，Barnes 提出了一种原子时算法——卡尔曼（Kalman）算法。该算法与经典的加权算法迥然不同，它完全放弃了权重的概念，而是从估值理论的观点出发，对参考钟和理想钟之间的差作最优估计，并将此值作为修正量来计算时间尺度（Greenhall，2006；Breakiron，2002，2001；Brown，1991）。

1）经典卡尔曼算法

经典卡尔曼算法是从估值理论的观点出发，对参考钟与理想时间的相位差作统计意义上的最优估计。钟组中 N 台原子钟均满足下述动态模型。

状态方程为

$$\begin{bmatrix} x_1(t+\tau) \\ y_1(t+\tau) \\ d_1(t+\tau) \\ \vdots \\ x_N(t+\tau) \\ y_N(t+\tau) \\ d_N(t+\tau) \end{bmatrix} = \begin{bmatrix} 1 & \tau & \frac{1}{2}\tau^2 & & & \\ 0 & 1 & \tau & & 0 & \\ 0 & 0 & 1 & & & \\ & & & \cdots & & \\ & & & 1 & \tau & \frac{1}{2}\tau^2 \\ & 0 & & 0 & 1 & \tau \\ & & & 0 & 0 & 1 \end{bmatrix} \begin{bmatrix} x_1(t) \\ y_1(t) \\ d_1(t) \\ \vdots \\ x_N(t) \\ y_N(t) \\ d_N(t) \end{bmatrix} + \begin{bmatrix} \varepsilon_1(t) \\ \eta_1(t) \\ \gamma_1(t) \\ \vdots \\ \varepsilon_N(t) \\ \eta_N(t) \\ \gamma_N(t) \end{bmatrix} \tag{2.73}$$

式（2.73）的向量形式为

$$X(t+\tau) = \varphi(t)X(t) + \omega(t+\tau) \tag{2.74}$$

式中，x_i 为第 i 台钟的相位；y_i 为第 i 台钟的频率；d_i 为第 i 台钟的漂移；τ 为时间间隔；$\varphi(t)$ 为状态转移矩阵；$\omega(t+\tau)$ 为白噪声。

测量方程为

$$\begin{bmatrix} x_{21}(t) \\ x_{31}(t) \\ \vdots \\ x_{N1}(t) \end{bmatrix} = \begin{bmatrix} -1 & 0 & 0 & 1 & 0 & 0 & 0 & 0 & 0 & & 0 & 0 & 0 \\ -1 & 0 & 0 & 0 & 0 & 0 & 1 & 0 & 0 & & 0 & 0 & 0 \\ & & & & & & \ddots & & & & & & \\ -1 & 0 & 0 & 0 & 0 & 0 & 0 & 0 & 0 & & 0 & 0 & 1 \end{bmatrix} \begin{bmatrix} x_1(t) \\ y_1(t) \\ d_1(t) \\ \vdots \\ x_N(t) \\ y_N(t) \\ d_N(t) \end{bmatrix} + \begin{bmatrix} \upsilon_1(t) \\ \upsilon_2(t) \\ \vdots \\ \upsilon_{N-2}(t) \\ \upsilon_{N-1}(t) \end{bmatrix} \tag{2.75}$$

式（2.75）的向量形式为

$$Z(t) = H(t)X(t) + V(t) \tag{2.76}$$

式中，$Z(t)$ 为钟差测量向量；$H(t)$ 为测量矩阵；$V(t)$ 为测量噪声矩阵。

求解噪声方差阵 Q 和测量方差阵 R：

$$Q_i(\tau) = \int \varphi(t)\frac{\mathrm{d}Q}{\mathrm{d}t}\phi^{\mathrm{T}}(t)\mathrm{d}t$$

$$= \begin{bmatrix} q_1\tau + \frac{1}{3}q_2\tau^3 + \frac{1}{20}q_3\tau^5 & \frac{1}{2}q_2\tau^2 + \frac{1}{8}q_3\tau^4 & \frac{1}{6}q_3\tau^3 \\ \frac{1}{2}q_2\tau^2 + \frac{1}{8}q_3\tau^4 & q_2\tau + \frac{1}{3}q_3\tau^3 & \frac{1}{2}q_3\tau^2 \\ \frac{1}{6}q_3\tau^3 & \frac{1}{2}q_3\tau^2 & q_3\tau \end{bmatrix} \tag{2.77}$$

$$R(\tau) = q_0 \tag{2.78}$$

$$Q=\begin{bmatrix} Q_1(\tau) & & & \\ & Q_2(\tau) & & \\ & & \ddots & \\ & & & Q_N(\tau) \end{bmatrix},\quad R=\begin{bmatrix} R_1(\tau) & & & \\ & R_2(\tau) & & \\ & & \ddots & \\ & & & R_N(\tau) \end{bmatrix}$$

式中，q_1、q_2、q_3 为过程噪声功率谱密度，q_1 可用相位随机游走噪声来描述，q_2 可用频率随机游走噪声来描述，q_3 可用频率随机奔跑噪声来描述。当考虑观测噪声中存在的相位白噪声，q_0 可用相位白噪声来描述。q_i 与阿达马方差之间的函数关系为

$$\sigma_{\text{HDEV}}^2(\tau)=\frac{10}{3}q_0\tau^{-2}+q_1\tau^{-1}+\frac{1}{6}q_2\tau+\frac{11}{120}q_3\tau^3 \tag{2.79}$$

将阿达马方差值代入式（2.79），利用最小二乘法得到q_0、q_1、q_2、q_3的值，从而可得到$Q(\tau)$和$R(\tau)$的值。

初始状态为$X(0|0)$，初始误差协方差阵为$P(0|0)$，则经典卡尔曼算法的迭代过程如图 2.6 所示。

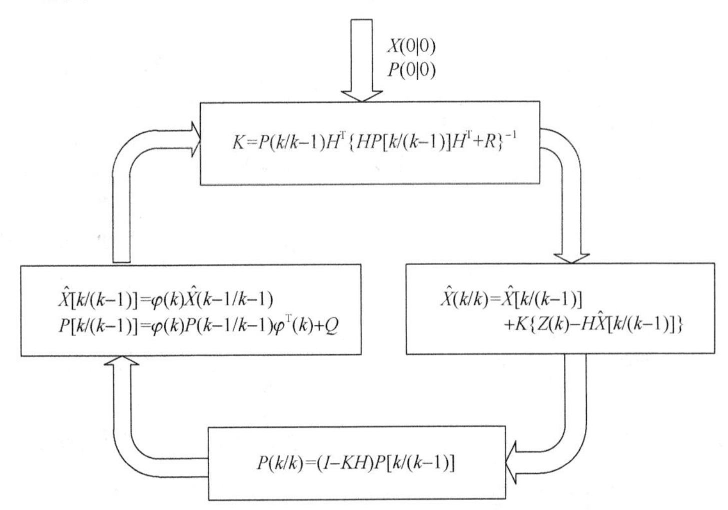

图 2.6　经典卡尔曼算法的迭代过程图

经典卡尔曼算法具体计算的迭代步骤如下：

$$\begin{cases} \hat{X}\left[k/(k-1)\right]=\varphi(k)\hat{X}(k-1/k-1) \\ P\left[k/(k-1)\right]=\varphi(k)P(k-1/k-1)\varphi^{\mathrm{T}}(k)+Q(k) \\ K=P\left[k/(k-1)\right]H^{\mathrm{T}}\left\{HP\left[k/(k-1)\right]H^{\mathrm{T}}+R\right\}^{-1} \\ \hat{X}(k/k)=\hat{X}\left[k/(k-1)\right]+K\left\{Z(k)-H\hat{X}\left[k/(k-1)\right]\right\} \\ P(k/k)=(I-KH)P\left[k/(k-1)\right] \end{cases} \tag{2.80}$$

如果式（2.80）的卡尔曼滤波器不收敛的，从卡尔曼滤波器中得到的状态估计不具有最小均方误差，估值结果的误差随着时间的延长而增大。

2）卡尔曼加权算法

经典卡尔曼算法，是对卡尔曼算法得到的相位进行加权，由于卡尔曼算法是发散的，所以随时间的延长，相位的波动越大。为解决经典卡尔曼算法的发散性问题，提出了一种卡尔曼加权（Kalman plus weight，KPW）算法。卡尔曼加权算法仅对频率与漂移取权，对最终结果积分后得到相位，因此 KPW 算法不是发散的，解决了经典卡尔曼算法发散的问题，同时也能够保证加入或减去一台钟，时间尺度不会引起相位和频率的跳变。

卡尔曼加权算法的模型类似于经典卡尔曼算法，只是状态参数由三参数（相位、频率、频漂）改为两参数（频率、频漂）。

卡尔曼加权算法的状态方程为

$$\begin{bmatrix} y_1(t+\tau) \\ d_1(t+\tau) \\ y_2(t+\tau) \\ d_2(t+\tau) \\ \vdots \end{bmatrix} = \begin{bmatrix} 1 & \tau & 0 & 0 & \cdots \\ 0 & 1 & 0 & 0 & \cdots \\ 0 & 0 & 1 & \tau & \cdots \\ 0 & 0 & 0 & 1 & \cdots \\ \vdots & \vdots & \vdots & \vdots & \ddots \end{bmatrix} \begin{bmatrix} y_1(t) \\ d_1(t) \\ y_2(t) \\ d_2(t) \\ \vdots \end{bmatrix} + \begin{bmatrix} \varepsilon_1(t+\tau) \\ \eta_1(t+\tau) \\ \varepsilon_2(t+\tau) \\ \eta_2(t+\tau) \\ \vdots \end{bmatrix} \tag{2.81}$$

向量形式为

$$X(t+\tau) = \varphi(t)X(t) + \omega(t+\tau) \tag{2.82}$$

式中，y_i 为第 i 台钟的频率；d_i 为第 i 台钟的漂移；τ 为时间间隔；$\varphi(t)$ 为状态转移矩阵；$\omega(t+\tau)$ 是白噪声。

测量方程为

$$\begin{bmatrix} \left[z_1(t)-z_1(t-\tau)\right]/\tau \\ \left[z_2(t)-z_2(t-\tau)\right]/\tau \\ \vdots \end{bmatrix} = \begin{bmatrix} 1 & 0 & 0 & 0 & \cdots \\ 0 & 0 & 1 & 0 & \cdots \\ \vdots & \vdots & \vdots & \vdots & \ddots \end{bmatrix} \begin{bmatrix} y_1(t) \\ d_1(t) \\ y_2(t) \\ d_2(t) \\ \vdots \end{bmatrix} + \begin{bmatrix} v_1(t) \\ v_2(t) \\ \vdots \end{bmatrix} \tag{2.83}$$

式（2.83）的向量形式为

$$Z(t) = H(t)X(t) + V(t) \tag{2.84}$$

式中，$Z(t)$ 为钟差测量向量；$H(t)$ 为测量矩阵；$V(t)$ 为测量噪声矩阵。

噪声方差阵 Q 和测量方差阵 R 为

$$Q_i(\tau) = \begin{bmatrix} q_2\tau + q_3\tau^3/3 & q_3\tau^2/2 \\ q_3\tau^2/2 & q_3\tau \end{bmatrix} \tag{2.85}$$

$$R_i(\tau) = q_1 \tag{2.86}$$

式中，q_1、q_2、q_3 为过程噪声功率谱密度，q_2 可用频率随机游走噪声来描述，q_3

可用频率随机奔跑噪声来描述，q_1可用相位白噪声来描述。q_i与阿伦方差之间的函数关系为

$$\sigma_{\mathrm{ADEV}}^2(\tau)=q_1\tau^{-1}+\frac{1}{3}q_2\tau+\frac{1}{20}q_3\tau^3 \tag{2.87}$$

将阿伦方差值代入式（2.87）中，利用最小二乘法得到q_1、q_2、q_3的值，从而可得到Q和R的值。

再利用经典卡尔曼算法的迭代步骤开始计算，并将最终生成的每台钟的频率和漂移，通过加权平均，将其结果积分后到相位上，最终得到一个稳定的时间尺度。

4. 不同算法的比较

ALGOS 算法与 AT1 算法的基本原理类似，都采用不等权加权平均，忽略了测量不确定度，认为钟是相互独立的，权定义时考虑了钟的最优稳定度。但在预测频率变化和权重确定时，两种算法选择了不同的方法。ALGOS 算法中，对钟速的预测是采用前一个月的钟速作为本月钟速的预测值，权重的选取原则发挥了原子钟的长期性能，利用长期性能确定各原子钟在计算中的权重。AT1 算法采用的钟速预测方法是前面几个时间段钟速的指数平均，权重的确定只计算短时间的频率方差，不考虑频率的长期漂移。因此，AT1 算法虽具有很强的实时性，但忽略了频率长期（季节）波动和漂移的影响；ALGOS 算法虽为滞后运算，但其却注重了长期稳定度，并可以很好消除季节因素的影响。

卡尔曼算法与经典的加权算法（ALGOS 算法与 AT1 算法）迥然不同，卡尔曼算法是基于卡尔曼滤波器实现平均时间尺度的计算，理论上能够得到一种最终的时间尺度。该算法抛弃了权重的概念，利用钟差的状态估算平均时间尺度。但该算法构造的系统不完全客观，即试图从$(N-1)$个独立的方程中求解出N个独立的未知数，因此卡尔曼算法是发散的，意味着估值结果的误差随着时间的延长而增大。

卡尔曼加权算法解决了经典卡尔曼算法发散的问题。经典卡尔曼原子时算法，对卡尔曼算法得到的相位进行加权，随着时间的增大，相位的波动变大。卡尔曼加权算法不对相位加权，对频率与漂移进行加权，将最终结果积分后得到相位。因此，卡尔曼加权算法是收敛的，解决了经典卡尔曼算法的发散问题，同时也能够保证加入或减去某几台钟，避免时间尺度发生相位和频率的跳变。

2.4 ALGOS 算法的改进

UTC 计算主要涉及三种常用算法，即原子钟频率预测算法、权重计算方法和驾驭算法。ALGOS 算法在 2011 年 9 月做了修改，更换了一个新的频率预报方法。

由于新的频率预报模型相对于 EAL 的频率漂移彻底被扣除，明显提高了 EAL 的频率稳定度。但由于依然沿用旧的权重算法，新的频率预报方法并没有影响权重分布，氢钟和铯钟在总权重的比例分布基本没有改变，氢钟依然只取相当小的权重（赵书红等，2014；Panfilo et al.，2012，2010；Petit，2009）。

2014 年 1 月，基于新的频率预报方法，ALGOS 算法更换了一种新的权重算法，新的权重算法主要基于"可预测性"来取权重。当一台原子钟具有很明显的特征，如频率漂移或是老化，该特征能够被准确预测并且被合理修正，那么这台原子钟就认为"好钟"。在新的权重算法里，采用钟的真实速率与预报速率的偏差来估计权重，利用一年的滤波后的数据来估计权重，能够保证钟组的长期稳定性。新的权重算法提高了 EAL 的短期稳定度和长期稳定度，同时改变了以往铯原子钟权重过大，平衡了不同类型的原子钟在整个钟组中的权重，尤其提高了氢钟在时间尺度计算中的权重（Panfilo et al.，2013）。

2.4.1　新的频率预报算法

由于之前的频率预报算法只考虑了钟相位和频率的影响，没有考虑到频率漂移的影响，因此之前的频率预报算法加上一个二次项来描述钟的频率漂移：

$$h_i'(t) = a_{i,I_k}(t_k) + B_{ip,I_k}(t)\cdot(t-t_k) + \frac{1}{2}C_{ip,I_k}(t)\cdot(t-t_k)^2 \tag{2.88}$$

为了估计式（2.88）中的参数，假定在 t_k 时刻，钟 i 的修正项 $h_i'(t)$ 决定着有无相位、频率、频率漂移的影响。式（2.88）还可以表示为

$$\hat{h}_i'(t) = \hat{a}_{i,I_k}(t_k) + \hat{B}_{ip,I_k}(t)\cdot(t-t_k) + \frac{1}{2}\hat{C}_{ip,I_{k-1}}(t)\cdot(t_k-t_{k-1})\cdot(t-t_k) + \frac{1}{2}\hat{C}_{ip,I_k}(t)\cdot(t-t_k)^2 \tag{2.89}$$

式中，$\hat{a}_{i,I_k}(t_k)$ 为 t_k 时刻，钟 i 相对于 EAL 相位差的估计值；$\hat{B}_{ip,I_k}(t)$ 为 $[t_k,t]$ 时间间隔里，钟 i 相对于 TAI 频率的估计值；$\hat{C}_{ip,I_k}(t)$ 为 $[t_k,t]$ 时间间隔里，钟 i 相对于地球时（terrestrial time，TT）频率漂移的估计值。

考虑一种简单的情况，假定频率漂移的估计在两个连续的时间间隔是相同的，即 $\hat{C}_{ip,I_k}(t)=\hat{C}_{ip,I_{k-1}}(t)$。式（2.87）可简化为

$$\hat{h}_i'(t) = \hat{a}_{i,I_k}(t_k) + \hat{B}_{ip,I_k}(t)\cdot(t-t_k) + \frac{1}{2}\hat{C}_{ip,I_k}(t)\cdot(t_k-t_{k-1})\cdot(t-t_k) + \frac{1}{2}\hat{C}_{ip,I_k}(t)\cdot(t-t_k)^2 \tag{2.90}$$

式（2.90）中所描述的物理含义为，在连续的时间间隔内，频率漂移为恒定值，而频率不再是恒定值。式（2.90）中包含了三种参数：相位、频率和频率漂移，前两个参数的求解与目前 ALGOS 算法相同，需特别注意的是频率漂移的求解。

$\hat{a}_{i,I_k}(t_k)$ 的估计值：

$$\hat{a}_{i,I_k}(t_k) = \text{EAL}(t_k) - h_i(t_k) = x_i(t_k) \tag{2.91}$$

$\hat{B}_{ip,I_k}(t_k)$ 的估计值：

$$\hat{B}_{ip,I_k}(t_k) = \frac{x_i(t_{k+1}) - x_i(t_k)}{t_{k+1} - t_k} \tag{2.92}$$

对 $\hat{C}_{ip,I_k}(t_k)$ 的估计，需假设在一个月的时间间隔内，频率漂移为恒定值，因此频率参考的选取是非常重要的。相位数据（EAL−h_i）用于估计 $\hat{a}_{i,I_k}(t_k)$ 和 $\hat{B}_{ip,I_k}(t_k)$，钟 i 的频率值 $y_{\text{TT}-h_i}$ 用来估计漂移量 $\hat{C}_{ip,I_k}(t_k)$。计算氢钟的频率漂移项需要两个步骤：

（1）钟 i 相对于 TT 的频率值 $y_{\text{TT}-h_i}$ 需要进行 15d 的滑动平均，为了去除白色调频噪声和更好地估计频率漂移值，得到的滑动平均值记为 $\overline{y}_{\text{TT}-h_i}$。

（2）利用 4 个月的 $\overline{y}_{\text{TT}-h_i}$，用式（2.93）求解频率漂移 $\hat{C}_{ip,I_k}(t_k)$：

$$\hat{C}_{ip,I_k}(t_k) = \frac{\overline{y}_{\text{TT}-h_i}(t_{k+1}) - \overline{y}_{\text{TT}-h_i}(t_k)}{t_{k+1} - t_k} \tag{2.93}$$

铯原子钟频率漂移与氢钟频率漂移的估计方法不同，铯钟频率漂移仅利用 4 个月的频率数据 $\overline{y}_{\text{TT}-h_i}$ 的最小二乘拟合进行估计。

利用 EAL 作为一个参考标准进行预测，对 EAL 的稳定度起了负面作用。但当 TT 作为一个参考标准，EAL 的稳定度有了很大的提高，由 EAL 影响的频率漂移也被去除掉了。这是因为 EAL 的频率漂移影响着原子钟频率漂移的估计，所以 EAL 作为一个参考标准来估计频率漂移是估计不准的，选定 TT 作为参考标准来估计氢钟的频率漂移以及铯钟的老化。

频率预报模型选用线性预测模型时，每个月都需要修正 EAL 的频率。频率预测模型选用新的钟速模型（二次模型预测）时，其中 EAL 的频率基本不做修正，而 EAL 和 TAI 的频率差为固定常量。因此，只需要对 EAL 的频率做很小的修正，EAL 很容易就转化成 TAI。图 2.7 为不同数据长度和钟速预测模型计算的 EAL 稳定度。数据长度从 2006 年开始（MJD=53734 开始）和 2008 开始（MJD=54464 开始），可以看出，新的钟速模型可以提高 EAL 的短期稳定度和长期稳定度。

用 ALGOS 算法计算时，采用新的频率算法，并且沿用旧的权重算法，最终没有影响氢钟和铯钟在总权重中的比例。权重计算时主要采用一年的各原子钟相对于 EAL 的频率数据，每台钟的权重与该钟相对于 EAL 的频率方差成反比，因此当原子钟存在频率漂移或是老化，通过降低权重来保障时间尺度的长期稳定度，也就是氢钟在时间尺度计算中只能取到相当小的权重。

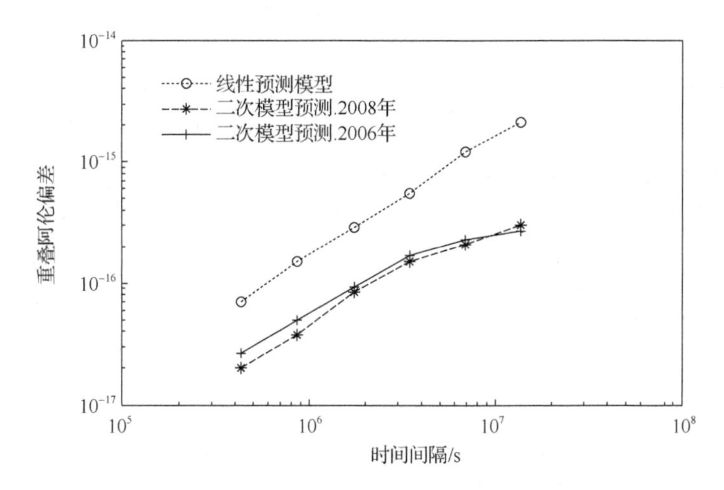

图 2.7　不同数据长度和钟速预测模型计算的 EAL 稳定度

2.4.2　新的权重算法

旧的权重算法的目的是保证生成的时间尺度的长期稳定度优良，因此每台钟的权重反映了它的长期稳定度。在原子时尺度算法中，每台钟的权重与该钟的频率稳定度（频率方差或阿伦方差等）成反比。如果采用以前的权重算法，生成的时间尺度的稳定度比任何一台原子钟的稳定度都好。在计算自由原子时 EAL，每台钟的权重计算方法主要依据每台钟相对于 EAL 频率方差的倒数，由此受季节因素影响和有大的频率漂移的原子钟（氢钟）权重会降低，以此来保证 EAL 优良的长期稳定度。这就是采用旧的权重算法，有频率漂移的氢钟只能取到很小权重的原因（Zhao et al.，2014）。

2014 年 1 月，BIPM 采用了新的权重算法，权重取值的依据强调“钟的可预测性”，采用的数据是钟组中每台钟的频率与它的预测频率的差值。利用此方法来预测原子钟的趋势，如频率漂移或老化，将这些趋势项减小或消除。氢钟一般都有很明显的频率漂移，通常漂移项很容易被预测且不确定性很小，因此在应用了新的权重算法后，氢钟的权重变大，且没有降低 EAL 的长期稳定度。利用一年中每个月的预报频率和实际频率的差值，这些差值决定了钟的权重。利用一年的数据，能够保持 EAL 和 UTC 的长期稳定度。在限制最大权重方面也因钟数及权重算法的改变而改变。

新的权重算法的迭代流程如下：

（1）利用 $\left[\mathrm{EAL}-h_i\right]$ 的数据，采用上一次迭代计算出的权重，第一次迭代采用上个月最终选取的权重。

（2）每个月的实际频率 $y\left(i,I_k\right)$ 与预报频率 $\hat{y}\left(i,I_k\right)$ 的绝对偏差为

$$\zeta_{i,I_k}=\left|y\left(i,I_k\right)-\hat{y}\left(i,I_k\right)\right| \tag{2.94}$$

式中，i 为第 i 台钟；I_k 为计算时间间隔。

（3）利用式（2.94），计算得到每台钟的实际频率与预报频率偏差的平方。

（4）利用一年的 ζ_{i,I_k} 的数值来保证 EAL 和 UTC 的长期稳定度。

（5）考虑到新的测量数据具有更可靠的统计特性，采用滤波方法给较新的测量数据较大的权重，而旧的测量数据予以更小的权重，如式（2.95）所示：

$$\sigma_i^2 = \frac{\sum_{j=1}^{M_i}\left(\frac{M_i+1-j}{M_i}\right)\xi_{i,j}^2}{\sum_{j=1}^{M_i}\left(\frac{M_i+1-j}{M_i}\right)} \tag{2.95}$$

式中，下标 i 为第 i 台钟；j 为计算间隔；M_i 代表月份（4～12 个月，4 个月是一台钟参与 UTC 计算的最小周期，12 个月的观测值是最标准的计算间隔）依据钟的不同而不同。例如，新钟的加入，必须有 4 个月的数据才可参与 UTC 计算。

（6）原子钟的相对权重理论上的计算公式为

$$\omega_{i,\text{temp}} = \frac{1/\sigma_i^2}{\sum_{i=1}^{N} 1/\sigma_i^2} \tag{2.96}$$

当不满足以下这两个条件时，每台钟的权重等于 $\omega_{i,\text{temp}}$。

钟 i 的权重超过了最大权重限制 $\omega_{\max} = 4/N$。

当钟 i 在计算间隔内表现出性能变差的特性，则该钟不取权重。计算时间尺度前，需要检查当前计算时刻的实际频率和预报频率的差值，如果这个差值超过了一个阈值（计算间隔内预报值和实际钟差的相位差超过 300ns），这台钟在计算 EAL 时取零权。采用这种方法剔除了参与 UTC 计算的 1%的钟总数。

新的权重算法的应用使得不同类型的原子钟在总权重中的比重及取得最大权重的钟数发生了明显的变化。全世界参与计算 EAL 的原子钟中约 80%为高性能的铯钟和主动型氢钟。旧的权重计算方法依据钟的长期稳定度来计算权重，钟的长期性能好则权重大，以此来保证 EAL 的长期稳定度。而为了将氢钟优良的短期性能发挥出来，以及解决铯原子钟所占的权重过大，氢钟所占的权重过小的问题，新的权重计算方法的思路将“好钟”的定义从一台稳定的钟转变成钟的预测性好。2011 年 9 月，采用了新的钟速预报方法，即对钟速利用二次模型来预报，基本消除了 EAL 相对于 TAI 的频漂。2014 年 1 月 1 日，启用新的权重算法，平衡了原子钟的权重分布，氢钟在钟组中的权重比重增大。

采用新的频率预报算法，沿用旧的权重计算方法，EAL 的月稳定度大约为 3×10^{-16}。而采用了新的频率预报算法和新的权重计算方法，EAL 的月稳定度大约为1.8×10^{-16}。

2.5　国际标准时间建立

2.5.1　国际标准时间概述

BIPM 利用全球八十多个时间实验室五百多台连续运转的守时原子钟产生的时间频率信号数据（BIPM Time Department，2019），采用 ALGOS 算法经过加权平均得到稳定的时间尺度，即自由原子时 EAL。

每个月月初参加合作的各时间实验室向 BIPM 发送上个月的 UTC(k)−GPST［或由 TWSTFT 得到的 UTC(j)−UTC(k)］和 UTC(k)−Clock(k,i)的数据（k 为实验室代码，i 为实验室 k 的原子钟的序号，$i=1,2,\cdots,n$）。全球保持协调世界时 UTC(k)的守时机构名录见附录 2。

BIPM 按照式（2.97）计算：

$$\begin{aligned}\mathrm{UTC(PTB)}-\mathrm{Clock}(k,i)=&[\mathrm{UTC(PTB)}-\mathrm{GPST}]\\&-[\mathrm{UTC}(k)-\mathrm{GPST}]+[\mathrm{UTC}(k)-\mathrm{Clock}(k,i)]\end{aligned}\quad(2.97)$$

式中，UTC(k)为实验室 k 实现的协调世界时；UTC(PTB)为德国技术物理研究院实现的协调世界时；Clock(k,i)为实验室 k 的第 i 台原子钟的读数；GPST 为 GPS 时间。

BIPM 按照 ALGOS 原子时算法对 UTC(PTB)−Clock(k,i)进行加权平均处理，得到 UTC(PTB)−EAL，即由此计算得到自由原子时 EAL。

根据原子钟在 UTC 产生过程中的作用，可以分为两种：一种是守时型原子钟，另外一种是基准型原子钟。守时型原子钟具有很高的可靠性，可以长期稳定地输出时间间隔信号，如铯原子钟 HP5071A、氢原子钟 MHM2010 等；而基准型原子钟是复现时间间隔单位“秒”最准确的装置，通常运行在实验室里，其输出信号一般是间歇性的。计算 EAL 选用的原子钟为守时型原子钟，无法保证加权平均后的时间尺度的准确性，因此需要利用基准型原子钟对 EAL 进行校准，以使 TAI 的平均间隔尽可能接近定义值。

BIPM 通过时间传递手段得到几个时间实验室基准频标的频率（进行广义相对论和黑体辐射改正后）的加权平均，用于与 EAL 的频率进行比对，用分析函数来对 EAL 的频率进行驾驭而得到既稳定又准确的时间尺度——国际原子时。

TAI 定义为由 BIPM 以分布于全世界的大量运转中的原子钟数据为基础而建立和保持的一种时间尺度，初始历元设定在 1958 年 1 月 1 日，在这个时刻 TAI 与 UT1 之差近似为零。TAI 的速率（尺度单位）定义为，在地球质心参考框架下旋转大地水准面上实现的 SI 秒，即铯原子 133 基态的两个超精细能级间跃迁辐射 9192631770 个周期所持续的时间。

UTC 是由 BIPM 和 IERS 保持的时间尺度，是世界各国时间服务的基础。UTC 在 1972 年正式定义，代表了 TAI 和 UT1 的结合。UTC 具有与 TAI 完全相同的计量性质，它的速率与 TAI 速率完全一致，但在时刻上与 TAI 相差若干整秒。UTC 尺度是通过闰秒来调整的，以确保它和世界时 UT1 近似相同，差异不大于 0.9s，它形成了标准时间信号和标准频率的协调发播基础，闰秒发生的日期由 IERS 决定和通知。

UTC 是纸面时间，为了使用户能够获得实时、接近于 UTC 的物理时间信号，各实验室参照 UTC 时间尺度的建立方式，利用一台或一组原子钟组来获得一个稳定的地方原子时 UTC(k)。BIPM 整合这些实验室的原子钟的数据，利用 ALGOS 算法计算得到的原子时尺度，使其频率稳定度、准确度和可靠性好于钟组内单个钟所产生的原子时尺度。国际标准时间的产生如图 2.8 所示，具体计算流程：

（1）自由原子时 EAL 是利用全球参加 TAI 合作的五百多台原子钟加权平均得到的，每台钟的加权主要考虑 EAL 的长期稳定度。

（2）BIPM 通过时间传递手段得到几个守时实验室的基准频标频率，对广义相对论和黑体辐射改正后进行加权平均，最终对 EAL 进行频率驾驭得到 TAI。

（3）BIPM 在计算得到 TAI 时，根据 IERS 提供的 UT1 与 UTC 之差确定闰秒时刻，由此得到 UTC（赵书红，2015）。

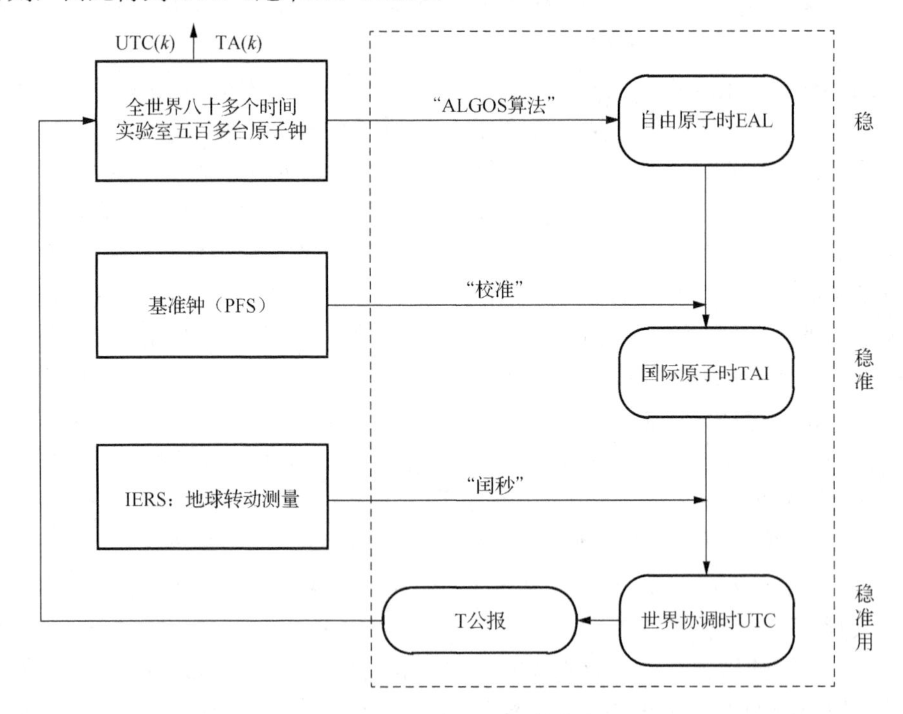

图 2.8 国际标准时间的产生

图 2.9 为各守时实验室 UTC(k)的控制情况，包括美国海军天文台、俄罗斯时

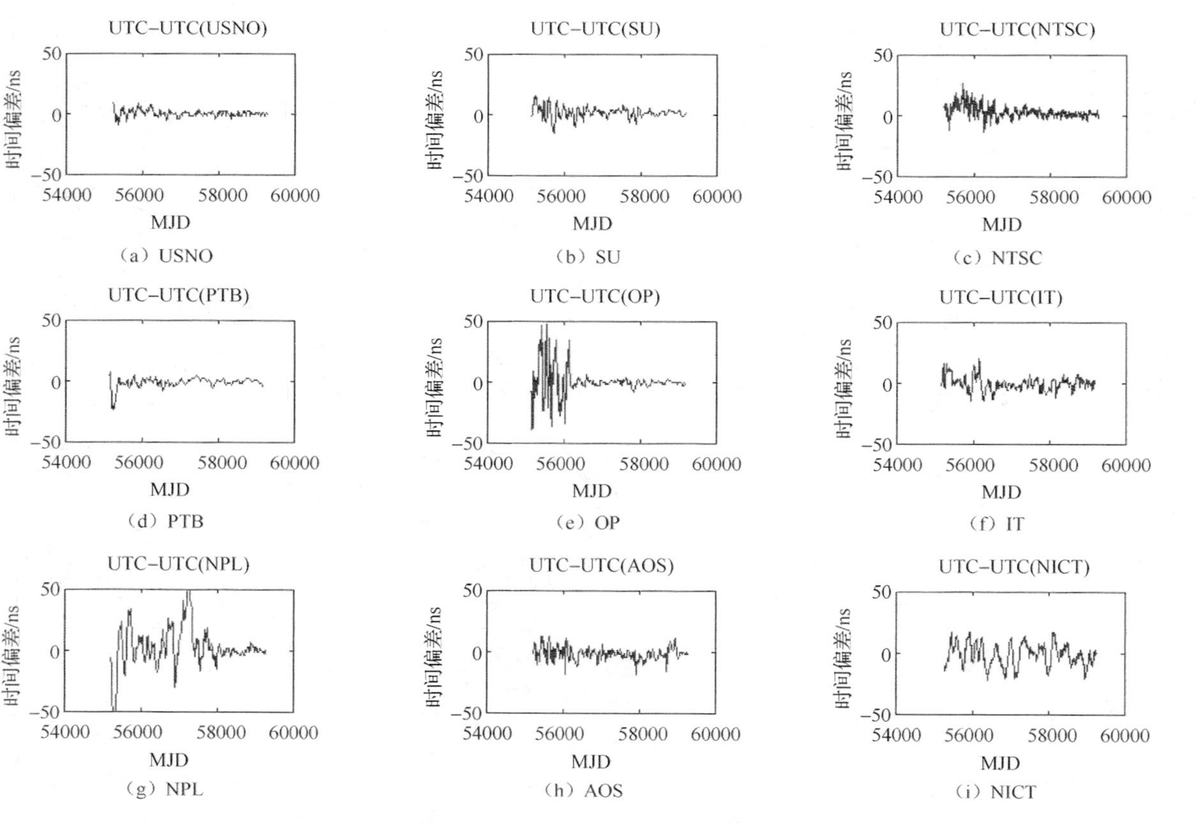

（a）USNO　（b）SU　（c）NTSC

（d）PTB　（e）OP　（f）IT

（g）NPL　（h）AOS　（i）NICT

图 2.9　各守时实验室 UTC(k)的控制情况

USNO-美国海军天文台；SU-俄罗斯时间与空间计量研究院；NTSC-中国科学院国家授时中心；
PTB-德国技术物理研究院；OP-法国巴黎天文台；IT-意大利国家标准计量院；
NPL-英国国家物理实验室；AOS-波兰天文地球动力天文台；NICT-日本国家信息与通信技术研究院

间与空间计量研究院、中国科学院国家授时中心、德国技术物理研究院、法国巴黎天文台、意大利国家标准计量院、英国国家物理实验室、波兰天文地球动力天文台和日本国家信息与通信技术研究院九个守时实验室。自 2010 年起，国际上部分实验室 UTC(*k*)与协调世界时 UTC 的绝对相位偏差保持在 50ns 以内。随着守时型原子钟的精度提高，以及高性能的基准型原子钟参与守时，国际上重要的守时实验室的 UTC(*k*)与 UTC 相位偏差逐年变小。

2.5.2　快速协调世界时

从 2012 年 1 月开始，BIPM 开始启动一个实验快速协调世界时（rapid coordinated universal time，UTCr），也就是每周定期提供每天的[UTCr−UTC(*k*)]的时间偏差。四十多个实验室贡献出了全世界 60%～70%的原子钟参与计算 UTCr。从图 2.10 可以看出，UTCr 与 UTC 的最大相位偏差保持在±7ns，达到了期望的结果。UTCr 的结果每周三在 BIPM 网站（https://www.bipm.org/en/time-ftp）上公布（Petit et al.，2014）。

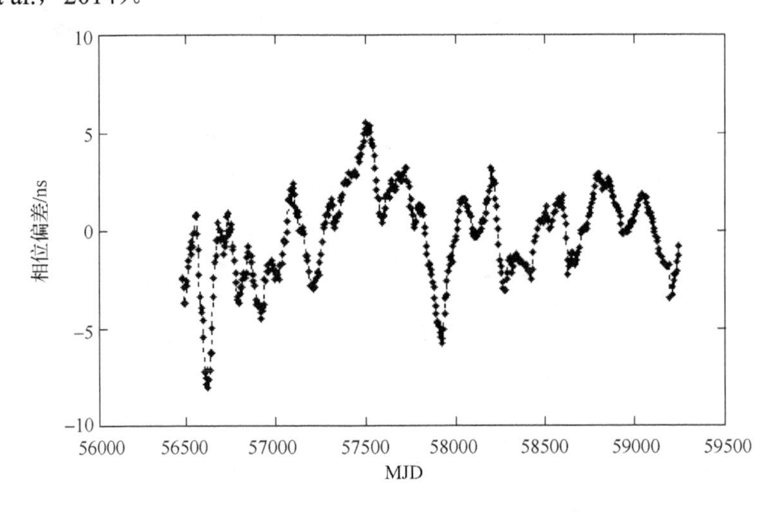

图 2.10　UTC 与 UTCr 之间的相位偏差

UTCr 的优点：

（1）可以为参与 TAI 计算的守时实验室提供更短周期的 UTC(*k*)的频率驾驭参考，最终可以提高 UTC(*k*)的准确性和稳定性。

（2）UTC(*k*)的用户可以更好地实现“本地”参考，也就可以更好地向 UTC“全球”参考溯源。

（3）GNSS 的用户可以获得一个更好的 GNSS 向 UTC 溯源的同步手段。

2.5.3 地球时

1977 年，国际天文学联合会用地球力学时（terrestrial dynamic time，TDT）替代了历书时，并于 1999 年将 TDT 命名为地固时。TT 为坐标时，其尺度单位（TT 秒）选得与大地水准面上的 SI 秒一致。2000 年，IAU 重新定义了 TT，使得它的尺度单位与地心坐标时（geocentric coordinate time，TCG）有一个固定的关系。这个新的定义确保了 TT 的连续性，其两种定义在10^{-17}量级上是等效的，TT = TAI + 32.184s（Petit，2009，2003）。

由于受到相对论效应的影响，时间系统的确定不仅依赖于维持时间尺度的原子钟的物理特性，坐标系的选取也对时间尺度产生很大的影响。TT 是以地心参考系为参考，是地心参考系的坐标时，因此，国际原子时 TAI 和 TT(BIPM)是地球时的两种不同实现。国际原子时 TAI 是准实时计算的时间尺度，随着大量的高精度原子钟和基准钟的涌现，TAI 的精度不断提高。但是 TAI 也有局限性，作为一个连续的时间系统，它是对秒的连续积累，考虑到实时性的应用，必须每月进行一次计算，即使当前时刻已经采集到新的数据，但也没有进行特定时间间隔内的再次计算。一次受到很多约束条件限制，精度会一定程度上受到影响，TAI 不是 TT 的一个最优实现。

TAI 的不稳定度来源主要有三个方面：时间尺度的不稳定度、基准钟的不稳定度和频率传递手段引入的不稳定度。为了提供更完美的 TT，BIPM 提供了另外一种属于事后计算的时间尺度，即 TT(BIPM)。TT(BIPM)每年计算一个新的版本，对计算方法适当的改进。利用了所有可用的基准钟的数据计算得到 TT 的事后实现，在计算时间区间对所采用的基准钟加入了黑体辐射及其他的改正，并对频率进行平滑和插值后，以 5d 为步长积分得到 TT(BIPM)，因此其性能优于国际原子时 TAI。从 TAI 和 TT(BIPM)的对比结果中可以看出，TAI 定义的秒存在误差，误差主要是自由时间尺度 EAL 存在频率上的线性变化和二次项变化，利用基准钟的数据进行频率驾驭的方法不够完善，不能完全消除 EAL 的频率漂移。

参考文献

费业泰, 2017. 误差理论与数据处理[M]. 北京: 机械工业出版社.
胡永辉, 漆贯荣, 2000. 时间测量原理[M]. 香港: 香港亚太科学出版社.
李孝辉, 杨旭海, 刘娅, 等, 2010. 时间频率信号的精密测量[M]. 北京: 科学出版社.
漆贯荣, 2006. 时间科学基础[M]. 北京: 高等教育出版社.
吴守贤, 漆贯荣, 边玉敬, 1983. 时间测量[M]. 北京: 科学出版社.
翟造成, 张为群, 蔡勇, 等, 2009. 原子钟基本原理与时频测量技术[M]. 上海: 上海科学技术文献出版社.
张敏, 2008. 原子钟噪声类型和频率稳定度估计的自由度分析与探讨[D]. 西安: 中国科学院研究生院(国家授时中心).
赵书红, 王正明, 尹东山, 2014. 主钟的频率驾驭算法研究[J]. 天文学报, 55(4): 313-321.

赵书红, 2015. UTC (NTSC) 控制方法研究[D]. 西安：中国科学院研究生院(国家授时中心).

周渭, 偶晓娟, 周晖, 等, 2006. 时频测控技术[M]. 西安: 西安电子科技大学出版社.

ALLAN D W, WEISS M A, JESPERSEN J L, 1991. A Frequency-domain view of time-domain characterization of clocks and time and frequency distribution systems[C]. Proceedings of the 45th IEEE International Frequency Control Symposium, Los Angeles, CA: 667-678.

BIPM Time Department, 2019. BIPM Annual Report on Time Activities for 2019[R]. Paris: BIPM.

BREAKIRON L A, 2001. A Kalman filter for atomic clocks and timescales[C]. Proceedings of the 33th Annual Precise Time and Time Interval Systems and Applications Meeting, Long Beach, CA: 431-444.

BREAKIRON L A, 2002. Kalman filter characterization of cesium clocks and hydrogen masters[C]. Proceedings of the 34th Annual Precise Time and Time Interval Systems and Applications Meeting, San Diego, CA: 511-526.

BROWN K R, 1991. The theory of the GPS composite clock[J]. Proceedings of the 4th International of Technical Meeting of Satellite Division of the Institute of Navigation (ION GPS), Albuquerque, NM: 223-241.

GALLEANI L, SACERDOTE L, TAVELLA P, et al., 2003. A mathematical model for the atomic clock error[J]. Metrologia, 40(3): 257-264.

GREENHALL C A, 2006. A Kalman filter clock ensemble algorithm that admits measurement noise[J]. Metrologia, 43(4): 311-321.

PANFILO G, ARIAS E F, 2010. Studies and possible improvement on EAL algorithm[C]. IEEE Ultrasonics, Ferroelectrics, and Frequency Control Symposium, San Diego, CA:154-160.

PANFILO G, HARMEGNIES A, 2013. A new weighting procedure for UTC[C]. 2013 Joint European Frequency and Time Forum & International Frequency Control Symposium (EFTF/IFCS), Prague, Czech Republic : 652-653.

PANFILO G, HARMEGNIES A, TISSERAND L, 2012. A new prediction algorithm for the generation of international atomic time[J]. Metrologia, 49(1): 49-56.

PETIT G, 2003. A new realization of terrestrial time[C]. Proceedings of the 35th Annual Precise Time and Time Interval (PTTI) Applications and Planning Meeting, San Diego, CA: 307-317.

PETIT G, 2009. Atomic time scales TAI and TT (BIPM): Present status and prospects[C]. Proceedings of the 27th IAU General Assembly, Rio de Janeiro, Brazil: 220-221.

PETIT G, ARIAS E F, HARMEGNIES A, et al., 2014. UTCr: A rapid realization of UTC[J]. Metrologia, 51(1): 33-39.

RILEY W J, 2008. Handbook of frequency stability analysis[R]. Boulder: National Institute of Standards and Technology.

THOMAS C, AZOUBIB J, 1996. TAI computation: study of an alternative choice for implementing an upper limit of clock weights[J]. Metrologia, 33(3): 227-240.

ZHAO S H, YIN D S, DONG S W, et al., 2014. A new steering strategy for UTC (NTSC)[C]. IEEE International Frequency Control Symposium & Exposition, Taiwan, China: 210-212.

ZUCCA C, TAVELLA P, 2005. The clock model and its relationship with the Allan and related variances[C]. Proceedings of the 39th Annual Precise Time and Time Interval (PTTI) Applications and Planning Meeting, Vancouver, Canada: 289-292.

第 3 章　现代守时系统

现代守时工作的标志是原子钟作为测量标准使用。国际标准时间 TAI/UTC 是基于全球守时实验室原子钟及国际比对链路建立的时间尺度，由于 TAI/UTC 是纸面时间，其性能依赖于各守时实验室原子钟的性能、国际比对精度和时间尺度计算方法等。

守时系统的功能是产生并保持地方时间基准 UTC(k)，由于 TAI/UTC 是滞后的纸面时间尺度，各个守时实验室需要通过技术手段和方法将原子钟所产生的时间信号综合起来，实现可溯源的标准时间频率的物理输出。UTC(k)与 TAI/UTC 的溯源关系如图 3.1 所示。

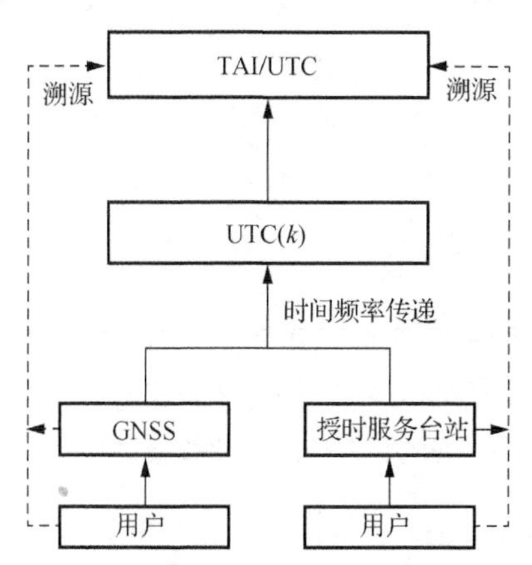

图 3.1　UTC(k)与 TAI/UTC 的溯源关系

守时系统由原子钟组、标准时间频率产生与分配、本地测量比对、远程时间比对、守时数据处理等部分组成，图 3.2 为守时系统总体结构图。原子钟组是守时系统的关键核心设备，其中主钟利用频率调整设备（相位微调仪等）产生标准时间频率信号，并保证主钟输出时间频率信号的连续稳定。标准时间、频率信号分别经过脉冲分配单元和频率分配单元产生多路输出信号，为各种应用提供参考。通常频率调整设备的输出端口被定义为标准时间信号的参考点。本地测量比对系统利用时间间隔、相位比对等测量方法，实现原子钟组的内部比对测量。远程时间频率比对利用多种时间比对方法，实现远程时间频率传递或向更高的时间标准溯源。通过对守时数据的处理，产生本地原子时尺度，由此实现钟性能的评估并计算出主钟频率控制量。同时，守时系统需要守时条件控制单元，以提供实验室设备稳定运行所需的环境物理条件。

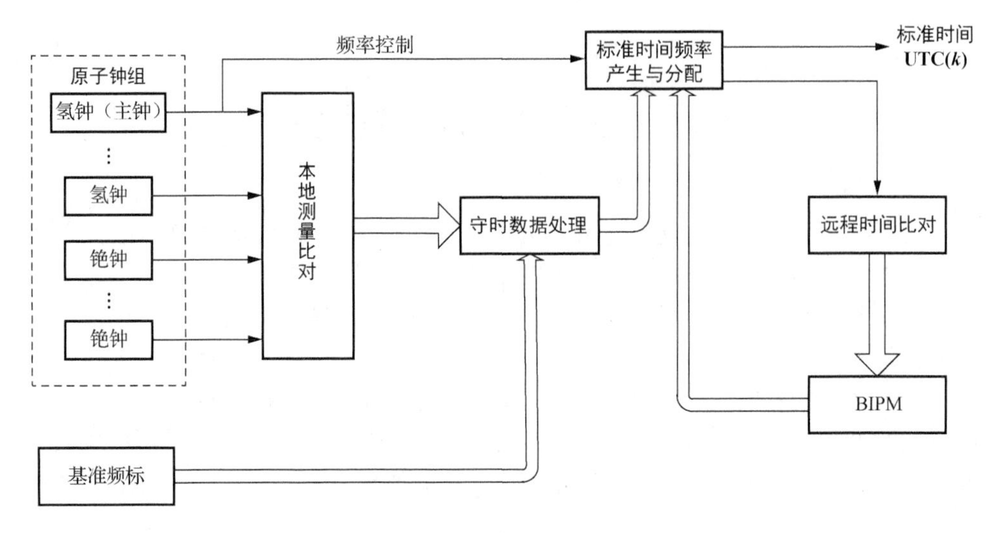

图 3.2　守时系统总体结构图

3.1　原 子 钟 组

守时实验室的原子钟组配置通常为少量的基准频标/次级频标（基准频标，如铯喷泉钟、大铯钟等；或次级频标，如光钟、铷喷泉钟等）和一定数量的守时型原子钟（如氢原子钟、铯原子钟等）组成。守时型原子钟在受到严格控制的环境条件下连续自由运转，基准频标大多不能连续运行，主要作用是对守时型原子钟的频率或守时型原子钟产生的时间尺度的频率进行校准。

3.1.1　基准频标/次级频标

1967 年，在第十三届国际计量大会上通过了新的时间单位“秒”的定义：铯原子（Cs^{133}）基态的两个超精细能级间在零磁场中跃迁振荡 9192631770 个周期所持续的时间。能够实现上述“秒”定义相应频率的装置为时间频率基准装置。铯喷泉钟是复现时间间隔“秒”的装置，它作为基准频标在国际原子时 TAI 的校准中得到广泛应用。2001 年，考虑到新频率标准的发展，国际计量委员会建议“建立秒的二级基准名录”，主要由铷喷泉钟及光钟等组成，作为次级频标（secondary frequency standards，SFS）与基准频标共同参与对 TAI 的频率进行校准。

根据现行原子时“秒”的定义，目前的时间基准是利用铯喷泉钟来实现的。光学频率比微波频率高 5 个数量级，因此利用原子的光学跃迁作为时间频标具有比微波频标更小的不确定度和更高的稳定度。经过多年的发展，光钟作为新的时间频标，其各种性能指标基本全面优于铯喷泉钟，有望成为下一代时间频率基准并用于定义国际单位“秒”。

据 BIPM 年报统计，2019 年参与 TAI 时间尺度产生的基准频标/次级频标共有 14 台，包括基准频标 10 台，次级频标 4 台。大部分基准频标/次级频标无法连续工作，表 3.1 为 2019 年参与 EAL 校准的部分基准频标/次级频标的性能和运行情况。喷泉钟的 B 类不确定度基本为 10^{-16} 量级，比铯原子钟高 3 个量级以上（BIPM Time Department，2019）。

表 3.1　2019 年参与 EAL 校准的部分基准频标/次级频标的性能和运行情况

实验室	基准频标/次级频标	类型	B 类不确定度/10^{-16}	基准钟年度运行次数	每次运行时间/天
PTB	CSF1	喷泉钟	2.6～3.2	9	10～35
PTB	CSF2	喷泉钟	1.7～1.8	14	10～30
SU	CsFO2	喷泉钟	2.2～2.4	10	30～35
SYRTE	FO1	喷泉钟	3.1～3.2	12	25～35
SYRTE	FO2	喷泉钟	2.1～2.4	12	15～35
NICT	Sr1	光钟	0.7～0.8	3	20～35
NIST	Yb1	光钟	0.3	8	25～35

3.1.2　守时型原子钟

高精度守时系统是由多台商品原子钟联合守时，时间尺度通过一定的算法建立并保持。理论上每台原子钟都可以产生一个时间尺度，但是每台钟的频率存在着系统和随机变化，因此守时实验室通常采用一组原子钟，通过相互比对尽可能消除各种系统的和随机的误差影响，由统计方法构成一个比单台钟更稳定、更准确、更可靠的时间尺度。守时钟组至少由 3 台原子钟组成，守时钟的性能对时间尺度的保持水平起决定性作用，守时钟的数量决定守时系统的稳定性和可靠性，不同类型守时钟的联合守时，有利于时间尺度性能指标的优化。

依据统计学规律，对于同类型的原子钟而言，时间尺度 TA 的稳定度 σ_{TA} 与单个原子钟的稳定度 σ_i 符合关系：

$$\sigma_{\mathrm{TA}} = \frac{\sigma_i}{\sqrt{N}} \tag{3.1}$$

式（3.1）表明，由性能相当的 N 台原子钟组成的钟组所产生的时间尺度 TA 的稳定度是单台钟稳定度的 $1/\sqrt{N}$，式（3.1）是经验公式，事实上 σ_{TA} 并不是随着 N 的增加不断减小，σ_{TA} 的提高受到此类原子钟的本底噪声限制（李变等，2010）。

增加原子钟的数量，可以提高 TA 的稳定度。由于同一类原子钟的性能单一，优劣势分明，为了保持守时系统产生高精度时间的均匀性，一般采用不同类型的原子钟进行组合守时。通常守时钟组主要配置由氢钟和铯钟组成，以 2019 年 12 月为例，参加 EAL 计算的氢钟、铯钟数量占总钟数的比例分别为 39%和 60%，其中美国产的 5071A 铯钟无论从应用范围还是使用数量都遥遥领先，占铯钟总数的 84%，5071A 优质管的主要技术指标见表 3.2。

表 3.2　5071A 优质管的主要技术指标

参数	平均时间/s	技术指标
频率准确度	—	$\pm5.0\times10^{-13}$
频率复现性	—	$\pm1.0\times10^{-13}$
频率稳定度	1000	$\leqslant2.7\times10^{-13}$
	10000	$\leqslant8.5\times10^{-14}$
	100000	$\leqslant2.7\times10^{-14}$
	432000	$\leqslant1.0\times10^{-14}$
闪烁本底噪声典型值	—	$\leqslant5.0\times10^{-15}$

在 EAL 计算中，氢钟是数量上仅次于铯钟的频标，守时型氢钟主要以主动型氢钟为主。目前，参与 EAL 计算的主流氢钟主要有 3 家生产商的 3 款产品，他们分别是美国的 MHM2010、瑞士的 iMaser3000 和俄罗斯的 VCH1003M，其守时性能的主要技术指标见表 3.3。

表 3.3　主流守时氢钟的主要技术指标

性能	平均时间/s	MHM2010	iMaser3000	VCH1003M
稳定度	1	2×10^{-13}	1.5×10^{-13}	$\leqslant1.5\times10^{-13}$
	10	3×10^{-14}	2.0×10^{-14}	$\leqslant2.5\times10^{-14}$
	100	7×10^{-15}	5.0×10^{-15}	$\leqslant6.0\times10^{-15}$
	1000	3.2×10^{-15}	2.0×10^{-15}	$\leqslant2.0\times10^{-15}$
长期频率漂移/（$10^{-16}d^{-1}$）	—	<2.0	<2.0	$\leqslant3.0$
温度效应/℃$^{-1}$	—	$<1.0\times10^{-14}$	$<5.0\times10^{-15}$	$\leqslant2.0\times10^{-15}$

中国航天科工集团第二研究院 203 所和中国科学院上海天文台等单位研制主动型氢钟，已经实现商品化。近年来，中国航天科工集团 510 所和 203 所、北京大学、中国科学院国家授时中心与成都天奥公司等国内相关单位开展了守时铯钟的研制，国产守时铯钟产品作为自主高精度频率源被应用于我国多个部门和守时实验室（杨军等，2020）。

为了使用户获得实时、接近于 UTC 的物理信号，地方标准时间参照 UTC 时间尺度的建立方法，基于本地的原子钟组产生地方原子时 TA(*k*)，并利用基准频标对守时型频标（商品守时钟）或地方原子时 TA(*k*)进行频率校准，产生本地标准时间 UTC(*k*)。通常情况下，守时型频标具有较好的频率稳定度和可靠性，可以长期、连续、稳定地输出时间频率信号，采用多台守时型频标加权平均后产生并保持的时间尺度，可以保证时间尺度的稳定性，而时间间隔“秒”的准确度需要基准频标的标校，从而产生准确的标准时间。图 3.3 为守时实验室标准时间 UTC(*k*)产生原理框图。

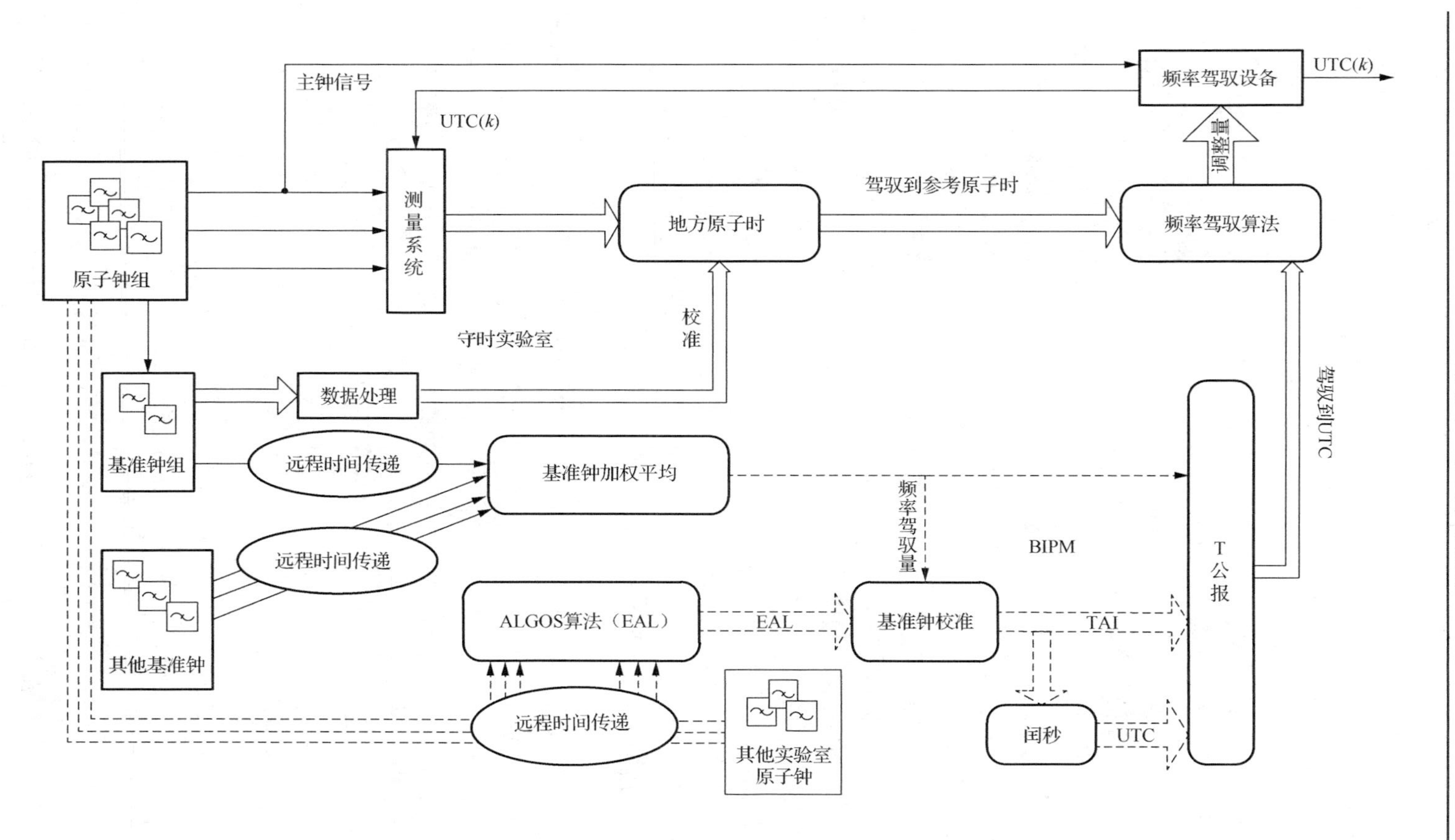

图 3.3 守时实验室标准时间 UTC(k)产生原理框图

3.2　本地测量比对

在秒长定义更改后的半个多世纪，现代物理技术高速发展，原子钟的计时精度几乎每十年提高一个数量级。测量比对设备的功能是通过原子钟之间的相互比对得到原子钟之间频率和相位偏差的关系，纸面时间尺度的计算依赖于高精度原子钟的测量比对资料，守时实验室依据纸面时间尺度产生实时标准时间 UTC(k)的物理信号。理论上只有测量比对设备的精度高于被测钟输出信号的精度才能测得准确的结果，事实上高能物理的发展速度快于测量技术领域，随着原子钟类型的增加和性能的不断提高，相应时频测量设备的性能提高幅度较小。

目前，守时实验室对时间频率信号的测量比对主要有时间间隔测量和相位比对测量，时间间隔测量主要针对钟输出秒信号之间持续的相位偏差，相位比对测量的是两个频率标称值相同的不同设备之间的相位关系。由于两钟间频率差异变化能够细致地反映在其相互比对的相位信息中，所以相位比对方法更容易获得高精度的频率测量结果。

不同的测量目的选择不同的测量方法，频域的测量关注原子钟的频率变化及其波动，时域的测量关注原子钟输出信号的相位特性；按测量间隔的时间长短分为短时间测量和长期时间测量，短时间或短间隔用于测量原子钟的短期特性，而长时间的持续测量可以获得原子钟的长期性能指标。

时间间隔测量（TIC）一直以来是守时实验室最主要的本地测量手段。时间间隔计数器法将参考信号和待测信号分别经过整形比较器和分频器，得到低频信号（秒脉冲），然后用一个高分辨率的时间间隔计数器测量它们的时差。时间间隔计数器测量原理见图 3.4。主门由开始信号控制对参考时钟周期开始计数，由结束信号控制停止计数，计数器对分频后时钟周期的累积结果就是开始事件和停止事件之间的时间间隔（李孝辉等，2010）。

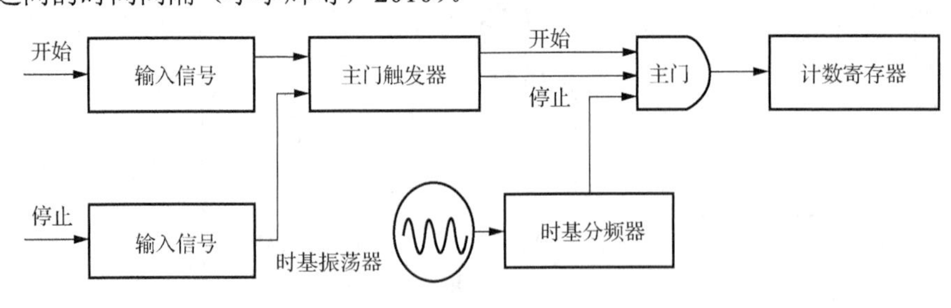

图 3.4　时间间隔计数器测量原理

TIC 得到的是被测信号和参考信号间的相位偏差，TIC 是单通道测量，在同一个时刻只能有一个钟与参考钟进行比对。为实现守时钟组之间的循环比对，需与转换开关阵列联合使用，这种测量方法的同时性较差，在进行高精度时间频率测量时，会引入测量误差。守时系统一般采用 TIC 循环比对测量采样间隔较大的钟组之间的相位差，以弱化比对时间不同步带来的误差。

差拍频率测量法是一种通过普通的周期计数器获得高分辨率的经典方法，其基本原理是下变频和周期计数，将待测信号与作为参考的基准频率信号进行混频处理，得到待测信号相对于参考信号的频差信号（差拍信号），差拍信号频率较低，采用普通计数器计数差拍信号周期实现频率的测量。差拍频率测量法通过提取待测信号相对于参考信号的相位差信息作为差拍信号，考虑到差拍信号的频率值远小于原待测信号，较之直接测量待测信号，差拍频率测量法大大提高了测量的分辨率。

差拍频率测量法原理如图 3.5 所示。混频器两端输入的信号需要先经过放大器调理，然后得到叠加了噪声和多次谐波的差拍信号，经过低通滤波器滤除谐波和噪声，最后用周期计数器测量，同时将计数器内部时钟锁定到具有更高稳定度的参考频率信号上，以便获得更准确的计数时标（李孝辉等，2010）。

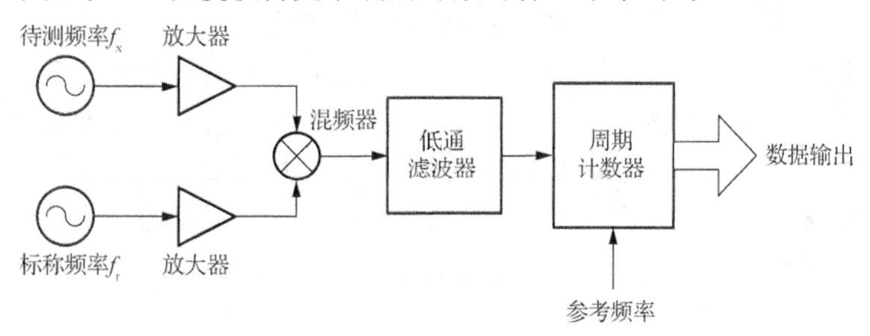

图 3.5　差拍频率测量法原理图

由于差拍频率测量法参考的信号频率标称值与待测频率标称值之间存在差值，且参考信号频率稳定度要高于待测信号，所以不合适相同规格商品钟的测量。

双混频时差测量法结合了时间间隔测量法和差拍频率测量法两种方法的优点，先分别将待测频率信号和参考频率信号转换为低频差拍信号，然后用一个时间间隔计数器测量两个完全对称通道输出的低频差拍信号的时差。目前，应用最广的是双混频时差测量法，用于测量具有相同频率标称值的原子钟组内频率偏差产生的相位差，其原理见图 3.6（李孝辉等，2010）。

双混频时差测量系统的测量分辨率取决于时间间隔计数器的分辨率和差拍因子两方面，双混频时差测量法主要应用于精密的频率测量。在守时实验室应用最广、进行持续多路频率同步测量的多通道时差测量系统是比相仪，主要用于守时实验室对原子钟的实时监控及性能测试，多通道的设计适合对原子钟组的同时监

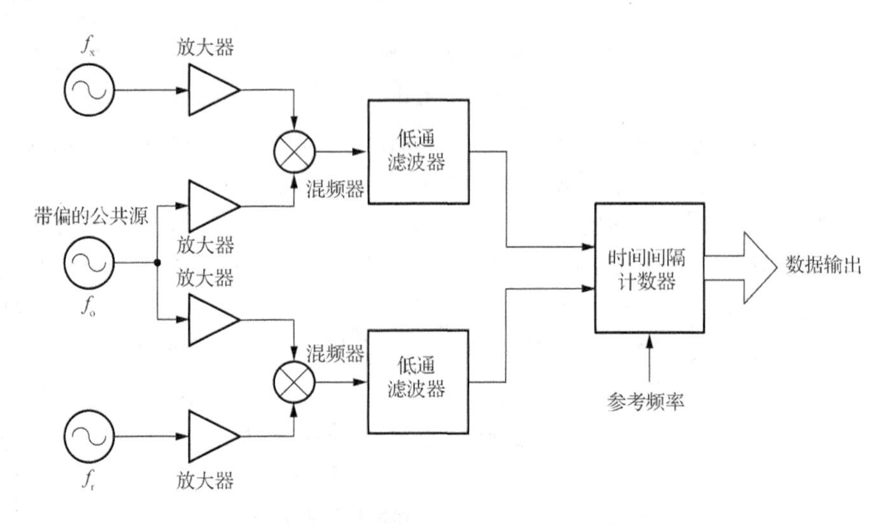

图 3.6　双混频时差测量法原理图

测，比相仪不需要进行多路切换，具有良好的同时性和及时性，可以实现高密度的测量比对，有助于实现对原子钟短期噪声和特性的监测及研究。与时间间隔测量法相比，双混频时差测量法具有更高的测量精度。

守时系统一般用多通道比相仪监测钟组内各钟短时间内的频率变化，通常设置的钟组测量比对为每秒一次；时间间隔计数器定时进行钟之间的循环比对，获得相对较长时间间隔的钟组测量比对数据。尽管比相仪比对精度高于 TIC，但比相仪无法持续保持钟的相位关系。通过使用两种不同的测量方法，实现守时系统内部对原子钟不同时间间隔内时频特性的全方位监测。

3.3　时间频率传递技术

本地比对系统用于守时实验室内部时间频率信号的测量。距离较远实验室之间的时间比对通常需要使用远程时间频率传递技术，时间频率传递是指使用时间比对技术通过中间环节换算后获得的两个（或多个）参与比对的时间用户之间的时间偏差，时间同步是指两个（或多个）参与时间比对的时间用户通过时间传递获得相互之间的时间偏差后，确认其中一个为标准，其他时间用户在后续处理时对这个时间偏差进行补偿。

时间频率传递的介质分为三种类型：实物（搬运钟）、有线和无线。有线比对是近距离时间比对常用的一种方式，通过电缆、光纤等有线介质实现，这种测量方式只需考虑设备的时延。无线比对是现代远距离时间比对的主要方式，通常以无线电等作为介质。当前常用的高精度无线比对方式有两种，即基于 GNSS 的时间传递技术和卫星双向时间传递技术。

远距离（洲际之间）时间比对只能采用无线信号传输方式实现时间信号的比对。相距遥远的实验室之间比对链路的噪声会大于原子钟的噪声，从而降低比对结果的短期稳定度。虽然高精度远距离时间比对技术得到了长足的发展，但与过去 50 年中原子频标的性能大约每 7 年提高一个数量级相比，远距离时间频率比对技术仍然落后于原子频标发展的步伐。表 3.4 为当前国际时间比对手段的不确定度。

表 3.4 当前国际时间比对手段的不确定度

比对手段	A 类不确定度/ns	B 类不确定度/ns
GPS SC（GPS 单通道 C/A 码全视）	5	20
GPS MC（GPS 多通道 C/A 码全视）	1.5～10	5～20
GPS P3（GPS 多通道双频 P 码全视）	0.7～1.5	5～20
GPS PPP（GPS 精密单点定位）	0.3	5～20
GLN MC（GLONASS 多通道 C/A 码共视）	2.5	5～20
GPSGLN（GPS MC 和 GLN MC 组合）	2.5	20
TWSTFT（卫星双向时间频率传递）	0.3	1～10
TWGPPP（TWSTFT 和 PPP 组合）	0.3	1～7

注：表中 A、B 类不确定度均和校准与否以及校准类型有关。

3.3.1 传统的时间频率传递技术

搬运钟法在 20 世纪 90 前被广泛用于各时间系统之间的校准和同步，1980～1983 年，我国 3 个天文台（上海、北京、陕西）与美国海军天文台之间进行多次搬运钟实验，对当时我国标准时间 UTC(CSAO)进行校准和同步。搬运钟法为我国的天文、授时、航天、导航、人卫跟踪、计量等事业都作出了贡献。

搬运钟法是以便携钟为中间标准，将其在参考钟实验室与用户所在地之间往返搬运，实现对用户钟的校准和同步。使用搬运钟法前，要对搬运钟的频率特性（准确度、漂移、稳定度）进行测试，搬运过程中保持钟连续运行。由于搬运过程环境条件变化差异较大，有诸多不确定因素，同时也与运输手段有关，对钟性能产生的影响是综合性的复杂结果，难以给出定量的修正结果。

受搬运钟性能、搬运时间、测量误差及搬运钟过程中环境条件差异等影响，搬运钟法的不确定度一般在 100ns 左右（漆贯荣，2006）。搬运钟法同步精度低、周期长，因此搬运钟法主要用于时间频率的校准，在 GNSS 出现之前，Loran-C 系统在导航、定位和定时方面处于主导地位，是当时 TAI 计算中采用的最主要时间传递手段。

Loran-C 系统是一种中远程精密无线电导航系统，属于低频、脉冲式双曲线定位系统。美国军方于 1958 年开始建设，此后十几年，美国在本土和北半球的其他地区陆续建设了十个 Loran-C 台链，信号覆盖北半球大部分地区。Loran-C 采用 100kHz 作载频，由于低频电波在地波传输时衰减较慢，且不受电离层变化的影响，所以电波相位传播稳定度的日变化为 10^{-13} 量级。

Loran-C 系统是一种相位双曲线远程导航系统，基本工作原理是在工作区内某点接收同一台链主副台信号到达的时间差，利用电波传播速度稳定的原理，将时间差转换为距离差；具有相同距离差的点的轨迹是以发射台为焦点的一条双曲线，同时获取两条相交的曲线，其交点就是要确定的位置。

时间基准位于同一地理区域，至少要 3 个发射台才能组成一个双曲线台链，台链中的一个发射台定为主台，其余各台称为副台，主台和每个副台都组成一个台对，台链中副台的数量一般不超过 5 个。通常主台用英文大写字母 M 表示，副台则用大写字母 W、X、Y、Z 等表示。常见的台链配置有三角形、Y 形和星形三种，如图 3.7 所示。

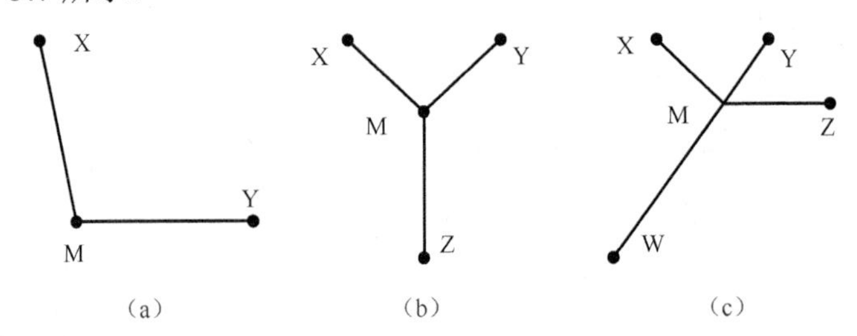

图 3.7　三角形（a）、Y 形（b）和星形（c）台链配置示意图

Loran-C 系统是一种陆基中远程导航系统，用于舰船、飞机及陆地车辆的导航定位。Loran-C 校频准确度：天波为 $1\times10^{-11}\mathrm{d}^{-1}$，地波为 $1\times10^{-12}\mathrm{d}^{-1}$；定时准确度：天波为 50μs，地波为 1μs（钱丽丽，2006）。

20 世纪 80 年代后期，美国开始建立 GPS 系统，其精度高覆盖范围广，在远程时间比对与同步方面全面取代 Loran-C。此后，其他国家和地区也建立了自己的 GNSS 系统。90 年代，GPS 共视技术得到广泛应用，替代 Loran-C 用于国际原子时 TAI 的远程时间比对。随着 GNSS 时间传递技术的发展，之后又衍生出其他精度更高的远程时间比对技术。

3.3.2　GNSS 时间传递技术

GNSS 时间传递是基于卫星导航系统的时间传递方式，用户利用卫星导航系统的信号解算本地时间与导航系统的时间，并在此基础上交换资料，获得两地之间的时间偏差。常见的 GNSS 时间传递技术有 GNSS 共视、GNSS 全视及 GNSS

载波相位（carrier phase，CP）时间传递，其中 GPS PPP 就是一种精度较高的载波相位时间传递技术。

1. GNSS 共视时间传递技术

1980 年，Allan 首次提出 GPS 共视时间传递技术的原理，1985 年该技术正式被用于参加国际原子时 TAI 计算的远程比对。1994 年，国际时间频率咨询委员会（Consultative Committee for Time and Frequency，CCTF）制订 GPS 时间传递接收机软件技术标准，统一了 GPS 共视接收机的软件处理过程和单站测时结果文件的格式，并命名为 CGGTTS（common GPS GLONASS time transfer standard）（Allan et al.，1994）。随着北斗系统和伽利略系统等全球卫星导航系统的建设和发展，GNSS 共视数据格式标准也进行了版本更新，目前的数据格式版本为 CGGTTS-Version 2E（Defraigne et al.，2015）。GNSS 共视可以有效地消除卫星钟差的影响，削弱卫星轨道误差和大气延迟的影响，从而明显地提高远距离时间传递的精度，具有比对精度高、覆盖范围广、使用费用低、可连续运行等特点，是一种常用的远距离时间传递技术。

GNSS 共视的原理是以卫星钟或 GNSS 时间作为公共参考源，相距较远的两个守时实验室在同一时间观测相同的导航卫星，测量该实验室时间与卫星钟之间的时间偏差，通过比较两实验室观测本地钟差结果，来确定两实验室时间的相对偏差。GNSS CV 时间传递技术基本原理为图 3.8 所示。

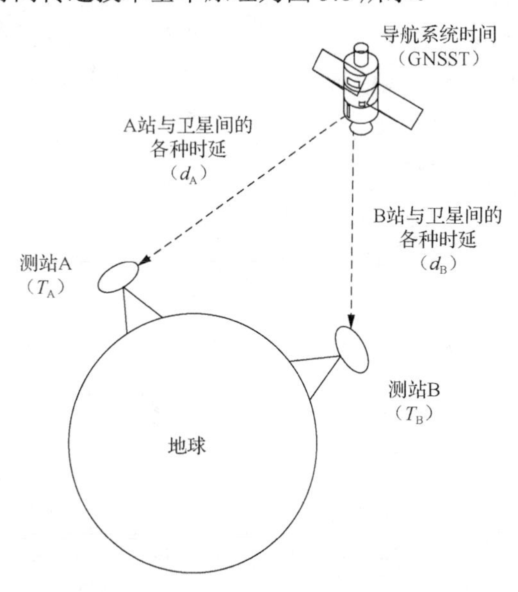

图 3.8 GNSS CV 时间传递技术基本原理

两站在同一时刻观测同一颗卫星 S，采用 GNSS CV 求解测站 A 和测站 B 之间的时差。

测站 A：$\Delta T_{AS} = T_A - \text{GNSST} - d_A$ =测站 A 和卫星 S 的钟差。

测站 B：$\Delta T_{BS} = T_B - \text{GNSST} - d_B$ =测站 B 和卫星 S 的钟差。

共视时间作差得两站之间的时间偏差为

$$\Delta T_{AB} = \Delta T_{AS} - \Delta T_{BS} = (T_A - \text{GNSST} - d_A) - (T_B - \text{GNSST} - d_B) \tag{3.2}$$

GNSS CV 时间传递技术中的误差主要与下列因素有关：卫星星历误差、电离层采用的模型误差、接收机天线相位中心坐标误差、对流层变化和接收机本身的噪声等。

2. GNSS 全视时间传递技术

GNSS CV 技术是基于两个不同地点的守时实验室的 GNSS 接收机同时跟踪同一颗卫星，当两实验室的距离遥远到无法同时观察同一颗卫星时，将无法采用 GNSS CV 技术实现两地的时间比对。随着精密卫星轨道和时钟参数产品的完善和精度的提高，2004 年，相关学者提出了 GNSS 全视（all in view，AV）时间传递方法（Petit et al.，2007；江志恒，2007；Weiss et al.，2006），GNSS 全视时间传递技术的原理是异地观测站分别独立观测多颗卫星，使用国际全球导航卫星系统服务组织（international GNSS service，IGS）提供的事后精密轨道和精密钟差计算本地时间与 IGST 之间的时差，通过比对获得两地之间的时间偏差。GNSS 全视技术的优势在于在长基线情况下，没有共视卫星仍然可以进行远程时间比对；不同之处在于，全视需要 IGS 校正信息，而共视只需卫星广播的星历参数，全视在实时性上略逊一筹，但在可用性和精度方面则更具优势（广伟，2012），图 3.9 为 GNSS AV 时间传递技术原理图。

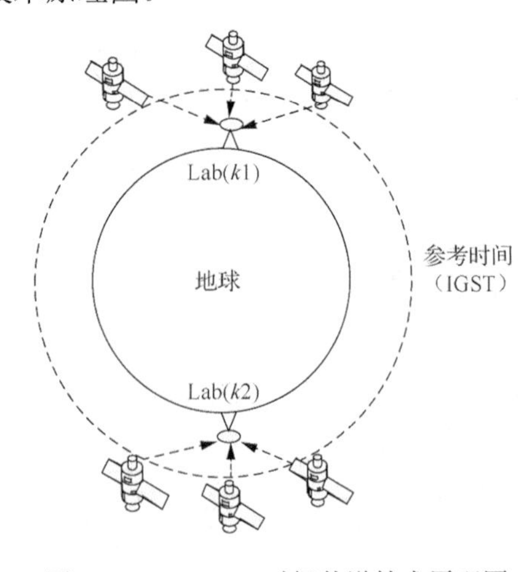

图 3.9　GNSS AV 时间传递技术原理图

短基线（小于 1000km）情况下 GNSS 共视法与全视法的结果没有明显的差异，随着基线距离的增大，全视性能改善非常明显。由于 GNSS 全视法利用了更多的测量数据，提高了测量结果的短稳性能，且全视法具有更好的长期统计特性，更接近较准确的比对结果。GNSS 共视法具有更低的系统误差，这是因为系统误差是由多径效应和对流层传播及电离层误差产生；GNSS 全视法无法消除这些误差源，但可以通过选择平均几何因子较好的样本数据和平均俯仰角较高时的观测数据来降低各种误差的影响（江志恒，2007）。

3. GNSS PPP 时间传递技术

载波相位测量是通过测定 GNSS 载波信号在传播路径上的相位变化值，确定载波伪距，其原理如图 3.10 所示。卫星发射载波信号，在历元 t_i 的相位为 $\phi_{\mathrm{s}}\left(t_i\right)$，经距离 ρ 信号传播到接收机 R 处，在历元 t_j 其相位为 $\phi_{\mathrm{r}}\left(t_j\right)$，从 S 到 R 之间的相位变化为 $\phi_{\mathrm{r}}\left(t_j\right)-\phi_{\mathrm{s}}\left(t_i\right)$（以周计），它包含了整周部分和不足一周的小数部分，因此若测定 $\phi_{\mathrm{r}}\left(t_j\right)-\phi_{\mathrm{s}}\left(t_i\right)$，则载波伪距为（忽略其他各种延迟）

$$\rho=\lambda\left[\phi_{\mathrm{r}}\left(t_j\right)-\phi_{\mathrm{s}}\left(t_i\right)\right]=\lambda\left(N_0+\mathrm{Int}N+\Delta\phi\right) \tag{3.3}$$

式中，N_0 为整周模糊度；$\mathrm{Int}N$ 为载波计数的整周部分；$\Delta\phi$ 为不足一周的小数部分；λ 为载波波长。

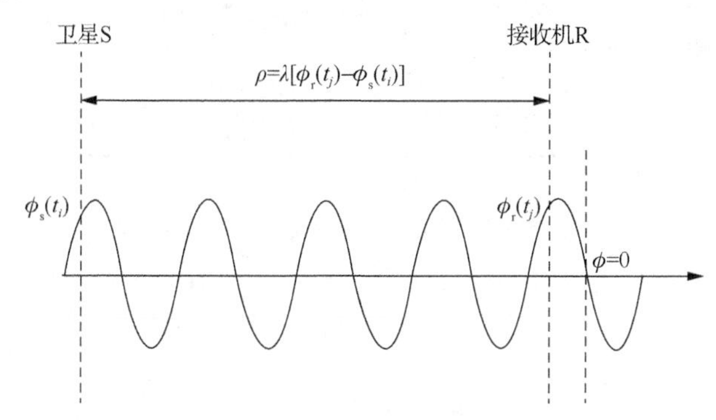

图 3.10　载波相位测量基本原理

在实际的载波相位测量中，须解决两个问题：

（1）卫星 S 处载波相位的确定。由接收机本振产生一个频率和初始相位与卫星信号完全相同的基准信号，使得在任一瞬间接收机基准信号的相位等于卫星 S 发射的信号相位。

（2）整周模糊度解算。由于载波不带有任何时间标记，必须和码测量结果相结合通过算法解算整周模糊度，实现时间频率传递。

对观测量进行周跳检测与修复、整周模糊度解算，并进行电离层、对流层等路径延迟的改正，即可获得高精度的载波伪距，载波伪距观测量比码伪距观测量的精度大约高 100 倍，因此载波相位时间频率传递方法比共视法传递精度高 1～2 个量级。

标准的 GNSS 单点定位方法仅使用码伪距观测值进行定位结算，精密单点定位 GNSS PPP 原理与 GNSS 标准单点定位原理基本类似，但精密单点定位技术需要使用精密的卫星轨道数据和精密钟差数据来克服广播轨道和钟差的误差，使用无电离层影响的载波相位和伪距组合观测值，对测站位置、接收机钟差、对流层延迟以及组合后的相位模糊度等参数进行估计。

GNSS PPP 时间传递技术是 GNSS 载波相位时间传递技术的一个重要应用。GNSS 时间传递技术精度不断提高，很大程度与 IGS 的高精度产品直接相关。IGS 成立于 1992 年，是由国际大地测量协会（International Association of Geodesy，IAG）主导的为全球地球动力学研究提供数据的服务机构，于 1994 年正式运行，成立初期主要提供 GPS 相关数据产品，随着不同卫星导航定位系统的建立与完成，增加了其他 GNSS 系统的轨道和钟差数据产品。IGS 由全球三百多个跟踪站、多个数据分析处理中心及多个数据发布中心组成。随着技术和观测方法的改进，数学模型的完善，IGS 提供的轨道和钟差精度也越来越高，现在 IGS 提供的事后卫星轨道的精度优于 5cm，卫星钟差的精度能达到 150ps。为了满足不同用户的需求，IGS 提供预报、快速和事后等多种类型的星历、钟差等各种延迟数据产品。表 3.5 为 IGS 精密产品的指标信息。

表 3.5　IGS 精密产品的指标信息

产品	延迟	更新率	采样率	精度
精密星历	12～18d	每周	15min	2.5cm
精密卫星钟差	12～18d	每周	5min/30s	0.075ns
超快速星历	实时	3h	15min	>5cm
超快速星钟差	实时	3h	15min	3ns
快速星历	17～41h	每天	15min	2.5cm
快速钟差	17～41h	每天	5min	0.075ns

GNSS PPP 时间传递技术原理与 GNSS 全视时间传递技术原理基本相同，均使用国际 GNSS 时间尺度（IGS timescale，IGST）作为公用的参考时间，GNSS PPP 是 GNSS AV 技术的自然延伸（江志恒，2007）。两种技术不同之处在于数据的选取和数据处理方法，GNSS 全视使用双频观测值计算得到的本地钟差，而 GNSS PPP 在全视的基础上增加了载波相位观测值，并使用更为精细的数据改正模型，综合估计接收机的位置和钟差信息。

任何装备有 GNSS 定时接收机的守时实验室可以通过精密单点定位 PPP 方法计算出 UTC(k)-IGST［接收机经过校准后，本地钟差即为本地参考时间 UTC(k)与参考时间 IGST 的偏差］，通过简单的差分，即可得到链路的时间比对结果［UTC(k)-UTC(i)］（广伟，2012）。卫星精密轨道和卫星精密钟差是使用 GNSS PPP 进行时间传递的前提，同时参考时间 IGST 的稳定度要等于或优于 GNSS 时间。图 3.11 为 GNSS PPP 时间传递技术原理图。

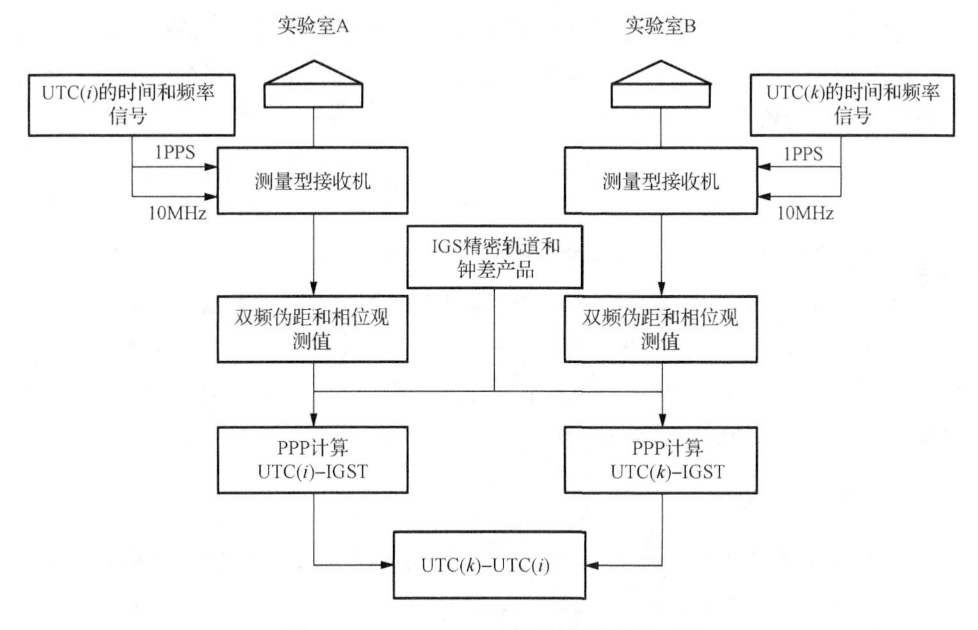

图 3.11　GNSS PPP 时间传递技术原理图

GNSS PPP 原理的伪距和载波相位观测方程如下（张鹏飞，2019）

$$P_1^k = R^k + c\delta_1 - c\delta^k + \Delta\rho_{\text{trop}} + \Delta\rho_{\text{ion}} + M_1^k + \Delta P_1^k + E_1^k \tag{3.4}$$

$$P_2^k = R^k + c\delta_2 - c\delta^k + \Delta\rho_{\text{trop}} + \frac{f_1^2}{f_2^2}\Delta\rho_{\text{ion}} + M_2^k + \Delta P_2^k + E_2^k \tag{3.5}$$

$$L_1^k = R^k + c\delta_1 - c\delta^k + \Delta\rho_{\text{trop}} - \Delta\rho_{\text{ion}} + \lambda_1 N_1 + m_1^k + \Delta L_1^k + e_1^k \tag{3.6}$$

$$L_2^k = R^k + c\delta_2 - c\delta^k + \Delta\rho_{\text{trop}} - \frac{f_1^2}{f_2^2}\Delta\rho_{\text{ion}} + \lambda_2 N_2 + m_2^k + \Delta L_2^k + e_2^k \tag{3.7}$$

式中，用 P_i^k 代表 P_1^k 和 P_2^k，用 L_i^k 代表 L_1^k 和 L_2^k；下标 i 代表第一和第二载波；上标 $k=1,2,\cdots,n$ 代表卫星号；P_i^k 及 L_i^k 为第 i 个频率上的 P 码伪距和测相伪距；R^k 为信号发射时刻的卫星天线相位中心与卫星信号接收时刻的接收机天线相位中心之间的几何距离；c 为光速；δ_i 及 δ^k 为接收机钟差和卫星钟钟差；$\Delta\rho_{\text{trop}}$ 及 $\Delta\rho_{\text{ion}}$ 为对流层延迟和第一载波频率上的电离层延迟；f_i 为第 i 个频率的载波频率；M_i^k 及 m_i^k

为伪距多径和相位多径；λ_i 及 N_i^k 为第 i 个频率的载波波长及该频率上的初始整周模糊数；ΔP_i^k 为达到分米量级的相对论、地球固体潮、天线相位偏心等站星几何距离改正项；ΔL_i^k 为包括卫星天线偏心、相对论、地球固体潮、海潮、极移潮、负荷潮、接收机天线相位偏心、天线相位绕缠（phase wind-up）等超过厘米甚至毫米量级的站星几何距离改正项；E_i^k 及 e_i^k 分别代表伪距观测及载波相位观测中的观测噪声、热噪声以及其他未模型化的误差的综合影响。严格来讲，式（3.4）～式（3.7）中的 δ_i 指的是接收机天线处的钟差，而测时及时间比对应用中，用户关心的是外接原子钟的钟差 δ，对于测地型接收机而言 GNSS 信号到达接收天线处的时刻 t_i 与接收机驱动时刻 t 之间有以下关系：

$$t_i + \delta_i = t + \delta + d_i + (X_{\mathrm{C}} + X_{\mathrm{D}}) - (X_{\mathrm{O}} + X_{\mathrm{P}}) = t + \delta + D_i \tag{3.8}$$

$$\delta_i = \delta + D_i - t_i + t \tag{3.9}$$

式中，d_i 为第 i 个频率上的接收机天线延迟与接收机内部延迟之和（也可称之为内部延迟）；X_{C} 为天线电缆延迟；X_{D} 为与其他接收机相连的连接器所造成的延迟；X_{O} 为内部参考偏差；X_{P} 为 1PPS 输入偏差；D_i 为第 i 个频率上的各种延迟和偏差之和。时间比对中当对温度变化、外界干扰等因素加以严格控制或对各种硬件延迟加以精密建模修正的情况下，可将 $D_i - t_i + t$ 看作常数，而对 δ_i 和 δ 不作严格区分。

3.3.3 TWSTFT 技术

卫星双向时间频率传递（TWSTFT）技术是精度最高的远程时间频率传递方法之一，由于其传递路径对称，链路上的传播延迟几乎可以全部抵消。它的原理是两个地面站分别通过地球静止轨道（geostationary earth orbit，GEO）卫星测量对方信号到达本地的时刻与本地时钟之间的时间偏差，再将各自得到的时间差相减，即可获得两个地面站的钟差（李志刚等，2006）。在图 3.12 中，调制解调器的功能是将原子钟时间信号变换为适合卫星传输的伪随机码扩频信号，反之亦然。卫星双向时间频率传递系统可完成两站之间的双向比对，也可以在多站之间进行双向比对（武文俊，2012）。

TWSTFT 的计算原理为

$$\begin{aligned}\Delta T_{\mathrm{AB}} = & \frac{1}{2}(T_{\mathrm{B}} - T_{\mathrm{A}}) + \frac{1}{2}[(d_{\mathrm{AS}} - d_{\mathrm{SA}}) - (d_{\mathrm{BS}} - d_{\mathrm{SB}})] + \frac{1}{2}(d_{\mathrm{SAB}} - d_{\mathrm{SBA}}) \\ & + \frac{1}{2}[(d_{\mathrm{TA}} + d_{\mathrm{RB}}) - (d_{\mathrm{TB}} + d_{\mathrm{RA}})] + \frac{1}{2}[(S_{\mathrm{AS}} - S_{\mathrm{SA}}) - (S_{\mathrm{BS}} - S_{\mathrm{SB}})]\end{aligned} \tag{3.10}$$

式中，T_{A}、T_{B} 分别为两地调制解调器中计数器读数；d_{AS}、d_{SA}、d_{BS}、d_{SB} 分别为两地对应的上、下行路径中的空间传播时延；d_{SAB}、d_{SBA} 分别为两地对应的上、下行路径中卫星的转发器时延；d_{TA}、d_{RB}、d_{TB}、d_{RA} 分别为两地的地面站设备时延；S_{AS}、S_{SA}、S_{BS}、S_{SB} 分别为两地对应的上、下行路径中的 Sagnac 效应时延。

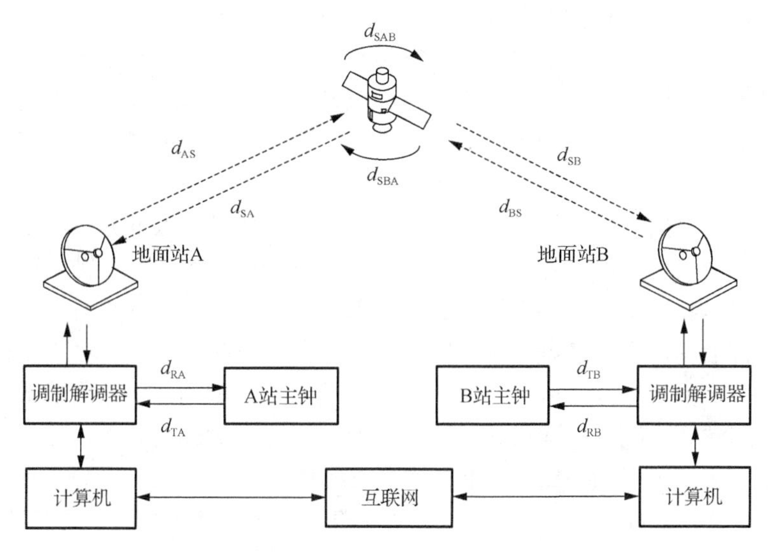

图 3.12　TWSTFT 技术原理

空间传播时延包括三部分：几何路径时延、电离层时延、对流层时延。理想情况下，TWSTFT 比对系统的链路完全对称，则对流层时延可完全抵消，电离层时延在 Ku 波段可基本抵消，卫星转发器时延也可完全对消。此外，计数器读数、地面设备时延可以事先测定。只需计算传播路径中的 Sagnac 效应时延，计算表达式为

$$\text{Sagnac}=\frac{2\omega A_{\mathrm{p}}}{c^{2}} \tag{3.11}$$

式中，ω 为地球自转角速度；A_{p} 为地面站、卫星和地心所构成的三角形在赤道面上的投影面积；c 为光速（$c=299792458\text{m/s}$）。

尽管在卫星双向时间频率传递的过程中，由于信号传播路径的近似对称性，路径的影响原则上大部分被抵消，仍然有一部分非对称的因素影响了卫星双向时间频率传递的精度。这些因素主要有：与卫星有关的误差，主要包含卫星运动引起的误差和卫星转发器不稳定的误差；信号传播路径上的误差，主要是由信号上、下行频率不同引起，包括对流层和电离层两个方面；与地面站有关的误差，主要包括设备误差的影响；地球自转引起的 Sagnac 效应。

卫星双向时间频率传递技术的优点在于实时性和精度高，其时间传递精度比 GNSS CV 技术的精度高一个量级，但需要租用地球同步卫星转发器，成本较高。

3.3.4　TWSTFT 与 GNSS PPP 结合

在现有的远距离无线时间传递技术中，传递精度较高的技术主要有 GNSS

CV、GNSS AV、GNSS PPP 和 TWSTFT，其中 TWSTFT 和 GNSS PPP 的精度最高，GNSS PPP 的短期稳定度优于 TWSTFT，但其在长期稳定度会变差，因为 GNSS 接收机的校准不确定度比 TWSTFT 链路要差，所以一般将 GNSS PPP 与 TWSTFT 技术相结合，以便获得 GNSS PPP 技术的中短期稳定度与 TWSTFT 方法的长期稳定度（Jiang et al.，2009）。

国际原子时的构成三要素：原子钟、远程比对和时间尺度算法。原子钟的性能决定了时间尺度性能指标的极限，时间尺度算法能够优化原子钟的部分特性，而远程比对是将所有原子钟资源结合在一起的一种方法。远程比对方法的精度远低于原子钟的本地测量精度，且 TAI 计算中多种比对手段共存。由于远程比对链路涉及物理部分和空间部分，时频信号的传递存在不确定性，链路的不确定性影响 TAI/UTC 的稳定度。目前，用于 TAI/ UTC 国际比对的两种远程时间比对技术主要是基于导航卫星的 GNSS PPP 技术和基于地球同步卫星的 TWSTFT 技术，二者精度相当，可互为备份。图 3.13 为 TWSTFT 与 GNSS PPP 结合比对链路原理图。

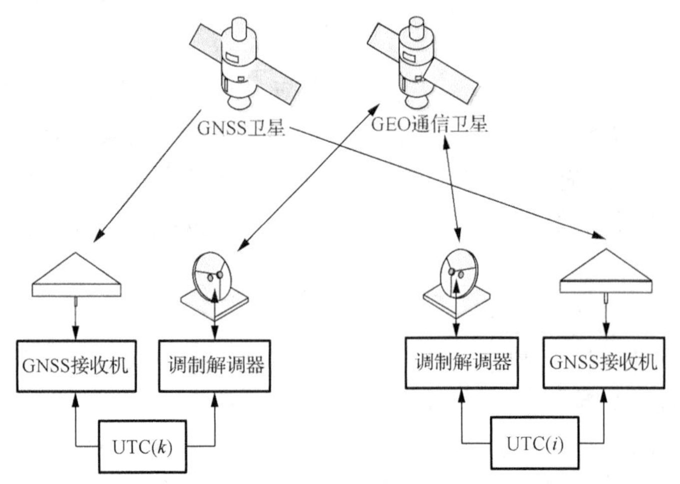

图 3.13　TWSTFT 与 GNSS PPP 结合比对链路原理图

GNSS PPP 的比对精度与 TWSTFT 相当，GNSS PPP 的短期稳定度优于 TWSTFT，而 TWSTFT 的长期稳定度优于 GNSS PPP。采用两种技术相结合达到互补，实现高精度远距离时间比对的目的。

3.3.5　激光时间频率传递技术

激光时间频率传递技术是通过激光脉冲在空间的传播来实现，卫星激光时间频率传递可以用于星地钟之间的时间比对，也可以用于两个地面站之间的时间频率比对，具有较高的准确度和稳定度。一些国家已经成功进行了激光时间传递实验，结果证明激光时间频率传递精度达到几十皮秒量级（Samain et al.，2011）。

激光时间频率传递的缺点是受天气条件限制，不能全天候工作，但其高精度可以作为微波比对手段的标校，并在一些必要的远程比对和同步中起重要作用（杨文哲等，2019）。

星地激光时间频率传递原理见图 3.14。从地面站向卫星发送激光脉冲，然后由卫星上的后向反射器把激光脉冲反射回地面站。设卫星钟和地面钟的秒脉冲的时间差为ΔT。如果不考虑星地相对运动以及设备时延等因素，星地时间系统的钟差为

$$\Delta T=\frac{\left(t_{\mathrm{s}}+t_{\mathrm{r}}\right)}{2}-t_{\mathrm{b}} \tag{3.12}$$

式中，t_{s}为激光脉冲由地面站向卫星发射时的地面钟时刻；t_{b}为该激光脉冲到达卫星时的卫星钟时刻；t_{r}为该激光脉冲由卫星后向反射器反射回到地面站时的地面钟时刻。

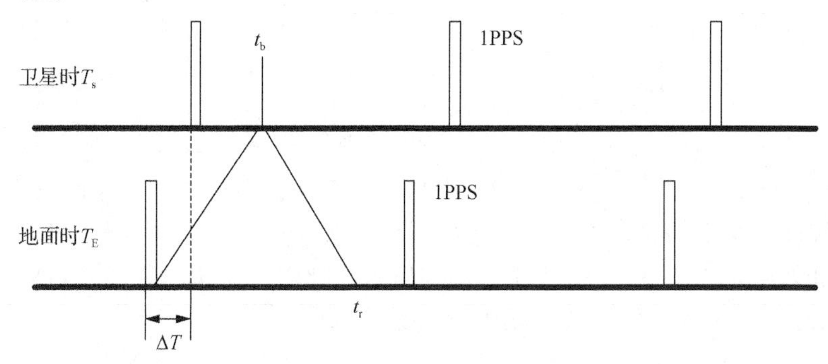

图 3.14　星地激光时间频率传递原理图

如果地面上另一个地面站也与该卫星进行激光时间频率传递，需要考虑星地相对运动以及设备时延等因素。

3.3.6　光纤时间频率传递技术

光纤已成为现代有线通信的主要介质之一，被广泛应用于计算机网络和通信技术等诸多领域。光纤作为时间信号传递媒介，具有带宽大、损耗低、稳定性高和抗干扰能力强等优点，基于光纤的时间频率传递技术具有安全、可靠、高精度等优势，传递的距离从几十米到上百公里，甚至几千公里，时间同步的精度由百纳秒、纳秒到亚纳秒级甚至更高（程楠，2015）。但由于光纤造价高、铺设不便，不宜作远距离时间频率传递。

目前，光纤时间频率传递技术主要分为三类：第一类是光纤微波时间频率传递技术，该技术起步早、发展时间长，适合用于传输原子钟所产生的时间频率标准信号。第二类是光纤光频传递技术，该技术利用了连续波光信号的特性，其频率传递稳定度高，秒稳定度达到 10^{-15} 量级，长期稳定度达到 10^{-19} 量级，能够满

足光钟所产生的光学频率标准传递和比对的使用需求（刘杰等，2015）。第三类是基于飞秒光学频率梳的光纤时间频率传递技术，该技术利用了脉冲光信号的特性，其时间传递不确定度非常高，能够达到飞秒量级，但该技术尚不成熟，且飞秒光学频率梳成本高昂，工作环境严苛（杨文哲等，2019）。光纤时间频率传递示意如图 3.15。

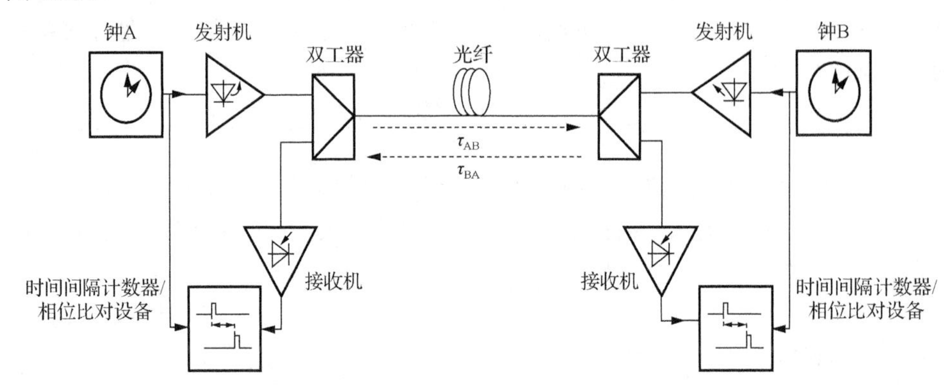

图 3.15　光纤时间频率传递示意图

相比其他两类方法，光纤时间频率传递适合传输目前广泛应用的原子钟所产生的时间频率标准信号，但是该方法的时间同步不确定度和频率传递稳定度结果均低于其他两类方法。图 3.16 为不同高精度远程比对方法相对频率稳定度比较（薛文祥，2020），其中虚线均为 MDEV，实线均为 ADEV。

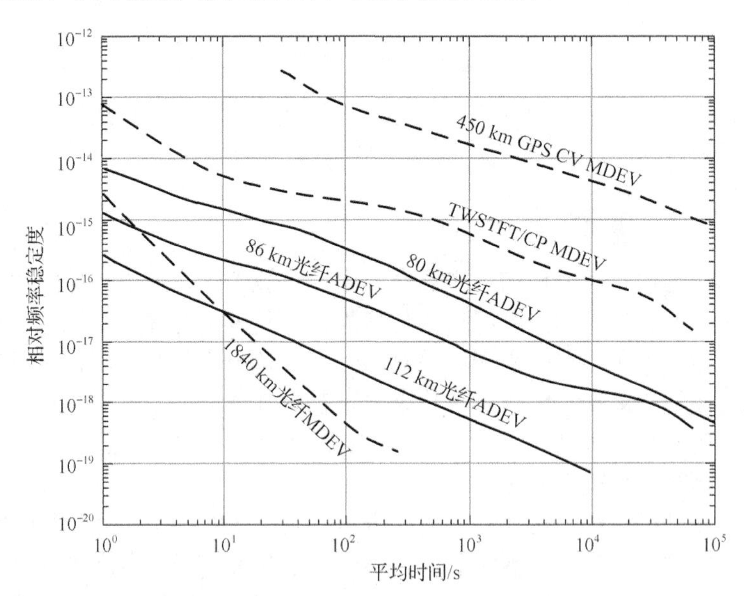

图 3.16　不同高精度远程比对方法相对频率稳定度比较

3.4　比对链路的校准

全球各守时实验室采用多种手段实现与国际标准时间的比对。表 3.6 为 2019 年 12 月，参加国际原子时计算的 81 条链路所采用的传递手段，其中 GPS MC 是 GPS 共视多通道 C/A 码数据，GPS P3 是 GPS 全视多通道双频 P 码，TWGPPP 是 TWSTFT 与 GPS PPP 组合平滑，TWSDR（SDR receivers for TWSTFT）是 TWSTFT 和软件定义接收机（software-defined receiver，SDR）的结合。

表 3.6　BIPM 公布的用于 TAI/UTC 计算的时间比对链路情况

时间比对方法	链路总数	占比/%	标准差不确定度/ns
GPS PPP	49	60.49	0.3
GPS MC	17	21.00	1.5
GPS P3	7	8.64	0.7
TWGPPP	7	8.64	0.3
TWSDR	1	1.23	0.3

GNSS 是当前国际时间比对的主要手段之一，对 GNSS 接收机的校准能够有效提高时间传递链路的不确定度，因此 BIPM 采用流动接收机不定期对全球的 GNSS 链路进行校准。GNSS 链路校准分为相对校准和绝对校准，绝对校准是对天线、接收机、电缆时延每部分的独立校准，其中接收机内部时延使用 GNSS 模拟器进行校准，接收机天线时延是在消声室内使用矢量网络分析仪（vector network analyer，VNA）进行校准，电缆时延校准也采用 VNA 进行校准（Valat et al.，2020）。因此，整个校准过程均可重复，不受卫星轨道、卫星钟的稳定性、电离层、对流层和多路径等误差的影响，但绝对校准受制于设备和环境等因素不易实现，通常对守时实验室接收机进行的是相对较准。

BIPM 按地域将采用 GNSS 比对链路的守时实验室分为 G1 和 G2 组，通常 BIPM 的流动接收机只对 G1 组实验室的接收机进行校准，G2 组的实验室由 G1 组已校准的接收机对其进行校准。BIPM 对 G1 守时实验室的接收机（通常 2 个）进行一次校准，具体方法是先将 BIPM 的流动接收机进行校准，然后将该接收机从一个实验室搬运到另一个实验室，在接收机校准链上的每个实验室停留时间通常一周，流动接收机自带天线及其电缆，与当地实验室的 GNSS 接收机以相同参考源 UTC(k)作零基线共视比对，比对实验结束后各实验室将两个接收机共同工作时段的比对数据一同发送给 BIPM。BIPM 最后给出各实验室 GNSS 接收机在比对时间段内与流动接收机的比对偏差，即被测接收机的与标准接收机的偏差。校准规则、校准值的计算、校准值的应用及校准后链路的不确定度等内容详见 BIPM 网站（Jiang et al.，2011）。图 3.17 为 BIPM 校准拓扑图，图中 RMO 为区域计量组织，G1 和 G2 分别为 BIPM 指定的 GNSS 时间比对校准 G1 组和 G2 组，G1 和 G2 的下标代表实验室的序号。

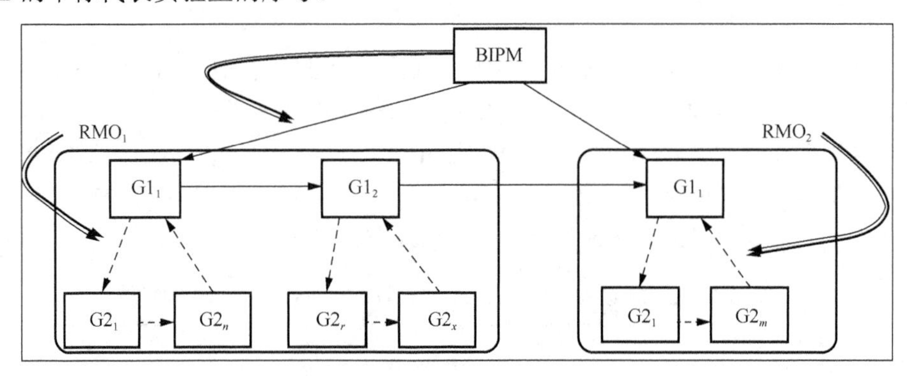

图 3.17　BIPM 校准拓扑图

https://webtai.bipm.org/ftp/pub/tai/publication/gnss-calibration/guidelines/archive/bipmcalibration_guidelines_v31.pdf

守时实验室利用 BIPM 给出的校准报告对实验室的内部时延及相关数据进行修正，通过与被校准接收机的零基线比对，将实验室内的其他 GNSS 接收机进行逐一校准。

图 3.18 为用于 UTC 计算的国际时间比对技术的发展及其不确定度（Jiang

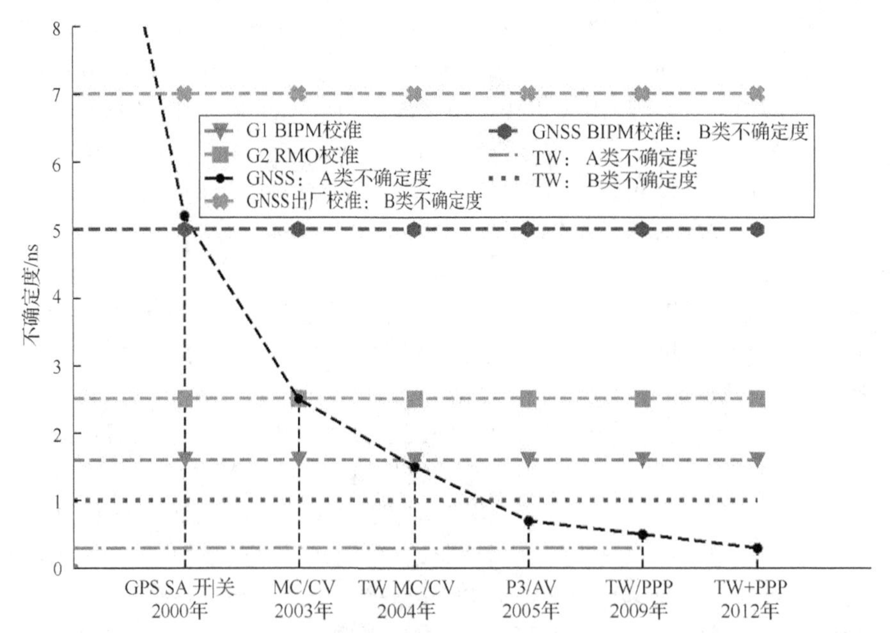

图 3.18　用于 UTC 计算的国际时间比对技术的发展及其不确定度

图中 TW 为 TWSTFT 的简写

et al.，2011）。在 2016 年之前，BIPM 对链路不确定度采用 A 类和 B 类不确定度进行描述，其中 A 类不确定度主要包括测量随机误差，B 类不确定度主要是对系统时延校准方法的不确定度的估计，链路不确定度是 A 类和 B 类不确定度的综合，采用校准的方法可以减小 A 类不确定度。从 2016 年起，BIPM 对链路不确定度的描述采用标准差不确定度 u_{Stb}、校准不确定度 u_{Cal}、校准老化的不确定度 u_{Ag}。u_{Stb} 包括链路的不稳定性、观测噪声和随机影响，u_{Cal} 包括仪器和设备初始校准不确定度、元器件的老化和校准不确定度，校准老化不确定度 u_{Ag} 与两次校准间隔时长有关。

3.5　地方原子时尺度的产生

由于系统误差和随机误差的影响，任何一台原子钟输出的信号均存在随机波动，在一定的精度范围内各个原子钟提供的钟面时不尽相同，因此采用一组原子钟进行相互比对，尽可能消除和削弱各种误差，由统计方法归算原子时的方法被称为原子时时间尺度算法。图 3.19 为时间尺度计算流程。

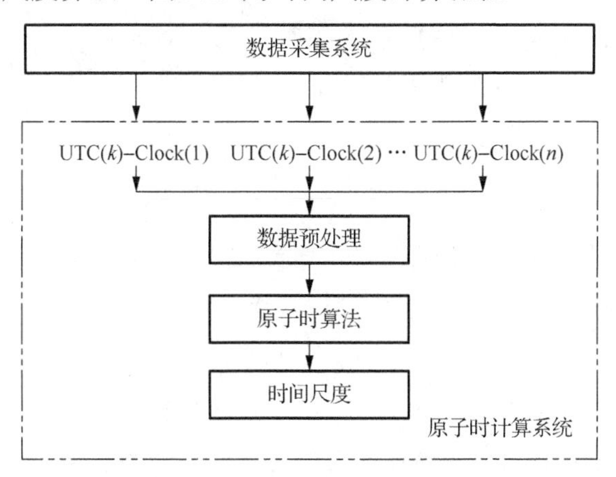

图 3.19　时间尺度计算流程

在进行时间尺度计算之前，需对已有的测量数据进行检查，对其中出现的异常情况进行甄别，针对不同的现象给予合理处置。

3.5.1　时间比对数据预处理

时间测量系统产生的比对数据是时间尺度归算的数据基础，由于原子钟本身存在类型、性能的差异以及物理设备的故障等，外界环境的变化，如断电、温度、湿度、磁场等都会导致测量比对数据出现不同程度的异常波动，甚至出现奇异点或数据缺失的情况，直接影响归算的时间尺度的品质。同时，随着原子钟的老化，钟性能也在逐渐变差，为获得一个长期连续、稳定的时间尺度，需对每台原子钟进行实时监控，而稳定度计算、时间尺度的归算等需要钟差数据连续且等间隔，如果数据缺失，则需修补，对奇异点进行剔除并修复。可靠的原子钟相位和频率测量数据，是进行原子钟性能分析及应用研究的前提和基础。

在准备进行分析或计算原子钟测量比对数据前，首先需要检查当时的测量记录文件，对测量过程中使用的设备、所用参考、测量方法、测量间隔、原始数据文件格式等相关技术资料进行确认，保证测量数据的有效性和可靠性，对于各种外在或人为因素造成的测量数据的改变，应给予修正。

1. 原子钟数据异常类型

原子钟测量数据主要通过两种方法获得：一种是计数器法测量信号的相位差（或相差）获得相位差数据；另一种是用比相法测量频率差（或频差）得到的相位差数据。在进行原子时间尺度计算时，由于相位差测量数据带有时标信息，通常以相位差测量数据为基础，但该数据不利于异常值的发现和剔除，而频差测量数据更方便异常值的判断。根据两者的特点，为了满足实际应用的需求，即使在只有一种测量数据时，通常会进行相位数据和频率数据的转换。相位数据转化为频率数据 $y(t)$ 可以通过计算相位数据的一次差分除以取样时间或平滑时间 τ_0 获得，即

$$y(t)=\frac{x_{t+1}-x_t}{\tau_0} \tag{3.13}$$

式中，x_t 和 x_{t+1} 分别为钟在 i 时刻和 $i+1$ 时刻的相位数据。频率数据可通过以平滑时间作为积分间隔的分段积分转换为相位数据：

$$x_t=\int_0^t y(t)\mathrm{d}t \tag{3.14}$$

标准原子钟是处于原子钟规格说明书所要求的理想环境，输出符合原子钟给定性能指标物理信号的自由运转原子钟。原子钟异常是指偏离标准原子钟性能的情况，假定标准原子钟的噪声类型为白色频率噪声，其中 $y[n]$ 代表实际与标准原子钟的频率偏差，$y_0[n]$ 代表归一化的原子钟噪声，其数学模型为

$$y_0[n]=\varepsilon[n] \tag{3.15}$$

式中，$\varepsilon[n]$ 是一个均值为 $\mu_\varepsilon[n]$ 的高斯随机过程。$R_\varepsilon[n_1,n_2]$ 为自相关函数，定义为

$$\mu_\varepsilon[n]=E\left[\varepsilon[n]\right]=0 \tag{3.16}$$

$$R_\varepsilon[n_1,n_2]=E\left[\varepsilon[n_1],\varepsilon[n_2]\right]=\delta[n_1-n_2] \tag{3.17}$$

式中，$E[\cdot]$ 表示期望值；$\delta[\cdot]$ 表示离散 delta 函数，定义为

$$\delta[n_1-n_2]=\begin{cases}1, & n_1=n_2\\0, & n_1\neq n_2\end{cases} \tag{3.18}$$

$y_0[n]$的均值为0，方差为

$$\sigma_{y_0}^2[n]=E\left[y_0^2[n]\right]=1 \tag{3.19}$$

在原子钟比对测量中，原子钟可能出现三种典型的异常情况，相位数据、频率数据会出现跳变，钟性能突然变差，这时在守时系统中需及时发现并对测量数据进行必要的处理（赵书红，2015；Lorenzo et al.，2008）。根据上述模型，对典型的异常情况建立相应的数学模型。

1）相位突跳

相位突跳的出现，可能是原子钟信号的传输路径或测量系统出现了异常，也可能由频率源引起。相位数据的突跳对应于频率数据的峰值，这种异常现象具有与频率白噪声相似的稳定特性，从而使原子钟的稳定性分析结果中出现频率白噪声的特性，易造成混淆。因此，相位突跳需在频域和时域相互佐证。图3.20为相位突跳的相差和频差变化在时域和频域的表现特点，时域的相位突跳在频域频率值会出现一个大的突跳点。

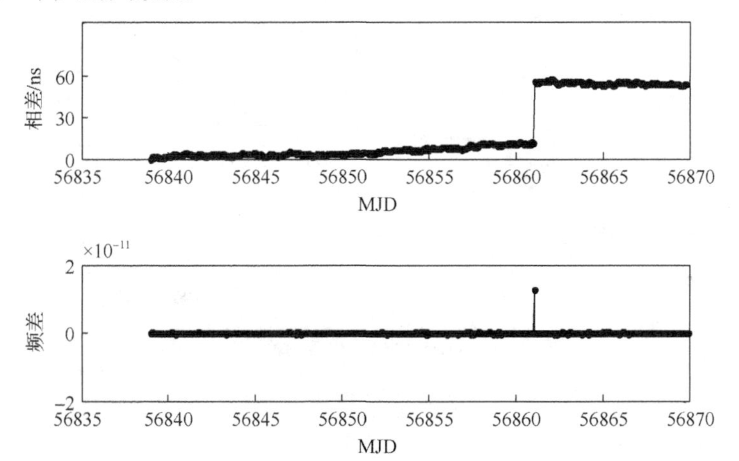

图3.20 相位突跳的相差和频差变化在时域和频域的表现特点

相位突跳数学模型定义为

$$y[n]=\mu_a u[n-n_a]+\varepsilon[n] \tag{3.20}$$

式中，n_a为发生异常的时刻；$u[n-n_a]$为离散delta函数，其函数式为

$$u[n-n_a]=\begin{cases}1, & n=n_a\\ 0, & n\neq n_a\end{cases} \tag{3.21}$$

利用式（3.15），可以将标称原子钟的输出定义为

$$y[n]=\mu_a u[n-n_a]+y_0[n] \tag{3.22}$$

从式（3.22）可以看出$y[n]$均值为

$$E\left[y[n]\right]=\mu_a u[n] \tag{3.23}$$

从式（3.22）可知，在 n_a 时刻，$y[n]$ 的均值为 μ_a；而在时刻 n_a 之前和之后时，$y[n]$ 的均值为 0。

相位突跳的处理方法多采用数据奇异点检测与修正方法，为了避免对频率白噪声产生误判，需在时域和频域同时进行数据奇异点检测，确认相位调整量后对突跳数据进行修复，修复后的数据与没有发生相位突跳前的数据特性无异。

2）频率突跳

频率突跳的出现，说明原子钟的频率过程为非平稳过程，对于原子钟数据中频率突跳点的识别和定位，多数算法都是通过在频率数据上移动窗口的方法来实现，查找移动窗口前后两部分数据均值的变化点，以此来定位频率突跳点。将突跳点前后的数据分为两部分，分别单独进行分析，对于因客观原因造成的频率突跳须进行修正。图 3.21 为频率突跳的相差和频差变化在时域和频域的表现特点，频率突跳一般体现在相对频率偏移的均值在某个时刻发生了突跳。

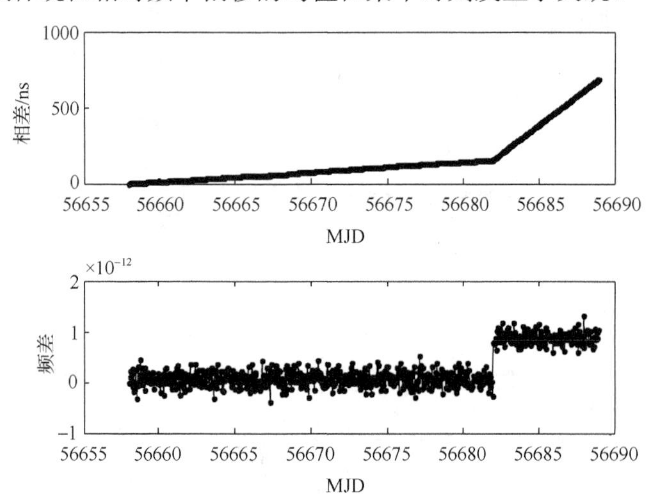

图 3.21　频率突跳的相差和频差变化在时域和频域的表现特点

频率突跳的数学模型为

$$y[n] = \mu_a u[n - n_a] + \varepsilon[n] \tag{3.24}$$

式中，n_a 为发生异常的时刻；$u[n-n_a]$ 为阶跃函数，其函数式为

$$u[n-n_a] = \begin{cases} 0, & n < n_a \\ 1, & n \geqslant n_a \end{cases} \tag{3.25}$$

利用式（3.15），将正常钟的输出定义为

$$y[n] = \mu_a u[n - n_a] + y_0[n] \tag{3.26}$$

从式（3.26）可以看出 $y[n]$ 的均值为

$$E\left[y[n]\right] = \mu_a u[n] \tag{3.27}$$

因此，在 n_a 时刻之前，$y[n]$ 的均值为 0；而在 $n \geqslant n_a$ 时，$y[n]$ 的均值为 μ_a。

如果原子钟的频率突跳是外界或人为因素造成，且发生频率突跳后频率稳定度与以前无异，则应进行频率修正，修正后的数据仍然可以用于时间尺度计算。如果原子钟的频率突跳是原子钟自身因素，一般不进行修复，短时间内无法判断该原子钟的频率输出是否稳定。

3）方差增大

原子钟在运行期间，会受到内部或外部的干扰，也会因某些器件的老化、失灵导致的原子钟性能突然降低或发生故障，极端时原子钟无信号输出，绝大多数情况下会导致原子钟测量数据的方差变大。图 3.22 为方差变大的相差和频差变化异常时在时域和频域的表现特点，方差增大情况下的数学模型为

$$y[n] = \sigma[n]\varepsilon[n] \tag{3.28}$$

式中，$\sigma[n]$ 的定义为

$$\sigma[n] = \begin{cases} 1, & n < n_a \\ \sigma_a, & n \geqslant n_a \end{cases} \tag{3.29}$$

从式（3.28）和式（3.15）可以得出

$$E\big[y[n]\big] = 0 \tag{3.30}$$

因此频率方差为

$$\sigma_y^2[n] = E\big[y^2[n]\big] = \sigma^2[n] \tag{3.31}$$

也就是当 $n < n_a$ 时，$\sigma_y^2[n] = 1$，而 $n \geqslant n_a$ 时，$\sigma_y^2[n] = \sigma_a^2$。

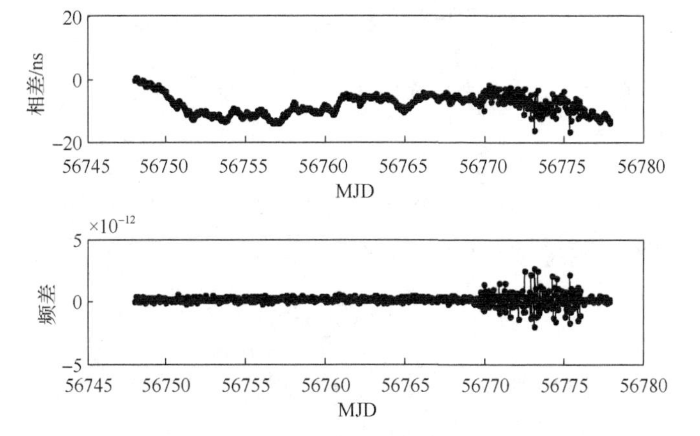

图 3.22　方差变大的相差和频差变化异常时在时域和频域的表现特点

检验方法除频率方差外多采用频率稳定度指标。如果原子钟的方差突然变大是外界或人为因素造成且持续时间不长，则应对这段数据进行特殊的降噪处理，降噪后的数据仍然可以用于时间尺度计算。在确认外部干扰因素消失后需对该原子钟的性能进行重新评价。

2. 数据奇异点检测及修正

时间测量系统中，由于各种系统误差、随机误差的影响，如电子线路的热噪声、谐振器内的固有噪声、器件的老化效应、环境条件的变化等外界干扰，都会使原子频标的输出频率相对于频率标称值存在误差。因此，对时间比对数据中奇异点进行判断、甄别并修正，确保比对数据的正确性、完好性是获得正确时间尺度的首要条件。

对奇异点的处理方法比较多，但都是基于数据真实趋势的基础上进行粗差剔除和修正，以下介绍常用的两种方法（贺瑞珍，2014）。

1）最小二乘结合 3σ 法

若随机序列 X 服从高斯（正态）分布，其正态均值记为 μ，描述 X 分布的集中位置；其正态方差记为 σ，描述 X 分布的分散程度，那么在 $\pm 3\sigma$ 范围内包含了99.73%的样本空间。对给定一组数据 (t_i, x_i)，$i = 0,1,\cdots,N$，根据 3σ 原理，99.73%的样本个体会落在 3σ 以内，若样本个体的值 x_i 落在 3σ 之外就属于小概率事件，则 x_i 为奇异点。若 x_i 满足：

$$|x_i - \mu| \geqslant 3\sigma \tag{3.32}$$

则 x_i 为奇异值，需要剔除并修正。

最小二乘法在曲线拟合及对未知数据的预报方面应用非常广泛。最小二乘法的算法原则：给定一组数据 (x_i, y_i)，$i = 0,1,\cdots,m$，要求在函数类 $\varphi = \{\varphi_1, \varphi_2, \cdots, \varphi_n\}$ 中找一个函数 $y = S^*(x)$，使误差平方和 $\|\delta\|_2^2$ 最小，即

$$\|\delta\|_2^2 = \sum_{i=0}^{m} \delta_i^2 = \sum_{i=0}^{m} \left[S^*(x_i) - y_i \right]^2 = \min \sum_{i=0}^{m} \left[S(x_i) - y_i \right]^2 \tag{3.33}$$

式中，

$$S(x_i) = a_0 \varphi_0(x_i) + a_1 \varphi_1(x_i) + \cdots + a_n \varphi_n(x_i) \quad (n < m) \tag{3.34}$$

最小二乘法的算法过程如下：将 $\|\delta\|_2^2$ 考虑为加权平方和，有

$$\delta_2^2 = \sum_{i=0}^{m} w(x_i) \left[S(x_i) - y_i \right]^2 \tag{3.35}$$

为求一个函数 $S^*(x)$ 使 $\|\delta\|_2^2$ 最小，将问题化为求多元函数的极小值。

$$\begin{cases} I(a_0, a_1, \cdots, a_n) = \displaystyle\sum_{i=0}^{m} w(x_i) \left[\sum_{j=0}^{n} a_j \varphi_j(x_i) - y_i \right]^2 \\ \dfrac{\partial I}{\partial a_k} = 2 \displaystyle\sum_{i=0}^{m} w(x_i) \left[\sum_{j=0}^{n} a_j \varphi_j(x_i) - y_i \right] \varphi_k(x_i) = 0 \quad (k = 0, \cdots, n) \end{cases} \tag{3.36}$$

从式（3.36）中可得唯一解为

$$a_k = a_k^* \quad (k = 0,\cdots,n) \tag{3.37}$$

从而得到函数 y 的最小二乘解为

$$S^*(x) = a_0^*\varphi_0(x) + a_1^*\varphi_1(x) + \cdots + a_n^*\varphi_n(x) \tag{3.38}$$

对于测量比对数据[UTC(k,t)−Clock(i,t)]，其中 k 为实验室，i 为原子钟编号，t 为时刻值，将该数据扣速率后的值记为 $h_i(k)$。利用计算时间尺度所需时段的比对数据，用最小二乘法线性拟合这些数据，记为 $h_i'(k)$，实际数据与相应时刻的拟合数据的差为

$$\begin{cases}\Delta h_i(k) = h_i(k) - h_i'(k) \\ h_i'(k_{\text{cur}}) = VH\phi QR\end{cases} \tag{3.39}$$

以 $\Delta h_i(k)$ 为样本，计算方差 σ^2 为

$$\sigma^2 = \frac{1}{N}\sum_{k=0}^{N-1}\left[\Delta h_i(k) - \overline{\Delta h_i}\right]^2 \tag{3.40}$$

用最小二乘法拟合 k 时刻的值为 $h_i'(k)$，若 $h_i(k)$ 满足：

$$\left|h_i(k) - h_i'(k)\right| > 3\sigma \tag{3.41}$$

则 $h_i(k_{\text{cur}})$ 为奇异值，需要剔除，并用 $h_i'(k_{\text{cur}})$ 取代，即

$$h_i(k) = h_i'(k) \tag{3.42}$$

对于批量数据，可以设定合适的滑动窗口，按照以上算法，进行奇异点检测修正。

2）最大阈值法

数据奇异点检测修正有实时处理和批量处理两种情况，而最大阈值法在这两种情况中的应用中略有不同，下面将对两种情况分别介绍。

在实时处理中，已知在前 n 个时刻获得一组时间比对数据，设为 (t_i, x_i)，$i = 0,1,\cdots,n$，相邻数据的差值 Δx_i 及其绝对值的最大值分别为

$$\Delta x_i = x_{i+1} - x_i,\ \ i = 0,1,\cdots,n \tag{3.43}$$

$$M = \max\left(\left|\Delta x_i\right|\right) \tag{3.44}$$

若 n+1 时刻的比对数据 x_{n+1} 满足式

$$\left|x_{n+1} - x_n\right| > wM \tag{3.45}$$

则认为 x_{n+1} 为奇异值，需要剔除并作修正。式中，w 为最大阈值的系数，需根据各个原子钟性能来确定。

$$x_{n+1} = 2x_n - x_{n-1} \tag{3.46}$$

在批量处理中，已知一组时差比对数据，设为 (t_i, x_i)，$i = 0,1,\cdots,N$，计算差值 Δx_i 及其绝对值的平均值分别为

$$\Delta x_i = x_{i+1} - x_i,\ \ i = 0,1,\cdots,N \tag{3.47}$$

$$\overline{\Delta x} = \frac{1}{N-1}\sum_{i}^{N-1}\left|\Delta x_i\right| \tag{3.48}$$

若 x_i 满足：

$$\left|x_i - x_{i-1}\right| > w\overline{\Delta x} \tag{3.49}$$

则认为 x_i 为奇异值，需要剔除并作如下修正：

$$x_i = \frac{x_{i+1} + x_{i-1}}{2} \tag{3.50}$$

3.5.2　原子钟噪声分析及降噪方法

频率稳定度分析分为时域稳定度分析和频域稳定度分析两个方面。时域稳定度分析常用来识别原子钟噪声类型，并计算噪声水平系数，阿伦方差是最常用的时域频率稳定度分析方法。频域稳定度分析常用几种功率谱密度模型来描述，功率谱密度模型能识别异常因素引起的离散频谱线，但不能很好地识别周期性变化。

原子钟是由各种电子元器件组成的电子设备，内部噪声是影响频率稳定度的主要因素。由于原子钟不同部件的噪声对输出信号相位和频率的作用机制不同，这些噪声对相位和频率的影响分为 5 种基本类型：频率闪烁噪声、频率白噪声、相位闪烁噪声、相位白噪声、频率随机游走噪声，频率漂移与原子钟的类型有关。

原子钟自身的噪声水平不仅影响其频率稳定特性，还将影响原子钟的测量比对结果。时间测量系统中原子钟测量数据的噪声按来源分为两类：一类源于原子钟自身噪声特性，另一类来自测量系统及其环境。由于测量比对涉及较多环节，会引入多种噪声，导致测量数据的质量降低，如果直接引用会带入多种误差，因此需对测量比对数据首先进行降噪，目的就是减小或削弱测量数据的噪声，提高数据质量。经典的降噪方法有 Vondrak 平滑法（Vondrak et al.，2000）和卡尔曼滤波算法等。降噪方法只对相位白噪声、相位闪变噪声和频率白噪声有效，即降噪方法可以提高采样间隔≤10^5s 以下的频率稳定度，对于频率闪烁噪声和频率随机游走噪声这两种噪声，只能通过原子时尺度算法来降低或削弱。

1. 卡尔曼滤波算法

卡尔曼滤波算法是一种实时算法，通过一组观测序列及系统的动力学模型来求解状态向量估值，估计值包含了两种信息，分别为动力学模型的预测信息和测量方程的信息向量，通过对这两部分信息进行加权平均得到卡尔曼滤波估计值（林旭等，2015；Lee et al.，2002）。

设 k 时刻系统的状态变量为 X_k，那么卡尔曼滤波的状态方程以及输出方程为

$$\begin{cases} X_k = \Phi_{k,k-1} X_{k-1} + W_{k-1} \\ Y_k = H_k X_k + V_k \end{cases} \tag{3.51}$$

式中，W_{k-1} 为输入信号噪声向量，是一个白噪声；V_k 为输出信号的观测噪声，也是一个白噪声；H_k 为状态向量和输出信号之间的增益矩阵；$\Phi_{k,k-1}$ 为状态转移矩阵；Y_k 为输出信号向量。

设系统的输入信号噪声 W 和输出信号噪声 V 是均值为 0 的正态白噪声，方差分别为 Q 和 R。那么经推导可得卡尔曼滤波递推公式如下：

$$\begin{cases} \hat{X}_k^- = \Phi_{k,k-1} \hat{X}_{k-1} \\ P_k^- = \Phi_{k,k-1} P_{k-1} \Phi_{k,k-1}^{\mathrm{T}} + Q \\ G_k = P_k^- H_k^{\mathrm{T}} \left[H_k P_k^- H_k^{\mathrm{T}} + R \right]^{-1} \\ \hat{X}_k = \hat{X}_k^- + G_k \left[Y_k - H_k \hat{X}_k^- \right] \\ P_k = \left(I - G_k H_k \right) P_k^- X_k \hat{X}_0 P_0 \end{cases} \tag{3.52}$$

式中，$\hat{X}_k$ 为 X_k 的最优估计值；$\hat{X}_k^-$ 为还没有经过校正的估计值，称为先验估计值；P_k^- 为先验估计误差的协方差阵；P_k 为后验估计误差的协方差阵；G_k 为增益矩阵，实为一个加权矩阵。对于线性离散系统，设定初始状态 $\hat{X}_0$ 及协方差矩阵 P_0，利用以上递推公式即可得到卡尔曼滤波结果。卡尔曼滤波算法流程如图 3.23 所示。

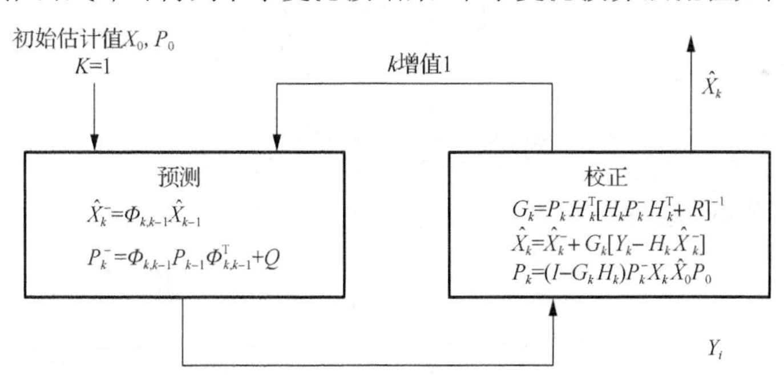

图 3.23 卡尔曼滤波算法流程

利用上一个采样时刻的钟差估计值和当前时刻的钟差观测值，来估计当前时刻的钟差估计值，当前时刻之后的观测值不会对当前时刻的估计值产生影响。

2. Vondrak 平滑法

Vondrak 平滑法的基本思想是在两个相互矛盾的条件下找一个折中点。也就是建立的目标函数既要尽可能接近测量值，又要尽可能平滑。

对于一个时间比对数据序列，设为 $(t_i, x_i), i = 1, 2, \cdots, N$，Vondrak 平滑法的基

本假设：

$$Q = F + \lambda^2 S \to \min \tag{3.53}$$

其中，

$$F = \sum_{i=1}^{N} p_i (x_i' - x_i)^2 \tag{3.54}$$

$$S = \sum_{i=1}^{N-3} (\Delta^3 x_i')^2 \tag{3.55}$$

式中，F 为加权最小二乘法的目标函数，称其为 Vondrak 平滑法的拟合度；S 为平滑值三次差分的平方和，反映了待求的平滑曲线总体上的平滑程度，简称平滑度；x_i' 是平滑后的值；$\Delta^3 x_i'$ 是 x_i' 的三次差分；p_i 为 x_i 的权重；λ 为平滑系数。

在实际计算中，设 $\left(t_{i+1}, x_{i+1}'\right)$ 和 $\left(t_{i+2}, x_{i+2}'\right)$ 在光滑曲线 $f(t)$ 上，以相邻的四个点 $\left(t_i, x_i'\right)$、$\left(t_{i+1}, x_{i+1}'\right)$、$\left(t_{i+2}, x_{i+2}'\right)$、$\left(t_{i+3}, x_{i+3}'\right)$ 造的三次的拉格朗日多项式 $L_i(t)$ 来逼近 $f(t)$，$L_i(t)$ 的表达式为

$$\begin{aligned} L_i(t) = & \frac{(t - t_{i+1})(t - t_{i+2})(t - t_{i+3})}{(t_i - t_{i+1})(t_i - t_{i+2})(t_i - t_{i+3})} x_i' \\ & + \frac{(t - t_i)(t - t_{i+2})(t - t_{i+3})}{(t_{i+1} - t_i)(t_{i+1} - t_{i+2})(t_{i+1} - t_{i+3})} x_{i+1}' \\ & + \frac{(t - t_i)(t - t_{i+1})(t - t_{i+3})}{(t_{i+2} - t_i)(t_{i+2} - t_{i+1})(t_{i+2} - t_{i+3})} x_{i+2}' \\ & + \frac{(t - t_i)(t - t_{i+1})(t - t_{i+2})}{(t_{i+3} - t_i)(t_{i+3} - t_{i+1})(t_{i+3} - t_{i+2})} x_{i+3}' \end{aligned} \tag{3.56}$$

对式（3.56）求三阶导数，代入式（3.55），有

$$S = \sum_{i=1}^{N-3} (a_i x_i' + b_i x_{i+1}' + c_i x_{i+2}' + d_i x_{i+3}')^2 \tag{3.57}$$

其中，

$$\begin{cases} a_i = \dfrac{6\sqrt{x_{i+2} - x_{i+1}}}{(x_i - x_{i+1})(x_i - x_{i+2})(x_i - x_{i+3})} \\ b_i = \dfrac{6\sqrt{x_{i+2} - x_{i+1}}}{(x_{i+1} - x_i)(x_{i+1} - x_{i+2})(x_{i+1} - x_{i+3})} \\ c_i = \dfrac{6\sqrt{x_{i+2} - x_{i+1}}}{(x_{i+2} - x_i)(x_{i+2} - x_{i+1})(x_{i+2} - x_{i+3})} \\ d_i = \dfrac{6\sqrt{x_{i+2} - x_{i+1}}}{(x_{i+3} - x_i)(x_{i+3} - x_{i+1})(x_{i+3} - x_{i+2})} \end{cases} \tag{3.58}$$

根据式（3.53）有

$$\frac{\partial Q}{\partial x_i'} = \frac{\partial F}{\partial x_i'} + \lambda^2 \frac{\partial S}{\partial x_i'} = 0 \quad (i = 1, 2, \cdots, N) \tag{3.59}$$

将式（3.59）展开，合并整理得

$$\sum_{j=-3}^{3} A_{ji} x'_{j+i} = B_i x_i \quad (i = 1, 2, \cdots, N) \tag{3.60}$$

式中，$B_i = \varepsilon p_i$。A_{ji} 的计算公式为

$$\begin{cases} A_{-3i} = a_{i-3} d_{i-3} \\ A_{-2i} = a_{i-2} c_{i-2} + b_{i-3} d_{i-3} \\ A_{-1i} = a_{i-1} b_{i-1} + b_{i-2} c_{i-2} + c_{i-3} d_{i-3} \\ A_{0i} = a_i^2 + b_{i-1}^2 + c_{i-2}^2 + d_{i-3}^2 + \varepsilon p_i \\ A_{1i} = a_i b_i + b_{i-1} c_{i-1} + c_{i-2} d_{i-2} \\ A_{2i} = a_i c_i + b_{i-1} d_{i-1} \\ A_{3i} = a_i d_i \end{cases} \tag{3.61}$$

这里要求

$$A_{ji} = 0 \quad (j + i \leqslant 0 \text{或} j + i \geqslant N + 1) \tag{3.62}$$

求解线性方程组（3.61）即能唯一确定一组平滑值。

3.5.3　地方原子时算法

利用守时钟组产生和保持一个稳定、准确、可靠的时间尺度是所有守时实验室追求的目标，守时实验室依据守时钟组的配置状况和对时间尺度性能指标的要求确定合适的时间尺度算法，国际上主流守时实验室采用的时间尺度算法不尽相同，基本原则就是通过对守时钟性能的分析确定其主要噪声，利用数学方法进行降噪处理，之后利用特定的算法计算得到时间尺度 TA(k)。

理想的原子钟时间尺度应具有长期稳定性、实时性和准确性，但长期稳定性和实时性在选择时需作一定的妥协（王锐等，2020）。对于有实时性要求的时间尺度算法，选择时需要考虑算法的发散性，虽然滞后的算法适用范围受到一定限制，但可以增加时间尺度的稳定性和可靠性。

地方原子时算法确定的另一个因素取决于守时实验室对时间尺度 TA(k)在要求的采样间隔上的稳定度要求，由于产生时间尺度的实验室通常有多台不同类型的原子钟，如何最大程度发挥出不同类型原子钟的性能，需要依据实际需求，选择或建立合适的原子时算法，从而获得一个稳定、准确及可靠的原子时时间尺度。

原子时尺度算法包括以下要素：

（1）确定所需时间尺度实时还是滞后；

（2）原子钟状态描述主要采用历史数据还是实时测量数据；

（3）确定原子时尺度算法是否加权及其权重计算方法；

（4）时间尺度性能指标；

（5）计算时间尺度的数据长度；

（6）计算时间尺度的周期。

中国科学院国家授时中心地方原子时 TA(NTSC)采用类 ALGOS 算法，是依据 NTSC 的钟组配置状况对 ALGOS 算法进行了修正（屈俐俐等，2015）。

1）计算权重的数据长度

TAI 计算采用前 11 个月及当月共 12 个月的速率方差计算钟的权重，目的是消除由于地域、季节等因素引起的原子钟频率波动，保持时间尺度长期稳定度；对于 NTSC 而言，产生地方原子时的原子钟处于同一个地域，拥有相同的环境因素，并且原子钟数量较少、类型比较单一且性能相近，因此 TA(NTSC)计算采用 6 个月的速率方差计算原子钟的权重。

2）计算周期

BIPM 计算 TAI 的周期是每月一次，为了实现对守时实验室守时钟组进行有效监测，NTSC 每小时计算一次 TA(NTSC)。

3）采样间隔

BIPM 计算 TAI 的采样间隔是 5d，NTSC 保持的 TA(NTSC)的采样间隔是 1h。

4）权重计算

根据原子钟的性能确定其权重，可以充分发挥性能优秀的原子钟的优势，原子钟速率的标准方差是计算权重的依据。依据阿伦方差确定其方差为

$$\sigma_i^2(N,T) = B_1\sigma_{y_i}^2(T) \tag{3.63}$$

式中，N 为 TA(k)的计算时间长度；T 为计算周期；$\sigma_{y_i}^2(T)$ 为钟 i 的阿伦方差；$\sigma_i^2(N,T)$ 为钟 i 标准方差；偏函数 $B_1 = 1.924$。

原子钟权重的计算与频率变化有关，根据其频率稳定度的优劣来确定权重。频率变化越小，钟的稳定度越好，权重也就越大。

5）最大权重量值的确定

用来计算频率方差的钟 i 的频率是钟 i 相对于时间尺度的频率，由于钟组关联效应正比于钟在钟组内的相对贡献，如果不加以限制，一个非常稳定的钟的权重会逐渐增大，有可能威胁时间尺度的可靠性。为了解决这个问题，算法中采用了最大权重限定原则。最大权重是参与 TA 计算的原子钟数量 N 的函数。

$$\omega_{\max} = A / N \tag{3.64}$$

式中，A 是经验常数，取值既要考虑尽量发挥性能优秀的钟的优势，又不能使最

大权重的钟的数量过大。A 的选取主要考虑两方面内容，即原子钟的性能与最大权重相对应的最小方差限 $\sigma_{\min}^2$ 的确定。首先，确保取最大权重的钟数占参与权重计算钟总钟数的三分之一左右；其次，取最大权重的钟的权重占总权重的比例应在三分之二左右。参与权重计算的最低阈值是由最大方差限 $\sigma_{\max}^2$ 的确定，以此确保性能较差的少数钟的权重为0。权重因子 A 的大小与 N 呈正相关，依据NTSC目前守时钟组的配置状况计算TA(NTSC)时，A 为2.5。

原子钟噪声模型是原子时算法的理论基础与核心，原子时算法的实质是调整原子钟之间的噪声关系，通过对原子时算法和其中多项参数的合理选取，使计算得到的时间尺度噪声在要求的采样间隔上稳定度最优。

参考文献

程楠, 2015. 高精度光纤时间传递技术[D]. 西安: 中国科学院研究生院(国家授时中心).

广伟, 2012. GPS PPP 时间传递技术研究[D]. 西安: 中国科学院研究生院(国家授时中心).

贺瑞珍, 2014. 守时信息自动分析方法与软件设计[D]. 西安: 中国科学院研究生院(国家授时中心).

江志恒, 2007. GPS 全视法时间传递回顾与展望[J]. 宇航计测技术, z1: 53-71.

李变, 屈俐俐, 高玉平, 等, 2010. 地方原子时算法研究[J]. 天文学报, 51(4): 404 - 411.

李孝辉, 杨旭海, 刘娅, 等, 2010. 时间频率信号的精密测量[M]. 北京: 科学出版社.

李志刚, 乔荣川, 冯初刚, 2006. 卫星双向法与卫星测距[J]. 飞行器测控学报, 25(3): 1-6.

林旭, 罗志才, 2015. 一种新的卫星钟差 Kalman 滤波噪声协方差估计方法[J]. 物理学报, 64(8): 14-19.

刘杰, 高静, 许冠军, 等, 2015. 基于光纤的光学频率传递研究[J]. 物理学报, 64(12): 1-10.

漆贯荣, 2006. 时间科学基础[M]. 北京: 高等教育出版社.

钱丽丽, 2006. 罗兰 C 导航中定位解算技术的研究[D]. 西安: 西安电子科技大学.

屈俐俐, 李变, 2015. 频率稳定度与守时钟组配置关系研究[J]. 宇航计测技术, 35(1):34-38.

王锐, 袁静, 班亚, 等, 2020. 原子时算法分析与对比[J]. 计量学报, 41(3):363-368.

武文俊, 2012. 卫星双向时间频率传递的误差研究[D]. 西安: 中国科学院研究生院(国家授时中心).

薛文祥, 2020. 新型铷原子频标及光纤微波频率传递关键技术研究[D]. 西安: 中国科学院研究生院(国家授时中心).

杨军, 毛新凯, 卢心竹, 2020. 国内外频率标准发展现状[J]. 宇航计测技术, 40(5): 1-10.

杨文哲, 杨宏雷, 王学运, 等, 2019. 高精度光纤时间频率一体化传递[J]. 电子与信息学报, 41(7): 1579-1586.

张鹏飞, 2019. GNSS 载波相位时间传递关键技术与方法研究[D]. 西安: 中国科学院研究生院(国家授时中心).

赵书红, 2015. UTC(NTSC)控制方法研究[D]. 西安: 中国科学院研究生院(国家授时中心).

ALLAN D W, THOMAS C.1994. Technical directives for standardization of GPS time receiver software [J]. Metrologia, 31: 69-79.

BIPM Time Department, 2019. BIPM Annual Report on Time Activities for 2019[R]. Paris: BIPM.

DEFRAIGNE P, PETIT G, 2015. CGGTTS-Version 2E: An extended standard for GNSS Time Transfer[J]. Metrologia, 52(6):1-22.

JIANG Z H, PETIT G . 2009. Combination of TWSTFT and GNSS for accurate UTC time transfer[J]. Metrologia, 2009, 46(3): 305-314.

JIANG Z H, PETIT G, ARIAS F, et al., 2011. BIPM calibration scheme for UTC time links — BIPM pilot expermiment to strenghen Asia-Europe very long baselines[C]. 2011 Joint Conference of the IEEE International Frequency Control and the European Frequency and Time Forum (FCS) Proceedings, San Francisco, CA:1064-1069.

LEE A, BREAKIRON L A, 2002. Kalman filter timescales for cesium clocks and hydrogen masers[C]. Proceedings of the 34th Annual Precise Time and Time Interval (PTTI) Meeting, Reston, Virginia: 511-526.

LORENZO G, TAVELLA P, 2008. Detection and identification of atomic clock anomalies[J]. Metrologia, 45(6):127-133.

PETIT G, JIANG Z H, 2007. GPS all in view time transfer for TAI computation [J]. Metrologia, 45(1): 35-45.

SAMAIN, EXERTIER, LAURENT, et al., 2011. Time transfer by laser link — T2L2: Current status and future experiments[J]. Journal of Pharmaceutical Sciences, 100(11):1-6.

VALAT D, DELPORTE J, 2020. Absolute calibration of timing receiver chains at the nanosecond uncertainty level for GNSS time scales monitoring[J]. Metrologia, 57(2):1-4.

VONDRAK J, CEPEK A, 2000. Combined smoothing method and its use in combining earth orientation parameters measured by space techniques[J]. Astronomy Astrophysics Supplement Series, 147(2): 347-359.

WEISS M A, PETIT G, JIANG Z. A comparison of GPS common-view time transfer to all-in-view[C]. Proceedings of the 2005 IEEE International Frequency Control Symposium and Exposition (IFCS 2005), Vancouver, BC, Canada: 324-328.

第4章　高精度时间产生

高精度时间产生一方面要依赖高性能的原子钟和时间测量比对系统，另一方面必须依赖溯源系统和监测控制系统。通过这些系统，确保守时系统产生和保持的时间与UTC一致。时间产生与保持单位（或实验室、机构）需要通过高精度时间溯源比对链路，计算实验室保持的协调世界时UTC(k)与UTC之间的相对偏差，并依据偏差的大小和变化趋势，采用主钟频率调整的方式，实现本地保持的UTC(k)与UTC的高精度同步，这样就实现了实验室保持的UTC(k)向UTC的溯源。

时间频率基准通常是由具有一定规模的守时钟组及相应的比对、数据处理、信号控制等设备或系统建立和维持的，其实时物理信号由主钟系统输出。由于输出信号受到作为主钟的原子钟本身速率和噪声的影响，若不采用外部干预的方式进行控制，则输出时频信号相对于UTC可能会有较大偏差，而且随着时间的推移，这个偏差会越来越大。时频信号精密控制技术是指在现代守时系统中对主钟系统输出信号进行的相位和频率控制，确保系统输出信号的性能，即通过分析主钟系统中主钟输出信号相对于综合时间尺度的偏差，兼顾信号相对于UTC的变化（通过溯源比对系统），采用频率调整或补偿方式对主钟输出信号进行精密控制（也称频率驾驭），确保本地UTC(k)物理信号稳定性的同时，满足本地时间相对于UTC的偏差保持在预先设定的范围内的要求。

4.1　时频信号产生原理

主钟系统由主钟和频率调整系统组成，主钟一般为一台高性能原子钟，频率调整（驾驭）系统核心为一台频率调整设备（或相位微调器），见图4.1。主钟一般选择钟组中速率较小、运行稳定的原子钟。主钟系统输出实时、连续、稳定的频率信号和秒信号即为标准时间和频率信号。对于一个实验室保持的协调世界时UTC(k)来说，其起点一般定义为频率调整设备的时频信号出口处，也可定义到系统需要的某一点（袁海波等，2006）。主钟频率调整一般不是对主钟进行直接驾驭，而是主钟本身自由运转，只对从主钟输入到频率调整设备的频率信号进行补偿，最后输出的1PPS和5MHz/10MHz信号即为标准时间频率信号。

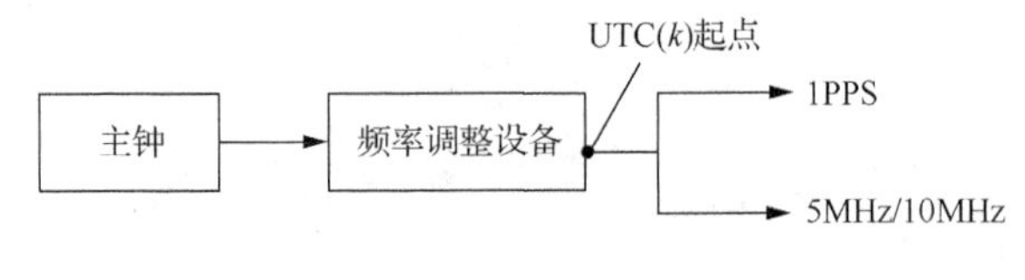

图 4.1　主钟系统构成示意图

4.1.1　主钟选择

守时系统中的关键设备有原子钟组、测量比对系统、溯源控制系统等，由主钟和频率驾驭系统组成的主钟系统是守时系统的核心。主钟的选择对 UTC(*k*)具有较大影响。通常情况下，主钟选择守时钟组中钟速较小，运行相对稳定的原子钟。目前，常被选作主钟的守时型原子钟有高性能铯原子钟（此后简称“铯原子钟”）和主动型氢原子钟（此后简称“氢原子钟”）两种，而钟组的组成和规模也依据实验室追求的时间保持准确度和守时实验室的支持情况而各异。

对于一个守时实验室，按照其拥有的原子钟数目和种类不同，主钟选择方式也不同。对于只拥有一台原子钟的实验室，主钟“选择”无从谈起，因此本章“主钟选择”主要是针对拥有多台原子钟的实验室的主钟选择方法进行讨论。

1. 拥有单一类型原子钟的实验室

对于只有单一铯原子钟或氢原子钟的实验室，主钟只能是在单一类型中选择，在主钟选择时通过对钟组中所有原子钟各项指标比较后确定。

如果只拥有铯原子钟，当这些原子钟性能基本相当时，主钟的选择应注重铯原子钟的速率和短期稳定度。一般情况下，相对于氢原子钟，铯原子钟的短期稳定度差而长期稳定度优，那么在铯原子钟组中选择主钟时就应该在拥有长期稳定度相当优秀的铯原子钟中选择速率小、短期稳定度高的原子钟，这样的铯原子钟作为主钟有利于主钟频率调整精度的控制；同时，在只有铯原子钟组成钟组的守时系统中可实现短期稳定度和长期稳定度均较好的时间保持结果。

如果只拥有氢原子钟，若氢原子钟的性能基本相当时，主钟选择应该注重其钟速、频率漂移及长期稳定度（Yuan et al.，2007）。因为相对于铯原子钟，氢原子钟性能恰恰相反，即氢原子钟的短期稳定度优，长期稳定度由于频率漂移而较差，那么在氢原子钟组中选择主钟时就应该在拥有短期稳定度的相当优秀的原子钟中选择速率小、频率漂移小且稳定的氢原子钟作为主钟，这样有利于主钟频率调整精度的控制，实现更好的守时效果。

上述是在拥有单一类型原子钟时采用唯一主钟方式的两种守时情况，当前在参与 TAI 计算的实验室中，有部分实验室采用单一类型原子钟综合主钟（多台原子钟综合钟）的模式，如俄罗斯国家时间与空间计量研究院的 UTC(SU)采用 14 台氢钟综合，澳大利亚联合实验室的 UTC(AUS)采用 5 台铯钟综合（BIPM Time Department，2019）。

2. 拥有多台铯原子钟和氢原子钟的实验室

如果一个守时实验室拥有多台铯原子钟和氢原子钟，那么在主钟的选择上会有更多选项。采用氢原子钟和铯原子钟联合守时的方式，一般情况下会选择短期稳定度高、钟速小、频率漂移小且稳定的氢原子钟作为主钟（赵书红等，2021，2020；白杉杉等，2018），如美国海军天文台(USNO)的 UTC(USNO)，德国技术物理研究院(PTB)的 UTC(PTB)，瑞典国家检测研究院(SP)的 UTC(SP)，日本国家信息与通信技术研究院(NICT)的 UTC(NTCT)，中国科学院国家授时中心(NTSC)的 UTC(NTSC)等。也有实验室采用氢原子钟和铯原子钟综合主钟模式，但这种模式在参加 TAI 计算的实验室中所占比例较小，如瑞士联邦计量局（METAS）的 UTC(CH)，美国国家标准与技术研究院（NIST）的 UTC(NIST)等（Michael，2002）。

3. 参加国际原子时 TAI 的实验室主钟配置

虽然根据原子钟配置情况不同，各实验室主钟的选择各异，但总体来说主要包括铯原子钟作主钟、氢原子钟作主钟、氢原子钟和铯原子钟综合作主钟（多台氢原子钟、多台铯原子钟、氢原子钟与铯原子钟组合）。2019 年全球参加 TAI 计算的实验室主钟类型占比见图 4.2。

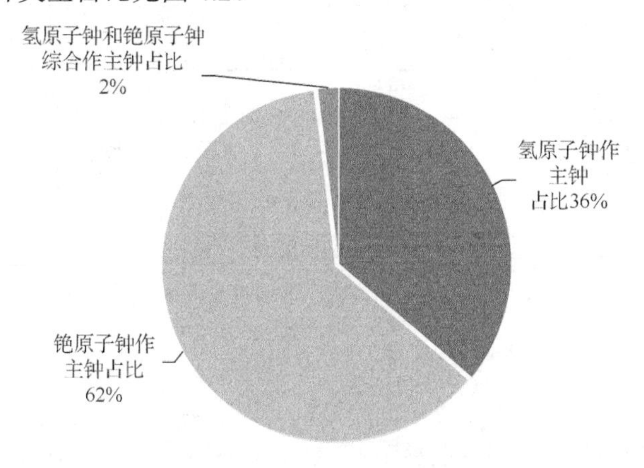

图 4.2　2019 年全球参加 TAI 计算的实验室主钟类型占比

依据国际权度局年报，截至 2019 年 12 月，参加国际原子时计算的实验室超过了 80 个，每个实验室拥有的原子钟数目和类型不一，主钟选择方面，有的是铯原子钟作主钟，有的是氢原子钟作主钟。以铯原子钟作主钟的实验室占比约为 62%，以氢原子钟作主钟的占比约 36%，采用综合主钟模式大约占 2%。主钟的选择不仅与钟的性能有关，还与该实验室所拥有的原子钟资源（种类和数目）有关。国际上越来越多的守时实验室选择氢原子钟作主钟，如美国 USNO、德国 PTB、意大利 IT、英国 NPL 和中国 NTSC 等（守时机构简称参见附录 2）。

4.1.2　钟组配置

钟组配置与实验室追求的指标及经济能力有关，在这方面没有统一的标准。对于钟组配置，可以从可靠性和稳定性方面进行考虑，给出一个比较合理的最小规模配置。

1 台原子钟就可以进行守时，但是其可靠性显而易见是非常差的。2 台原子钟进行守时，虽然在可靠性上有了一定提高，但存在的主要问题是无法仅通过 2 台钟的比对检测原子钟状态的变化。3 台原子钟守时，可靠性和原子钟状态检测都可以满足。因此，为保障最低的可靠性，并通过互比实现原子钟故障判定，钟组至少有 3 台原子钟。实际工作中，考虑冗余度和原子钟异常情况下的分析处理及快速恢复，可以将钟组规模适当扩大至 5 台以上，这样就可以形成主钟系统主备和钟组冗余备份，提高守时系统的稳定性和可靠性。5 台原子钟组成守时钟组的一种守时系统设计见图 4.3。

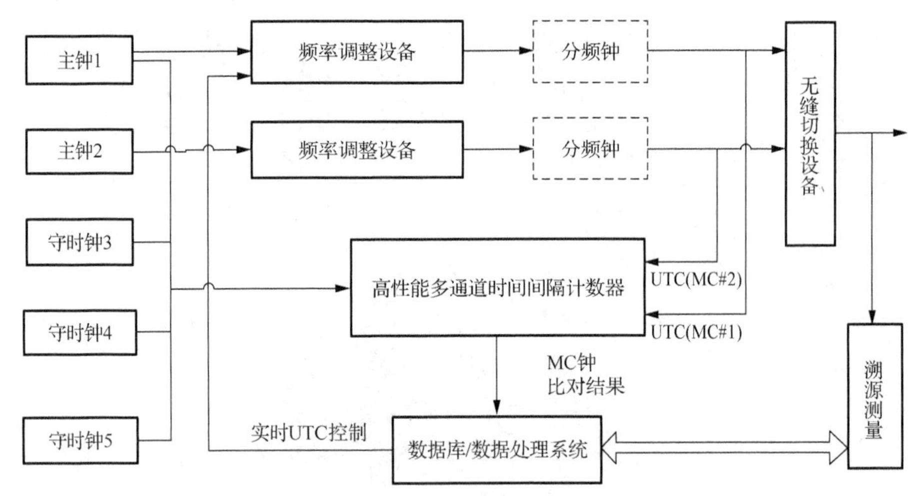

图 4.3　5 台原子钟组成守时钟组的一种守时系统设计

图 4.3 中“无缝切换设备”用于主备主钟信号切换，“主钟 1”和“主钟 2”同时也是“守时钟 1”和“守时钟 2”。当有 5 台原子钟组成钟组时，不仅实现了主备主钟系统，而且也考虑到了在原子钟出现故障时的冗余备份。必须说明，这样的最小配置只是从系统构成的可靠性和稳定性等方面考虑，而没有考虑到一个实验室的实际经济能力和其追求的守时指标。事实上，截至 2019 年 12 月，参与国际原子时 TAI 计算中有 38 个实验室的原子钟配置不足 5 台，占比近 47%。在其余实验室中以美国 USNO 配置的原子钟数目最多，共有 120 台左右（包括氢原

子钟、铯原子钟和铷原子钟）。中国科学院国家授时中心在 2019 年拥有超过 20 台铯原子钟和 8 台氢原子钟。图 4.3 中有两个虚线框“分频钟”表示现在的守时系统不一定需要这个设备，只有当频率调整设备没有秒输出时，才需要分频钟获得标准的 1PPS 信号。必须明确，在不需要分频钟时，一般将 UTC(k)的参考点定义在频率调整设备的秒信号出口；若采用分频钟，则一般将 UTC(k)的参考点定义在分频钟的秒信号出口。在实际工作中，UTC(k)的参考点也可依据系统需要定义。

1. 时频信号控制设备

时频信号控制在守时系统中就是采用频率调整设备对主钟输出信号频率进行调整（或称驾驭），频率调整设备通常采用相位微调仪（或称相位微跃器、相位微跃计、相位微调器等），其在主钟系统中的位置如图 4.1 所示。当前世界各国守时系统中常用的频率调整设备型号各异，但功能基本相同。在频率调整设备研制方面，国产设备逐渐发展起来，一些国产系统已经使用了国产频率调整设备。当前，各类频率调整设备工作原理基本相同，以其中的一种做简单介绍，并给出当前常见频率调整设备的不同之处。

有几种频率调整设备均采用外差法将自身频率锁定在外部参考输入频率上，不过有的频率调整设备的参考输入频率为 5MHz，而有的频率调整设备参考输入频率为 10MHz。所有频率调整设备都可以与外部秒信号同步，并且都有频率和秒脉冲输出。频率分辨率处于$\pm1\times10^{-19}$～$\pm5\times10^{-19}$。一种频率调整设备基本原理如图 4.4 所示。

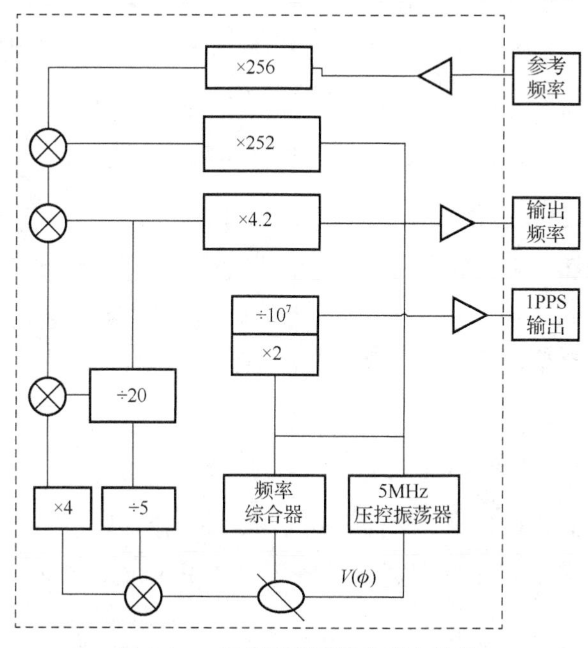

图 4.4　一种频率调整设备基本原理

频率调整设备基本都配有标准的 RS232 串行接口或 RJ45 网络接口，以支撑远程控制功能。虽然在功能上不同类型频率调整设备基本相同，但其操作上却有较大差异，主要表现在命令格式、控制设置等方面。

几种设备远程控制的命令格式差异很大，而且设备对接收数据有比较严格的规定。两种常见主钟频率调整设备的命令对比见表 4.1。应该说明，随着设备不断升级，频率调整操作会越来越简单，越来越智能，相应的命令格式也会随之变化。在守时系统构建中，具体的控制命令需要依据选择设备的操作手册进行设置。

表 4.1　两种常见主钟频率调整设备的命令对比表

设备 1 命令格式	命令描述	设备 2 命令格式	命令描述
af{+/−}offset	累计频率调偏，范围：$\pm1\times10^{-7}\sim\pm1\times10^{-19}$	SFFOF[sffstep]	累计频率阶跃，范围：$\pm1\times10^{-7}\sim\pm5\times10^{-19}$
cf{+/−}timed{+/−}final	定时改变频率	无此命令	—
无此命令	—	FREQ[offset]	频率调偏设置，范围：$\pm0\sim\pm1$Hz，分辨率：5×10^{-12}Hz
sf{+/−}offset	设置频率调偏量，范围：$\pm1\times10^{-7}\sim\pm1\times10^{-19}$	FFOF[frac_freq]	设置频率调偏量，范围：$\pm2\times10^{-7}\sim\pm5\times10^{-19}$
无此命令	—	SFREQ[fstep]	频率阶跃设置，范围：±1Hz 分辨率：5×10^{-12}Hz
Sync	与外部秒同步	SYNC	与外部秒同步
sc hh[:mm[:ss[.ss]]]	设置当前时间信息	TIME[hh:mm:ss]	设置当前时间信息
ac{+/−} hh[:mm[:ss[.ss]]]	校正当前时间，在原基础上的增减	无比命令	—
无此命令	—	BAUD[baud]	设置串口波特率信息
无此命令	—	HELP	帮助命令

以上两种设备一般默认控制模式是手动控制模式，如需要远程控制功能，则要进行相关设置。另外一部分设备没有手动输入功能，直接给出网络接口规范，可采用网络连接远程控制方式实现频率的控制。在实际工作中需要仔细阅读相关说明书进行设置。

2. 主钟频率调整系统构成

原子钟本身就可以是一个主钟系统，作为守时用的原子钟，对于只有一台原子钟且没有频率调整设备的守时实验室，需要直接对原子钟进行调频控制。但在一般情况下，一个实验室的原子钟不止一台，且配有频率调整设备，这时则应当保持守时原子钟的自由运转状态，不对它们进行频率或相位的干预，而通过外部的频率调整设备对其进行控制（Matsakis et al.，2003）。主钟频率调整时不仅需要参考本地原子时的计算结果，还需要考虑溯源比对结果。频率调整的原理是通过计算参考时间尺度与实时物理信号之间的偏差，并通过相应的算法预报该值，进而计算频率调整量，并将频率调整量输入到频率调整设备中，以修正系统输出的实时物理信号（Yuan et al.，2007）。主钟频率调整基本原理（以 NTSC 主钟系统为例）如图 4.5 所示。

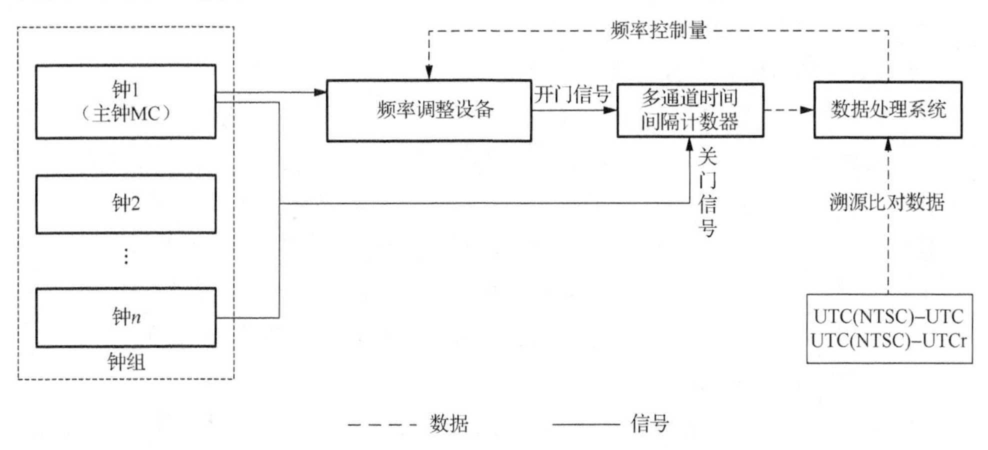

图 4.5　主钟频率调整基本原理（以 NTSC 主钟系统为例）

从主钟频率调整基本原理图可以看出，基本的守时系统主要设备包括：原子钟、频率调整设备、多通道时间间隔计数器、数据处理系统（控制计算机）。时频领域广泛应用的时间间隔测量设备为通用计数器，其主要任务是测量钟差，现在高精度的通用计数器测量范围一般在-1000～1000s，分辨率优于 25ps，部分计数器分辨率已经优于 10ps。

图 4.5 的频率调整设备是高分辨率相位和频率补偿发生器，可实现对频率信号的频率和相位的调节。输出信号的时间跳变分辨率优于 0.3fs，频率分辨率为 1×10^{-19}。频率调整设备一般提供两个输入端口，一路接频率信号，另一路接秒脉冲信号。系统中所用的数据处理和控制设备一般采用工控机或数据服务器，且具备两个及以上 RS232 串行通信接口，可以实现对计数器和频率调整设备的控制，完成数据的采集和处理，实现对实验系统主钟信号的控制，满足主钟频率调整试验中对硬件和软件的需求。若采用的工控机没有足够的串口，则可采用串口集线器、串口转网口、串口转 USB 等方式进行设备接口连接。

3. 主钟频率调整原则

通常来说，对主钟信号控制通过频率调整方式进行，这样可以避免控制后信号的不连续性，但对于出现相位突跳的情况则需要进行相位控制，使输出信号快速回到正确方向。无论是频率调整还是相位控制，其目的都是为了减少由主钟频率和相位变化造成的影响，使得主钟系统输出时间与参考时间［对于守时实验室而言，这个参考只能是UTC或者与UTC有直接溯源关系的实验室保持的UTC(*k*)］的偏差尽可能小。在频率调整中调整量、调整频度是主钟频率调整的关键问题，如何确定调整量和调整频度将在后面的章节详细讲述。在频率调整中必须注意的原则主要包括以下四条。

1）主钟频率调整设备分辨率的要求

在现代守时系统中，主钟一般为氢原子钟或铯原子钟，而这两个类型的原子钟本身都具有非常高的性能，因此在对其输出信号进行控制时，必须考虑到不破坏信号本身的优良特性，这就要求频率调整设备具有较高的分辨率和稳定性，并且不会带入新的噪声。例如，当前优质管铯原子钟稳定度已达到 10^{-15} 量级，作为主钟使用时，频率调整设备分辨率则不低于 10^{-16} 量级；氢原子钟稳定度已达到 10^{-16} 量级，作为主钟使用时，频率调整设备分辨率则不低于 10^{-17} 量级。

2）频率调整量计算的要求

为保证主钟系统输出的时间与参考时间的偏差尽可能小，频率调整量计算的参考必须与参考时间保持高度一致。在实际工作中具有一定钟组规模的实验室可以计算地方原子时，并结合BIPM公报中相关数据，获得相对于UTC既准确又稳定的参考，称为参考原子时（reference atomic time，RTA），将实验室输出信号与RTA进行比较，获得输出信号与RTA的偏差信息，进而生成频率调整量（Yuan et al.，2012）。对于只有少数几台原子钟的实验室，可以通过GNSS CV、GNSS PPP、TWSTFT等时间传递手段和其他实验室（特别是具有国际溯源链路的实验室）建立比对关系，通过比对数据分析实现其本地时间的偏差控制。

3）主钟频率调整强度的要求

频率调整时不仅要考虑主钟输出的时间信号相对于参考时间的准确度，还应注意频率的调整量不能破坏主钟本身的稳定度。也就是通过频率调整，在不破坏主钟信号性能的情况下改善某些指标（Hanado et al.，2003）。例如，当主钟是氢原子钟时，通过对其输出频率的控制，使得输出信号在短期稳定度不被破坏的情况下改善其长期稳定度；当主钟是铯原子钟时，通过频率调整使得不破坏输出信号长期稳定度情况下改善其短期稳定度。

4）主钟频率调整频度的要求

主钟频率调整频度必须考虑到对外输出信号的性能，这是因为其直接影响着系统时间信号的性能指标。在实际工作中，如果调整太频繁就会影响主钟系统输出信号的短期性能；如果调整太少，则会造成主钟信号相对于参考时间出现较大偏差。调整频度应该和作为主钟的原子钟本身性能直接相关，因此对调整频度的确定必须根据主钟本身的性能确定。

在主钟频率调整中，从主钟频率调整设备、调整量计算、调整强度和调整频度四个方面给出了其中应当考虑的关键问题。调整设备在前面已经进行了详细介绍；频率调整强度和调整频度都与主钟本身的性能有关，特别强调不能由于频率调整而破坏了主钟本身的优良指标；对于参考原子时的计算将会在后面的章节中进行详细介绍。

4.1.3　UTC(*k*)的控制

UTC(*k*)是 UTC 在本地的物理实现，用于 UTC(*k*)控制的参考纸面时间称为参考原子时。在守时工作中，用于 UTC(*k*)控制的参考较多，不同守时实验室采用的参考也各异。通常情况下，为了提高实验室保持协调世界时的独立性，UTC(*k*)控制的参考必须具有较强的自我保持能力，即独立运行能力。另外，对 UTC(*k*)的控制是通过频率调整设备实现的，那么调整频度和调整强度均会对控制结果产生直接影响（Matsakis et al.，2003）。由此可见，在 UTC(*k*)控制中的关键问题是控制参考的选择、计算及物理控制操作。

1. UTC(*k*)控制参考的计算

UTC(*k*)表示守时系统输出的实际物理信号，实际上就是前文所述的主钟信号。对于一个守时实验室来说，其追求的目标就是实验室保持的协调世界时 UTC(*k*)的时间频率信号相对于 UTC 具有较高的准确度和稳定度，可以满足各类用户对时间频率的应用需求。国际电信联盟建议，“作为一个国家的时间保持实验室，其保持的协调世界时 UTC(*k*)相对于 UTC 的偏差应保持在±100ns 以内”（ITU，1996），也就是

$$|\mathrm{UTC}(k)-\mathrm{UTC}|\leqslant 100\mathrm{ns} \tag{4.1}$$

式中，*k* 表示不同的实验室。为了保证全球各实验室保持的协调世界时的一致性，各守时实验室都采用频率调整或相位方法使得其保持的协调世界时 UTC(*k*)相对于 UTC 的偏差尽可能小，时间保持能力较强的几个实验室保持的 UTC(*k*)相对于 UTC 的偏差已经小于 5ns。图 4.6 为国际上几个重要实验室协调世界时保持情况。各实验室保持的 UTC(*k*)相对于 UTC 的偏差逐渐减小，且短期波动也不断减小。

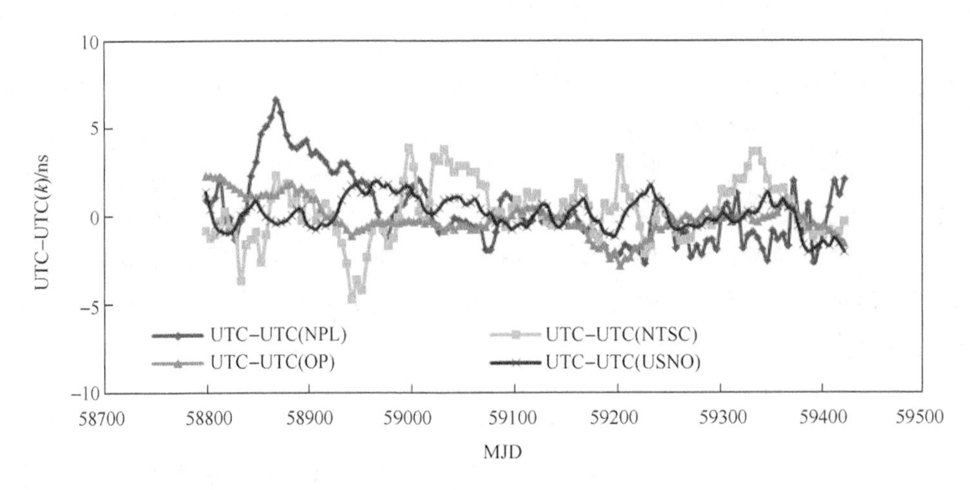

图 4.6　国际上几个重要实验室协调世界时保持情况

由图 4.6 可以看出，当前国际几个主要实验室的 UTC(*k*)和 UTC 的偏差都保持在±10ns 以内，且已有多个实验室 UTC(*k*)和 UTC 的偏差已经连续多年处于±5ns 以内。为了追求 UTC(*k*)相对于 UTC 尽可能接近的目标，各实验室都对 UTC(*k*)进行频率调整，特殊情况下进行相位调整。频率调整一般需要一个实时的参考，各守时实验室依据自身可利用资源，选用的参考不尽相同。

由于时间的特殊性，在实际控制时没有实时的 UTC 作为参考（当前 UTC 是通过全球多个实验室的原子钟数据计算滞后 40d 左右的纸面时间，详细参见第 3 章）。对于一些原子钟数目较少的实验室，有些直接选择 GPS 单向授时数据（采用时间传递型接收机）作为自身保持的协调世界时 UTC(*k*)控制的参考。这样做虽然可以实现其保持的 UTC(*k*)相对于 UTC 的偏差控制，也可通过 GPS 实现其保持的协调世界时向 UTC 的间接溯源，但实际上该实验室保持的协调世界时就会依赖于 GPS，而不具备独立保持能力。对于大多数拥有多台原子钟的实验室，其保持的 UTC(*k*)控制的参考主要是纸面原子时尺度（参考原子时），这个原子时尺度相对于 TAI 具有较高的准确度和稳定度，同时采用 BIPM 每月发布的钟速数据和 UTC(*k*)相对于 UTC 的偏差数据对参考原子时进行修正，进一步提高其准确度和稳定度，进而以 RTA 为参考对本地物理信号进行控制。通过上述分析可知，参考原子时计算方法实际上就是 UTC(*k*)控制的核心问题之一。下面以中国科学院国家授时中心保持的协调世界时 UTC(NTSC)为例进行说明。

1）参考原子时 RTA(NTSC)系统的归算

在参考原子时尺度算法设计时，首先要考虑该尺度计算的目的及所用钟的数量，据此确定钟的频率预测方法和权重分配方法。在确定一种原子时尺度算法时，如果考虑同时兼顾尺度的长期稳定性和短期稳定性，可采用折中的方法实现，也可以针对不同的目的，采用两套算法，一套是为了监控 UTC(k)，主要考虑短期性能，并要求可实时计算；另一套是事后处理，主要考虑时间尺度的长期特性，这时需要尽可能发挥各个原子钟性能的优势，以原子钟的长期稳定度为计算权重的基本条件，从而给出一个长期性能更好的时间尺度。中国科学院国家授时中心多年来一直采用参考原子时对 UTC(NTSC)进行实时监测和控制。

为了得到一个可以用作实时监控 UTC(NTSC)的参考时间尺度，需要先用某一时间段 NTSC 的原子钟数据生成一个初始的参考时间系统 RTA(NTSC)，这个系统目的仅仅是为了有一个初始值，以便确定每台钟相对于该参考的初始相位差和速率。在以后的计算中，用原子时算法来保持这个系统。由于每台原子钟的秒长相对于 SI 秒长存在一定的偏离，而由一组原子钟加权平均得到的综合原子时尺度 TA 的秒长相对于 SI 秒长的偏离即为所有钟的频率漂移的加权平均，一般这个频率漂移值不会为零。这里要用前面生成的 RTA 作为 UTC(NTSC)实时监控的参考，也就是希望参考此 RTA 监控后得到的 UTC(NTSC)的频率接近于 UTC 的频率（即 TAI 的频率），为此就需要在系统生成的时候，初始 RTA(NTSC)的频率与 TAI 的频率越接近越好。具体做法可以用一段时间的各台钟与 UTC(NTSC)的比对值先作加权（或等权）计算，即

$$\frac{\sum_{i=1}^{N}\{p_i[\mathrm{UTC}(\mathrm{NTSC},t)-\mathrm{Clock}(i,t)]\}}{\sum_{i=1}^{N}p_i}=\mathrm{UTC}(\mathrm{NTSC},t)-\mathrm{RTA}'(\mathrm{NTSC},t) \tag{4.2}$$

式中，$\mathrm{UTC}(\mathrm{NTSC},t)$ 为 t 时刻 NTSC 保持的 UTC；$\mathrm{UTC}(\mathrm{NTSC},t)-\mathrm{Clock}(i,t)$ 为 t 时刻第 i 台原子钟输出信号与 $\mathrm{UTC}(\mathrm{NTSC},t)$ 的偏差；$\mathrm{RTA}'(\mathrm{NTSC},t)$ 为 t 时刻加权计算的参考原子时；p_i 为参与计算的每一台原子钟的权重。计算完成后，再根据 BIPM 发布的 T 公报相应时间段内的 UTC−UTC(NTSC)的数值，经线性拟合得到此时间段内 $\mathrm{RTA}'(\mathrm{NTSC},t)$ 相对于 UTC 的速率 $\mathrm{Rate}_{\mathrm{TA}'}$，并在上面计算出的 $\mathrm{UTC}(\mathrm{NTSC},t)-\mathrm{RTA}'(\mathrm{NTSC},t)$ 中进行扣除，由此得到 RTA(NTSC)的初始系统。为了以后计算并保持这个系统，就必须计算出每台钟相对于 RTA(NTSC)的速率 Rate_i，即用式（4.3）得到每台钟在这个时间段内所有时刻上相对于 RTA(NTSC)的钟差。

$$\begin{aligned}&[\mathrm{UTC}(\mathrm{NTSC},t)-\mathrm{Clock}(i,t)]-[\mathrm{UTC}(\mathrm{NTSC},t)-\mathrm{RTA}(\mathrm{NTSC},t)]\\&=\mathrm{RTA}(\mathrm{NTSC},t)-\mathrm{Clock}(i,t)\end{aligned} \tag{4.3}$$

对 $\mathrm{RTA}(\mathrm{NTSC},t)-\mathrm{Clock}(i,t)$ 作线性拟合，获得 Clock(i) 相对于 RTA(NTSC)的速率，然后利用原子钟速预测模型预测本月 RTA(NTSC) 相对于 UTC 的速率，两者相加，即可计算出每台钟相对于初始 RTA(NTSC) 的速率 Rate_i。需要说明的是，这里也可以采用 RTA(NTSC)相对于 TAI 的速率，实际上 TAI 和 UTC 速率一

致，只是 UTC 中有闰秒调整。钟速预报模型因种类型不同而不同，通常情况下，氢原子钟采用二次预报模型，铯原子钟采用线性预报模型，两个模型都随计算窗口而动态更新。

2）参考原子时 RTA(NTSC)算法基本方程

通过 NTSC 基准实验室的内部时间比对系统，可以得到的数据是每小时一组的 $\mathrm{UTC(NTSC},t)-\mathrm{Clock}(i,t)$，其中 i 为原子钟编号，t 为时刻值，$\mathrm{Clock}(i,t)$ 为原子钟的读数。通过这组数据很容易得到：

$$X_{ij}(t)=\mathrm{Clock}(i,t)-\mathrm{Clock}(j,t) \tag{4.4}$$

式中，$X_{ij}(t)$ 为两台钟的钟差；i、j 为不同的原子钟，$i,j=1,2,\cdots,N$，且 $i\neq j$。设 RTA(NTSC)为计算得到的原子时尺度，则要求解的量为

$$X_i(t)=\mathrm{RTA(NTSC},t)-\mathrm{Clock}(i,t) \tag{4.5}$$

由式（4.4）、式（4.5）可得

$$X_{ij}(t)=x_i(t)-x_j(t)\quad (i=1,2,\cdots,N,\ i\neq j) \tag{4.6}$$

可以看到，在经典的加权平均算法中，ALOGS(BIPM)算法和 AT1(NIST)算法所用的基本公式是完全相同的，监控 UTC(NTSC)工作中用作参考的 RTA(NTSC)也采用同样基本公式。具体请参阅 2.3 节。

3）参考原子时 RTA(NTSC)算法中相对权的确定

不同的原子时算法在计算权重上尽管存在差异，而一旦得到权重之后，则殊途同归，回到加权平均。参考 BIPM 的 ALGOS 算法，在计算 RTA(NTSC)时，为了尽量发挥性能优良的钟在原子时计算中的优势，需要对每一台钟的长期、短期性能加以分析，以便在计算原子时时使本身性能较好的钟在计算时所占的比重较大。为了防止由于某一台原子钟在一定时期内的稳定度较好而占据的权重太大，使得 RTA(NTSC)对一个钟的依赖程度太大［这样做的弊端是如果这台钟突然出现不可预见的问题时，就会使 RTA(NTSC)出现不连续或者大的波动］，在采用加权平均时对所取的权的上限有必要加以限制。

根据相关资料的描述，在计算自由原子时 EAL 中（EAL 经过频率校正后即为 TAI，具体关系可参见第 3 章），当取最大权重为 $\omega_{\max}=A/N$（其中 A 为经验值，N 为参加运算的钟数），且 A 取某一值时，取到最大权重的钟数大约为参加运算的原子钟总数的 1/5（Azoubib，2001；Tomas et al.，1996；Tavella et al.，1991）。因此，在计算 RTA(NTSC)时也可以应用此结果，即若有 20 台原子钟参与原子时运算，则可取 $\omega_{\max}=0.2$，这时可取到最大权重的原子钟数也基本满足要求，这样既可以发挥优秀原子钟的特性，又可以保证在一台优秀原子钟突然停止参加参考原子时计算时，最终计算结果变化较小，确保原子钟变化对原子时尺度的影响不会影响到系统正常运行。例如，某守时实验室目前参与运算的原子钟数目约为 30 台，A 的取值大约为 2 可以满足取最大权重的原子钟数不超过 1/5，但随着原子钟数目

的变化，A 的取值需要重新进行确定。需要再次强调的是 A 只是一个经验值，最大权重设计实际上是凭经验人为给出的限制，1/5 也是经验数据，正因为都是经验值，那么就给相关研究者提供了较大的研究空间。

由于 RTA(NTSC)用于 UTC(NTSC)监控，所以在设计上注重原子时计算的实时性。当前，在参加 RTA(NTSC)运算时，主要根据原子钟的短期（1d）稳定度来确定其参与 RTA(NTSC)的权重。实际守时系统中，当参与计算的原子钟为铯原子钟时，稳定度指标利用计算时刻前 5～20d 的比对数据来计算比较合适（需要说明的是，具体选择多长时间依赖于原子钟的噪声特性，下同）；当参与计算的原子钟为氢原子钟时，则为了发挥氢原子钟优异的短期性能，抑制其频率漂移，需要先对氢原子钟的频率漂移进行处理，再进行稳定度计算（具体方法参见 4.2 节）。频率漂移的计算需要参考近期的数据进行计算。若原子时计算周期为每天一次，则同样需要选择为 5～20d 的扣除频率漂移后的数据进行稳定度计算。若不考虑氢原子钟的频率漂移，则参考原子时计算过程可采用如下方式简单描述。

通过时间比对系统，可以得到 $\mathrm{UTC}(\mathrm{NTSC},t)-\mathrm{Clock}(i,t)$，设：

$$\begin{aligned}T_i(t)&=\frac{1}{N}\sum_{i=1}^{N}[\mathrm{UTC}(\mathrm{NTSC},t)-\mathrm{Clock}(i,t)]\\&=\mathrm{UTC}(\mathrm{NTSC},t)-\mathrm{RTA}'(t)\end{aligned} \tag{4.7}$$

式中，$T_i(t)$ 实际上就是 t 时刻本地物理信号与纸面时的偏差。在参考时间尺度初步生成后，为满足对本地物理信号实时驾驭的需求，就需要保持这个参考时间尺度，那么首先就需要确定每个钟相对于 $\mathrm{RTA}'(t)$ 的速率。在式（4.7）中 $\mathrm{RTA}'(t)$ 为各个钟的等权平均，则有

$$\begin{aligned}Z_i(t)&=[\mathrm{UTC}(\mathrm{NTSC},t)-\mathrm{Clock}(i,t)]-[\mathrm{UTC}(\mathrm{NTSC},t)-\mathrm{RTA}'(t)]\\&=\mathrm{RTA}'(t)-\mathrm{Clock}(i,t)\end{aligned} \tag{4.8}$$

利用数据列 $Z_i(t)$，分别拟合出各钟的速率 r_i，然后在 $Z_i(t)$ 中扣除由于各钟的钟速引起的变化，即

$$Z_i'(t)=Z_i(t)-r_i(t-t_0) \tag{4.9}$$

式中，t 为当前计算时刻；t_0 为当前计算时刻前 480h（当采用不同的原子钟作为主钟时，应该分别考虑）。对于每一台钟，根据数据 $Z_i(t)$，可以通过计算其阿伦方差（采样间隔为 1d）或日差数据的标准方差 σ_i^2 来确定在计算中的权重：

$$w_i(t)=\frac{1/\sigma_i^2}{\sum_{j=1}^{N}1/\sigma_j^2}\qquad(j=1,2,\cdots,N) \tag{4.10}$$

由于钟速是动态的，权重也是动态的。

4）参与参考原子时 RTA(NTSC)计算中原子钟比对数据检查处理

任何测量都会由很多因素造成测量数据的突变或粗大误差，出现数据奇异点。在时间比对系统中引起比对数据突变的主要因素有外电系统突然断电、钟失锁或

比对系统故障等。在计算 RTA(NTSC)之前必须对原始比对数据进行必要的分析处理，检查并处理其中的奇异数据。具体处理方法见第 3 章。

2. UTC(k)频率调整流程

一个完整的 UTC(k)频率调整流程如图 4.7 所示。频率调整量是最终输入频率调整设备的频率补偿数据，该数据直接影响主钟输出信号的走向。图 4.7 中参考原子时的计算即采用 4.1.2 小节给出的计算方法，计算结果作为 UTC(k)控制的参考。频率调整强度和调整频度满足主钟频率调整的原则要求。

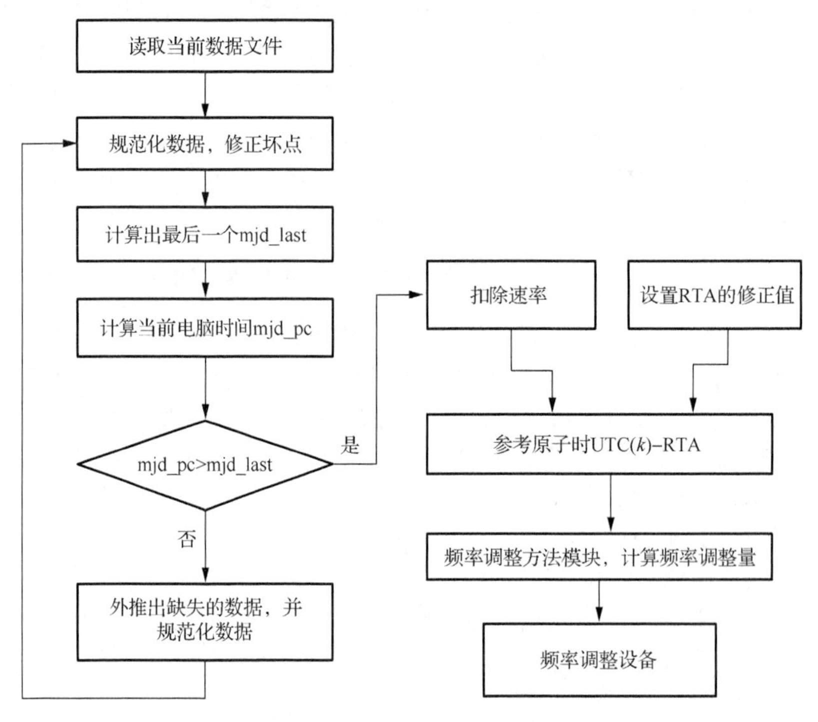

图 4.7　一个完整的 UTC(k)频率调整流程图

图 4.7 中“当前数据文件”指的是原始比对数据 $\mathrm{UTC}(k,t)-\mathrm{Clock}(i,t)$。“修正坏点”就是对存储的原始比对数据进行检查，以查找出粗大误差或错误的奇异数据，并对其进行剔除或修复。“规范化数据”是将数据进行整理（扣除常数并把单位统一到纳秒等）。“扣除速率”是指利用 ALGOS 算法，加权平均得到 UTC(k)−RTA(k)，进一步利用 RTA(k)−Clock(i)拟合每一台原子钟的速率，并将其从原始比对数据中扣除。“设置 RTA 的修正值”，是利用 BIPM 公报的速率来修正参考原子时 RTA，目的是使 RTA 与理想时间的偏差保持一致速率。在此基础上，通过频率调整方法模块，计算出频率调整量，最终将调整量输送给频率调整设备。频率调整模块如图 4.8 所示。

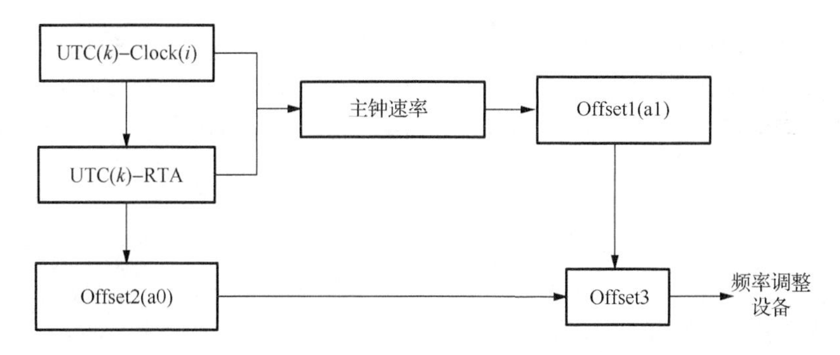

图 4.8　频率调整模块

图 4.8 中，Offset1(a1)为主钟速率的反向速率，Offset2(a0)为 UTC(k)相对于 RTA 的偏差，两者综合产生 Offset3，作为主钟频率调整量输入到频率调整设备，实现输出信号与 RTA 的偏差控制在规定范围内。

根据前面介绍的方法，2013 年 1～11 月，在一套铯原子钟为主钟、15 台铯原子钟构成的守时测试系统中开展了 UTC(k)控制实验［记为 UTC(test)］。测试中首先利用 1 个月 15 台铯原子钟的数据 UTC(test, t) – Clock(i, t) 建立 RTA(test)系统，然后用连续半年以上的数据按照上述方法产生和保持 RTA(test)，并参考 RTA(test)，对 UTC(test)进行了监控。

控制量的计算考虑了两方面的内容，一方面是主钟相对于所有原子钟的钟速，另一方面是主钟与其他原子钟通过 BIPM 公布的钟速进行动态外推（预测）的钟速。作为参考的参考原子时 RTA 相对于 TAI 的速率可以通过预测的原子钟钟速经过加权平均得到，取权与计算 RTA 时相同，即

$$\hat{R}_{\text{RTA}} = \sum_{i-1}^{n} \omega_i \hat{R}(i) \tag{4.11}$$

式中，i 为不同的原子钟；$\hat{R}(i)$ 为从 BIPM 获得的原子钟速率的预测值（灰色自回归动态模型，或二次预报模型）。实际送入频率调整设备的调整量为

$$f_{\text{offset}} = \frac{-R_{\text{MC}} - \hat{R}_{\text{RTA}}}{\tau} \hat{R}(i) \tag{4.12}$$

式中，R_{MC} 为预测的主钟钟速；τ 为控制量适用的时间长度（龄期），$\tau = t - t_0$。

本算法的最大优点在于能够在较大程度上保持 RTA(test)和 UTC 同步，在此算法中对各个原子钟钟速预报采用动态模型预报，能够实时反映每一台钟的准实时情况（不存在实时的情况），并在计算时采用动态加权的原则，因此可称该算法为“保持算法”。如果采用前一个月的固定速率作为预报的钟速，就相当于没有实时保持起初建立的 RTA(test)和 UTC 的同步关系，因此在一段时间之后必然出现较大偏差。在计算参考原子时 RTA 时，应当归算到 RTA(test)-UTC，具体做法：以原始数据 UTC(test)-Clock(i)比对值，用不同算法得到每天 UTC 时间 0 时的

UTC(test)−RTA(test)，然后采用 UTC(test)与 UTC(NTSC)之间的关系以及 T 公报的 UTC−UTC(NTSC)，得到标准历元的 RTA(test)−UTC。采用此监控方法的 UTC(test)半年监控结果如图 4.9 所示，此结果已经归算到 UTC(test)相对于 UTC 的偏差。

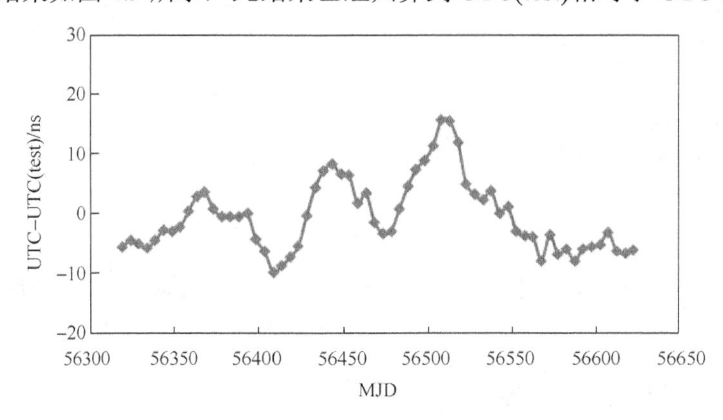

图 4.9　UTC(test)半年监控结果

从图 4.9 可以看出，测试监控期间 UTC−UTC(test)的最大偏差为 15.9ns。这是因为当时实验条件所限，测试系统中采用的原子钟均为铯原子钟，其本身短期稳定度相对于主动型氢原子钟较差，且作为主钟的铯原子钟速率大约为 3ns/d，同时具有较小的频率漂移。若不采用主钟频率补偿技术进行频率调整，则测试期间 UTC(test)相对于 UTC 的偏差会在初始偏差的基础上增加超过 1μs。如果测试系统中主钟选择为速率稳定、频率漂移更小的铯原子钟或速率可预报较好的主动型氢原子钟，同样采用前述方法，可以进一步提高 UTC(test)的控制精度。

4.1.4　主备主钟系统切换

守时系统通常由具有一定规模的钟组及其他设备组成，而其实时输出物理信号由主钟系统输出。主钟系统的作用不仅体现在提供高精度的时间频率信号，更重要的是保证输出信号的连续性和稳定性。然而，完全依赖于一套主钟系统是不可靠、不安全的，一旦主钟系统出现异常，就无法提供连续的高精度时间/频率信号。因此，一个完整的守时系统不仅包含主用的主钟系统，而且还具有备份的主钟系统（简称备钟系统），并通过主备主钟的切换，保证标准时间的可靠性和稳定性。

主备主钟系统切换的主要功能是保证输出频率和相位的连续性，这就要求主备主钟系统之间能够通过时间比对方法保持高精度的时间同步，能够迅速判断主钟异常情况和主备切换。在主钟信号中断或者故障监测模块检测到主钟信号异常而备钟信号正常情况下需要进行主备主钟切换。主备主钟切换系统可使用两路输入一路输出的切换开关（支持人工/远程控制切换开关）进行组建。根据设备的特性，可以选择手动、自动、计算机控制等多种切换方法，其目的都是实现快速切换的效果，从而保证系统输出时间信号的连续性。

对于本地主备主钟系统切换，除了使用如原子钟、高精度时间间隔计数器、频率调整设备、无缝切换控制设备等常规的时频设备，系统设计时还需要考虑主备主钟系统切换的特点和指标要求，明确关键设备的特点和系统运行机制，实现主备主钟系统的无缝切换，对各种异常情况进行归类，理清切换条件。

1. 主备主钟系统切换原理

主备主钟系统切换的设计方案较多，这里只给出一种简单的切换设计，并在此基础上对主备主钟系统切换过程进行说明。在系统实际设计过程中，还要依据实际需求进行设计。本小节基于两套独立的主钟系统，对一主一备并行运行条件下的主备主钟信号切换原理进行说明，其他情况可以类比设计。在主钟正常运行的情况下，备钟系统通过对频率调整设备的控制，持续锁定在主钟上，保证其频率和相位与主钟的一致。频率调整量的参考来自主钟和备钟的比对数据。对主钟是否异常的判断是通过引入第三方参考，第三方参考和主钟的比对数据以及主、备钟的比对数据共同作为主钟故障检测的依据，当主钟出现异常时，通过切换开关直接切换到备钟，实现主钟与备钟间的无缝切换。这种设计实际上是“有缝”的，这个“缝”主要来源于切换开关。主备主钟系统构建原理如图4.10所示。近年来，我国已经出现了采用压控振荡器锁多个外频标方式的无缝切换设备，如果将这里的“切换开关”更换成“无缝切换设备”，则可实现频率信号真“无缝”。

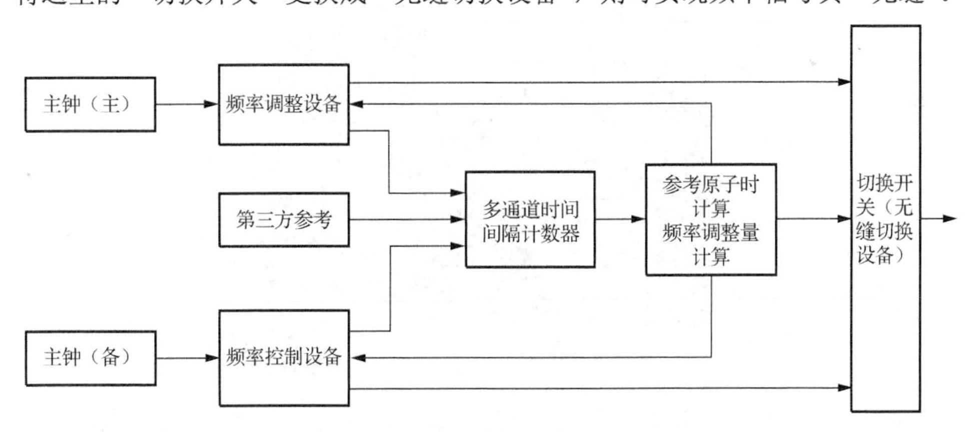

图4.10　主备主钟系统构建原理

2. 主备主钟系统切换流程

主备主钟系统切换可以保证时频系统输出信号的连续性，涉及的关键技术主要包括主备主钟同步技术、故障检测技术、主备主钟切换控制技术三方面。

主备主钟同步技术是主备切换工作中的核心技术，需要根据当前主钟与备钟在频率和相位上的偏差，利用合适的频率调整算法计算出需要的频率调整量，并通过频率调整设备对备钟的频率进行调整，实现主备主钟信号一致。

对备钟进行频率补偿，需要考虑两方面的内容：一是调整过度，即为了快速去除相位差，而采用的频率调整量过大，出现过度调整；二是调整不足，即为保持时间的稳定度，避免出现剧烈波动，对调整量加以限制，采用的调整量过小，导致相位差不能达到最优。

系统进行频率调整时，应该在保证相位同步精度的前提下，尽可能地提高输出信号的频率稳定度。在故障检测时，需要明确原子钟的各种异常情况，主要包括中断、跳频、跳相、性能下降等，并对各种异常情况建立相应的判断方法，判断主钟、备钟、第三方钟哪个异常，决定是否需要主备钟间的信号切换，具体检测方法参见 3.5 节。主备信号切换技采用可控切换开关或无缝切换设备进行控制。

3. 主备主钟系统切换实例

根据主备主钟系统切换的基本原理，给出一个设计实例，本例设计指标为主备切换响应速度优于 10ms，切换前后相位差不超过 0.2ns，切换前后 1h 频率准确度优于 1×10^{-13}。设计的主备主钟信号无缝切换试验平台如图 4.11 所示。

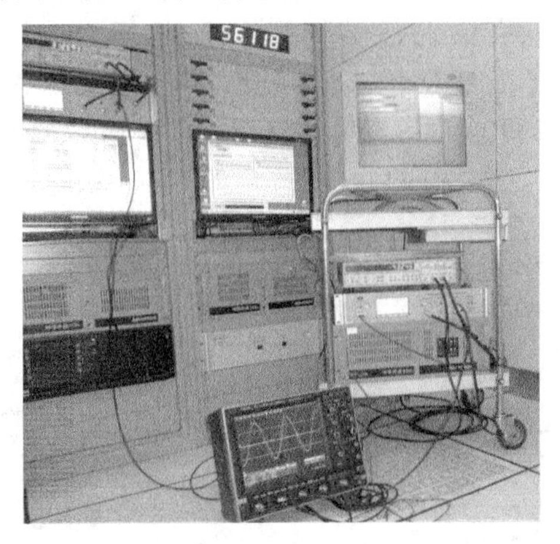

图 4.11　主备主钟信号无缝切换试验平台

主备主种系统的主要设备包括原子钟、时间间隔计数器、频率调整设备（此实验中使用的是一台相位微调仪，或称作相位微跃器等）、切换开关和工控机（负责数据的处理与控制模块）。

原子钟作为时间保持的核心，本地主备主钟同步试验系统最为关注的是它输出频率的准确度。原子钟在进行频率校准后，由于其自身特性而产生的频率漂移或老化的影响，输出信号的频率准确度会受到影响。由于铯钟具有较好的长期稳定度，试验中主钟、备钟选取均为频率、相位输出稳定的铯钟。

时间间隔计数器采用通用高性能计数器，该计数器在时频领域内应用较广泛，其测量范围为-1000～1000s，分辨率为 25ps，能够满足钟差测量的要求。时间间隔计数器在主备主钟同步试验中的主要任务是测量钟差并将其返回到工控机中。由于时间比对中数据通信量小，选用串行通信即可完全满足对通信量的需求。

频率调整设备采用一款常用于守时系统的相位微调仪，该类型相位微调仪是高分辨率相位和频率补偿发生器，可实现对频率信号的频率和相位的调节，其输出信号的时间跳变分辨率为 0.3fs，频率分辨率优于 5×10^{-19}。仪器提供两个输入端口，一路接频率信号，另一路接秒脉冲信号。频率信号是相位微调仪要进行频率和相位调节的信号源，而秒脉冲信号是实现仪器输出的秒脉冲与外部参考秒脉冲信号保持同步的输出信号。在试验中，原子钟信号通过相位微调仪以 RS232 串行通信方式进行远程控制。

切换开关是由采用一款可接受外部控制的自动切换设备，包括 2 路输入和 8 路输出。2 路输入信号分别是 A 通道和 B 通道，分别接主钟和备钟的频率信号，当主钟信号异常时，切换开关可以通过以太网口接口获得切换命令，实现主备主钟信号的切换；同时，此切换开关还具有对输入通道信号进行检测和自动切换功能，此功能只是针对信号的有无进行判断和切换。

工控机作为数据处理和控制设备，具备两个及以上 RS232 串行通信接口，可以实现对计数器和相位微调仪的控制，完成数据的采集和处理，满足主备主钟同步试验中对硬件和软件的需求。图 4.12 是采样时间间隔为 1s，共计 3d 的主备主钟系统同步时差数据。图 4.13 是主备主钟系统输出的频率信号对比，实际表示备钟输出的 5MHz 频率信号经过长期调整，与主钟频率、相位几乎完全一致。每天统计的主备主钟系统同步控制信号对比如表 4.2 所示。

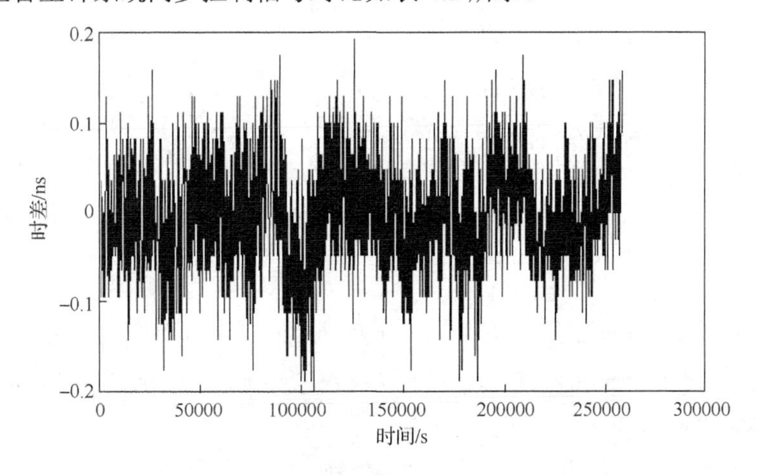

图 4.12　主备主钟系统同步时差数据

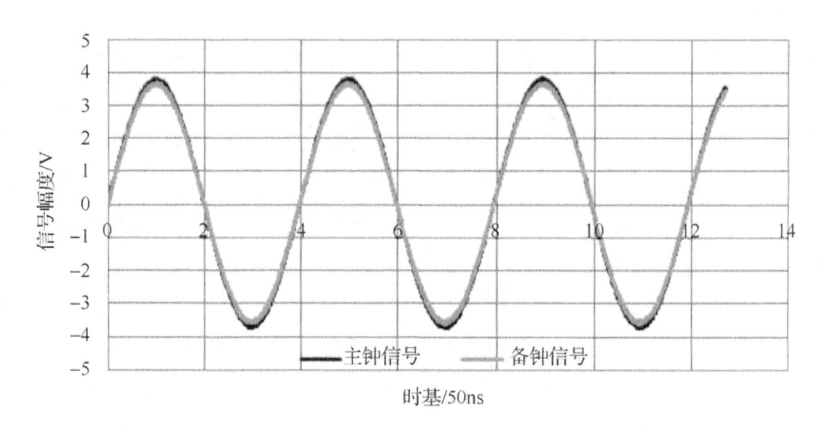

图 4.13　主备主钟系统输出的频率信号对比

表 4.2　每天统计的主备主钟系统同步控制信号对比

时间	主备同步精度/ns	最大绝对偏差/ns
第 1 天	0.0487	
第 2 天	0.0489	0.2
第 3 天	0.0454	

图 4.13 和表 4.2 表明，通过备钟向主钟信号锁定，两套系统实际信号，无论是秒信号还是频率信号的一致性都取得了很好的效果。当备钟信号严格锁定到主钟信号上后，若发生主钟信号异常，立即切换到备钟后可以确保信号的连续性和相位的一致性。

4.2　联合守时方法

当前用于时间保持的原子钟主要包括氢原子钟、铯原子钟及作为基准钟的喷泉钟等。氢原子钟和铯原子钟作为两种不同性能的频标，从统计的角度上来说，它们在短期和长期频率稳定度方面的表现各异。短期稳定度方面，氢原子钟明显优于铯原子钟，而在长期稳定度方面却恰恰相反（以阿伦方差来反映）。随着技术的改进，近年来氢原子钟在长期稳定度方面有很大提高，但相对于铯原子钟来说还存在频率漂移甚至二次频率漂移。

通常情况下，守时系统的核心是一套主钟系统。一台原子钟本身就可以是一个主钟系统，这是因为现代原子钟本身就包括了频率源、频率调整设备和数字钟。各钟内部和外部的误差因素会使得该原子钟产生的相位时间或频率与理想值发生偏离。根据监测出的偏离，对其内部的频率调整设备进行微调，可以对原子钟输出的相位时间和频率进行修正。但是，对于一个配置较完整的时频基准实验室里的守时系统，正常情况下，让原子钟保持自由运转状态，而不对它们进行频率或相位的人为干预。在此条件下，主钟系统就不能是一台原子钟，而是由原子钟、外部频率调整设备和一台数字钟组成。需要说明的是，当前守时系统中频率调整设备都具有 1PPS 输出，因此有些系统中就不再需要数字钟，其功能通过频率调整设备实现，当然也可以认为两设备功能合二为一。

虽然主钟系统构成比较简单明了，但作为主钟系统的核心设备，主钟的选择直接制约着守时系统输出信号的性能。如果一个实验室既有氢原子钟，又有铯原子钟，且两种原子钟都正常运行的情况下，可按照 4.1 节中所述的准则来选择合适的原子钟作主钟。根据国际上一些守时实验室的经验和 BIPM 对国际原子时 TAI 改进的研究，实际工作中建议以氢原子钟作为主钟，而采用铯原子钟的综合尺度作为主钟控制的长期参考，以氢原子钟组的综合尺度作为主钟频率调整的短期参考，这样就形成了氢原子钟和铯原子钟的联合守时系统（Wang，2008；Yuan et al.，2007；王正明等，2003）。

根据已有的研究结论，氢原子钟和铯原子钟具有不同的特性，为了发挥两类原子钟各自的优势，在实际构建主钟系统时设计采用氢/铯联合守时方法。一种氢/铯联合守时模型结构如图 4.14 所示。

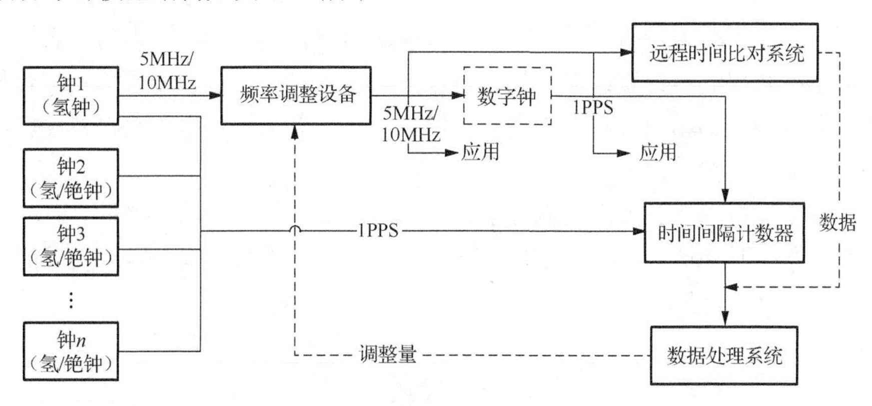

图 4.14　一种氢/铯联合守时模型结构图

图 4.14 中“钟 1”为主钟，此处为一台氢原子钟，其他钟为氢原子钟和铯原子钟组成的钟组。氢/铯原子钟联合守时实际上结合了两类原子钟的优势以提高综合原子时尺度的短期和长期性能，在充分发挥铯原子钟长期稳定度的同时，利用所有铯原子钟组成的 TA(Cs)作为参考，将氢原子钟的长期频率漂移（线性、非线性）进行拟合、扣除，从而获得长期稳定度更高的氢原子钟数据。对于铯原子钟的短期波动，则由所有氢原子钟组成的 TA(H)为参考，将其短期波动进行滤波处理，从而提高铯原子钟的短期稳定度。这种处理方法实际上以氢原子钟作为主钟，

保证输出信号的短期性能，铯原子钟组加权产生主钟频率调整的参考，通过频率调整保证输出信号的长期性能。作为主钟的氢原子钟一般应为两台，一主一备，主备主钟系统之间进行常规的比对，在必要时进行快速切换或通过无缝切换设备进行无缝切换，以保证输出信号的连续性和系统的可靠性。图 4.14 就可以看成一台氢原子钟（钟 1）作主钟、氢/铯原子钟参与守时的氢/铯钟联合守时系统。图示仅为较小规模基本配置的原理图，在实际工作中，可依据实际需求扩大不同类型原子钟的规模，以保证综合尺度具有相对于 UTC 更高的频率准确度，为主钟频控制提供可靠的参考。

在实际守时系统设计建设及未来的运行管理中，需要考虑结合不同类型原子钟的特点，开展守时系统配置和守时策略制定等工作（Zhao et al.，2014）。具体工作包括钟组配置、主钟选择、内部测量比对系统构建、远程（溯源）比对系统构建、数据采集与存储系统配置、综合原子时算法设计与实现、主钟频率调整策略制定等。

针对氢/铯联合的守时系统，选择一台噪声性能较好（噪声较小）的氢原子钟作为主钟，其他原子钟按照氢原子钟和铯原子钟分类组成钟组。利用比对数据，以铯原子钟综合尺度为参考分析氢原子钟（含主钟）的频率漂移和二次漂移，以氢原子钟综合尺度为参考，降低铯原子钟短期噪声，进而利用处理后的氢原子钟和铯原子钟数据综合计算纸面时间，再以纸面时为参考，自动和人工相结合的方式监视主钟系统输出信号相对于纸面时间的变化，并通过频率调整设备实现对本地物理信号的控制。

通过上述方法，一方面可以保证系统所产生的本地实现的协调世界时的短期稳定度（依赖于氢原子钟优秀的短期稳定度）；另一方面可以提高本地实现的协调世界时的长期稳定度。

4.3 综合原子时

时间尺度是利用分布在一个或者多个时间实验室的若干台自由运行的原子钟数据，通过适当的数理统计方法进行综合计算，形成一个综合的“纸面钟”。通常把仅使用本地原子钟建立的时间尺度称为“独立地方原子时”，用 TA(k)（k 为不同的实验室）表示，而利用分布在一个国家或地区的多个守时实验室的原子钟共同建立和维持的时间尺度，称为综合原子时或者综合原子时间尺度。综合原子时通常以国家或系统内中心实验室代码来命名。一般情况下，国家守时、授时和时频计量机构会运行多台守时型原子钟，以此来保证地方原子时的准确性和独立性。

对于一般时间频率实验室，由于其仅有一台或者少数几台守时原子钟运行，难以形成准确、独立的地方原子时间尺度，因此通过综合或者联合的手段形成综合原子时尺度，不仅可提高这些时间频率实验室的守时能力，而且可以通过更多钟的加入提高综合时间尺度的可靠性与稳定性（宋会杰等，2019）。

原子钟是守时系统价格较高的关键设备，一般实验室拥有的原子钟数量相对较少，且运行一台原子钟会耗费较多的人力物力，所需的环境保障、电力保障、运行控制等方面都需要不少投入。因此，综合原子时一方面可以整合有限的原子钟资源，提高参与原子时计算的各个实验室原子钟的利用率，提升综合时间尺度的稳定性和准确性；另一方面，可使不具有独立地方原子时或者不具备国际标准溯源能力的守时实验室获得更稳定和更可靠的参考源，有效提高本地守时系统输出时间的综合性能。

综合原子时系统一般采用集中式或者分布式来构建，集中式采用 UTC 时间产生的模式，搭建综合原子时比对网络，所有参与综合原子时系统的守时实验室作为分站，将原子钟等数据和信息传递至主站，由主站统一处理并归算出综合时间尺度，最终给出各参加原子钟与综合原子时的关系；分布式则需要各参加实验室均能承担数据处理及时间尺度的归算，对各守时实验室的要求较高。无论是分布式还是集中式，实际采用的数据处理过程和计算原理都是相同的，只是在时间比对和数据传递中具有较高要求，本书中就以集中式来进行说明。

4.3.1　综合原子时原理

相对于一个实验室的独立原子时，综合原子时系统主要包括本地或异地多个实验室的多台原子钟，并通过设定的原子时计算方法综合计算综合原子时尺度。各参与计算的实验室原子钟通过 GNSS CV、TWSTFT、GNSS PPP、GNSS AV、光纤或其他时间传递手段将本地原子钟和综合原子时计算中心的原子钟连接起来，这些链路可以实现本地原子钟与综合原子时计算中心原子钟的高精度比对，并归算到 $\mathrm{UTC}(k)_{\mathrm{C}}-\mathrm{Clock}(i)$（下标 C 表示综合原子时的计算中心，$i$ 表示参与综合原子时计算的原子钟编号），进而开展综合原子时计算。国际原子时 TAI 实际上就是综合原子时尺度，其采用遍布全球各时间实验室自由运转的原子钟综合计算，并通过基准钟和地球时进行频率校准后就得到了全世界最大的综合原子时——国际原子时 TAI。

作为综合原子时，需要将计算结果的发布作为计算全过程的重要一环，这是因为综合原子时计算目的就是促进各参与实验室或系统的时频应用。综合原子时计算过程如图 4.15 所示。

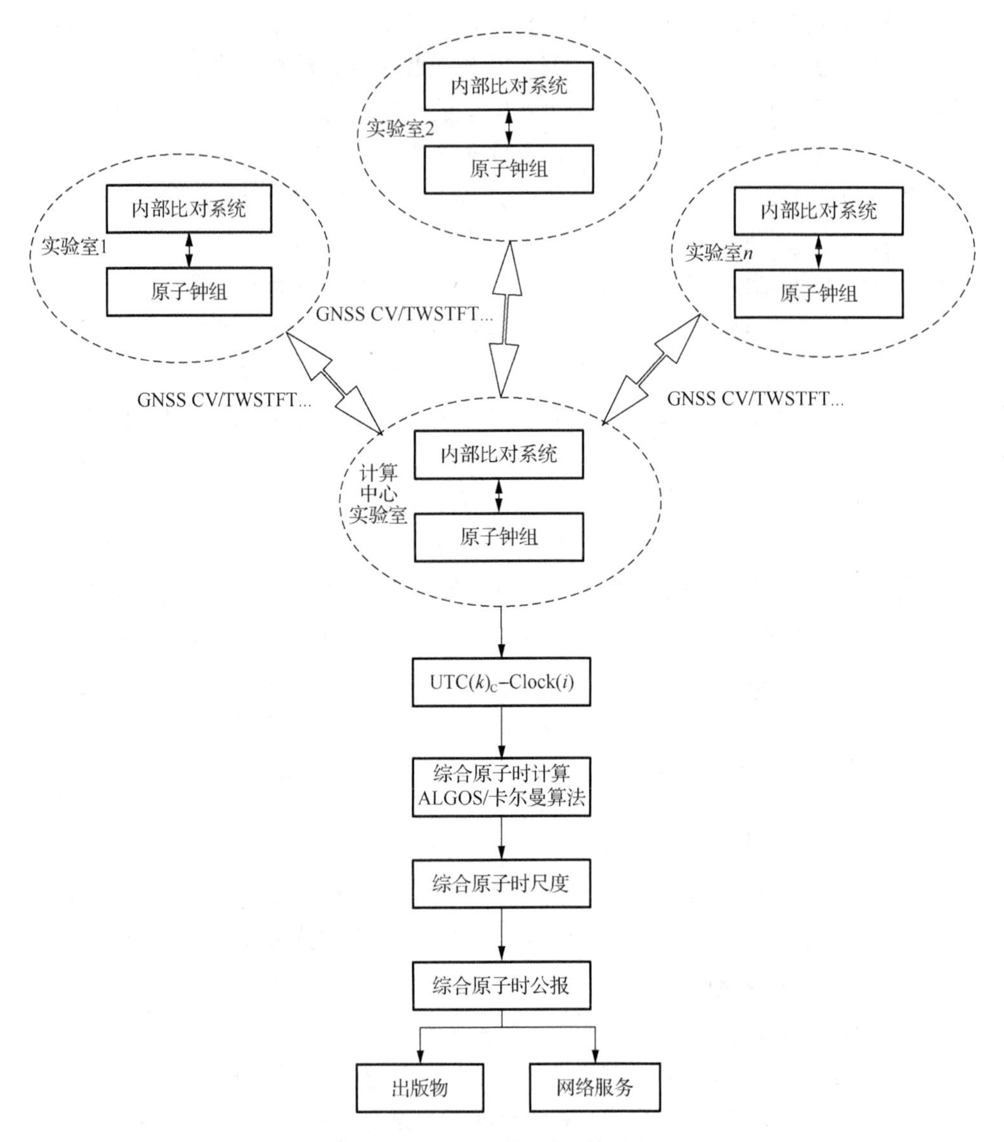

图 4.15　综合原子时计算过程

综合原子时计算方法可采用 ALGOS 算法、卡尔曼算法等。通过综合原子时算法抑制原子钟的部分主要噪声，提高综合时间尺度的准确性和稳定性（Barnes, 1966）。对于一个守时实验室或守时系统，内部比对数据为 $\mathrm{UTC}(k)-\mathrm{Clock}(k,i)$，$k$ 为实验室，i 为原子钟。采用 GNSS CV、TWSTFT 或其他手段可以获得 UTC(k) 与综合原子时的计算中心 $\mathrm{UTC}(k)_\mathrm{C}$ 的偏差，即 $\mathrm{UTC}(k)-\mathrm{UTC}(k)_\mathrm{C}$，那么就可以得到

$$\mathrm{UTC}(k)_{\mathrm{C}}-\mathrm{Clock}(k,i)=\mathrm{UTC}(k)-\mathrm{Clock}(k,i)-[\mathrm{UTC}(k)-\mathrm{UTC}(k)_{\mathrm{C}}] \tag{4.13}$$

结合 $\mathrm{UTC}(k)_{\mathrm{C}}-\mathrm{Clock}(\mathrm{C},i)$，就可以完成综合原子时数据的初步整理。通过综合原子时计算，可以获得综合时间尺度 $\mathrm{TA}(k)_{\mathrm{C}}$ 与协调世界时 $\mathrm{UTC}(k)_{\mathrm{C}}$ 的偏差 $\mathrm{UTC}(k)_{\mathrm{C}}-\mathrm{TA}(k)_{\mathrm{C}}$，以及系统中各原子钟相对于综合时间尺度 $\mathrm{TA}(k)_{\mathrm{C}}$ 的偏差，即 $\mathrm{TA}(k)_{\mathrm{C}}-\mathrm{Clock}(i)$，并可以获得各参与计算原子钟相对于 $\mathrm{TA}(k)_{\mathrm{C}}$ 的钟速。

计算结果通过公报的形式采用出版物或网络服务发布，各参与计算的实验室可以依据公报结果对本地系统做必要的调整，以提高本实验室保持协调世界时的准确度。

4.3.2　综合原子时实例

综合原子时在国际上有着较为广泛的应用，如法国、日本、波兰、瑞典等国家均利用其具有原子钟的实验室建立了国家综合原子时系统并参与国际原子时 TAI 合作。

以法国综合原子时为例，其综合原子时尺度 TA(F)是由以巴黎天文台的国家计量实验室为中心，共 9 个具有原子钟资源的实验室组成的，各实验室间利用 GNSS 共视比对相连接。在法国综合原子时系统中，巴黎天文台有 8 台铯原子钟，其他实验室仅有不超过 3 台原子钟，而综合起来 TA(F)系统则具有 22 台左右的原子钟。TA(F)采用经典加权算法，但在权的选取和钟速预报中采用了时间序列 ARIMA 模型，采用此模型有效地抑制了铯原子钟的相位白噪声和氢原子钟的频率漂移，使得 TA(F)成为国际上最稳定的时间尺度之一。利用 LNE-SYRTE 基准钟的数据对 TA(F)进行频率调整，TA(F)−UTC(OP)的相对偏差每个月定期在巴黎天文台时间公报上发布。

类似于 TA(F)，日本 TA(NICT)是由分布于该国的 4 个实验室，共计 18 台铯原子钟和 7 台氢原子钟综合计算得到，TA(NICT)采用 ALGOS 算法。另外，GPS 时间实际上也采用综合原子时原理来构建，参与计算的原子钟包括地面主控站原子钟、卫星钟、监测站原子钟等，这些原子钟通过 GNSS CV 或 TWSTFT 手段进行比对链接，进而采用卡尔曼原子时算法综合计算 GPS 时间 GPST。

我国的综合原子时几十年来也有了较快发展，特别是进入 21 世纪以来，随着国家在时间频率应用需求的增加，综合原子时也越来越受到时间频率行业重视。下面结合我国综合原子时系统对综合原子时建立和保持过程进行说明。

我国于 20 世纪 80 年代初建立了综合原子时系统，并于 2007 年对原来的各站点进行了更新升级，进一步完善了系统架构。更新后的 JATC 从原来只有内地守时单位扩展到包含澳门地球物理暨气象局等多家单位参加。综合原子时系统建立之初就依托可用原子钟资源建立独立综合原子时间尺度 TA(JATC)和协调世界时 UTC(JATC)，采用了集中式构建模式，将主站建在中国科学院国家授时中心。综合原子时系统自建成以来一直由中国科学院国家授时中心负责 TA(JATC)的归算和 UTC(JATC)信号的监测与控制，将相关数据依据规范报送 BIPM，所有数据均可在 BIPM 正式公报中查询、查看和下载使用。近年来，UTC(JATC)与国际标准时间 UTC 的偏差控制在±10ns 以内，2018 以来的时间偏差已经控制在±5ns 以内，处于国际先进水平。

1. 系统内高精度时间比对网

建立系统内高精度时间比对网是把系统内原子钟组称为综合钟的必要条件。目前，我国综合原子时 JATC 系统实验室间采用 GNSS CV 实现远距离比对技术，实现参与 JATC 计算的各实验室之间的比对链接。

远程数据传输系统采用方案：每一个参加台站（原子时数据节点）设置一台联网的、带有数据采集与存储功能的工业控制计算机，用以收集并传输 GNSS CV 接收机产生的数据，接收机每产生一组数据标准的 CGGTTS 格式数据，就通过网络将新数据传递至中心计算服务器，数据传递采用点对点协议网络数据产地方式。

JATC 外场站配置及 JATC 数据传输系统如图 4.16 所示。JATC 系统主站数据采集机通过网络通信手段与外场站数据采集机相连，定期收集外场站的数据。外场站的数据采集机与 GNSS 接收机连接，每 16min 从 GNSS 接收机上采集该站原子钟与 GNSST 最新的比对结果。外场站设备配置情况根据其工作性质不同而有所不同。需要进行授时服务的站点，必须有站 k 的主钟信号 $\mathrm{MC}(k)$，因此 GNSS 接收机的参考钟是 $\mathrm{MC}(k)$，该站的原子钟与 $\mathrm{UTC}(k)$ 之间要通过时间间隔计数器进行比对。JATC 主站实际收集到的数据包括时间比对链路数据和外场站原子钟比对数据，即 $\mathrm{MC}(k)-\mathrm{GNSS}(k)$ 和 $\mathrm{MC}(k)-\mathrm{Clock}(k)$。得到数据后，JATC 主站进而通过共视比对数据处理得到外场站时间参考 $\mathrm{MC}(k)$ 与 $\mathrm{UTC(JATC)}$ 的偏差，即

$$\mathrm{UTC(JATC)}-\mathrm{MC}(k)=[\mathrm{UTC(JATC)}-\mathrm{GNSST}]-[\mathrm{MC}(k)-\mathrm{GNSST}] \tag{4.14}$$

式中，GNSST 为不同导航系统的系统时间。通过 JATC 主站本地获得的原子钟比对数据，可进一步得到 $\mathrm{UTC(JATC)}-\mathrm{Clock}(k)$。对于不产生 $\mathrm{MC}(k)$ 的外场站，JATC 主站收集到的数据则是 $\mathrm{Clock}(j)-\mathrm{GNSST}$，通过共视比对数据处理，也可得 $\mathrm{UTC(JATC)}-\mathrm{Clock}(j)$。

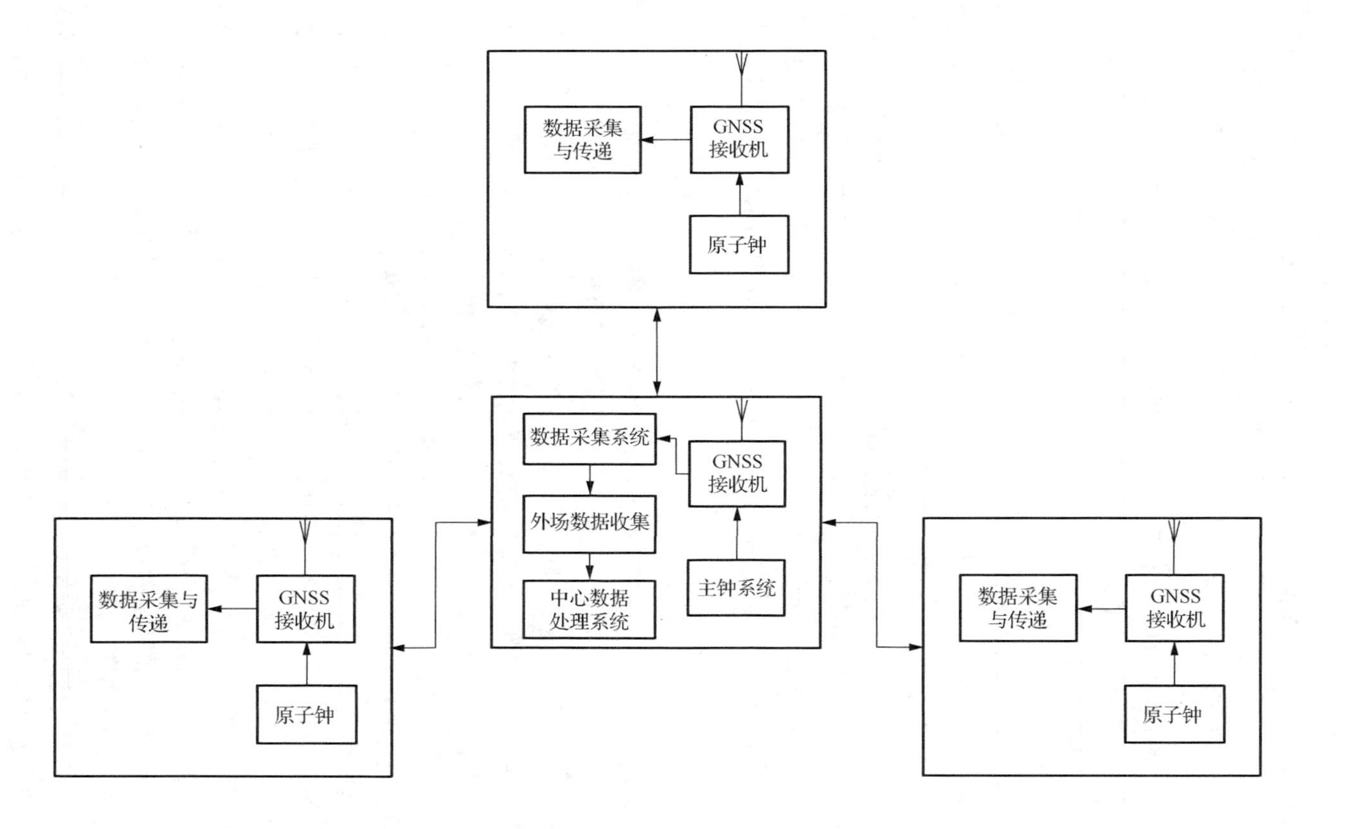

图 4.16　JATC 外场站配置及 JATC 数据传输系统

JATC 系统参加单位最远的是澳门地球物理暨气象局，基线约 2900km。利用我国研制的 GNSS 共视接收机完成 NTSC 与 SMG 及其他参加单位的比对连接，共视比对精度优于 2ns（A 类不确定度）。表 4.3 为 JATC 系统内基于 GNSS 共视远程时间比对结果的精度，即 JATC 外场站钟相对于 UTC(NTSC)的实测时间比对精度。其中，SHAO 为上海天文台，SMG 为澳门地球物理暨气象局。

表 4.3　JATC 系统内基于 GNSS 共视远程时间比对结果的精度

基线	基线长度/km	接收机	均方根值/ns
NTSC-SHAO	1200	NTSCGPS-2	0.83
NTSC-SMG	2900	NTSCGPS-2	1.43

各参加单位接收机天线安装点的坐标都经过了精确测定，对配置双频接收机的外场站，直接先用该接收机测定坐标，然后再设为时间传递模式开始时间比对。安装单频接收机的外场站则采用测地型 GNSS 接收机完成坐标的精确测定。

通过我国的远程高精度 GNSS CV 比对网，可以将各参与综合原子时计算的实验室原子钟数据间接传递至数据处理中心，参与综合原子时 TA(JATC)的计算。同时，可基于 JATC 的国际比对链路，实现 TA(JATC)与国际原子时 TAI 的比对。

2. 原子钟数据综合预处理

通过时间比对链路，将多个站点的原子钟数据传递到数据处理中心，但数据传递过程中，由于链路性能，原子钟数据会或多或少地引入噪声，原子钟数据参与综合原子时计算前就必须对这些噪声进行处理，即采用适当的降噪以减少链路的不确定性带进原子钟比对数据中的噪声。另外，综合原子时系统中包含氢原子钟和铯原子钟，两种原子钟的性能不同，通过数据预处理中的降噪算法和漂移拟合扣除算法，提高综合原子时尺度的短期稳定度和长期稳定度。

对于通过远程时间比对链路获得的原子钟数据质量如何，一方面，需要考虑时间比对链路引进的误差，由于时间比对链路处于站点与站点之间，是将多个站点的原子钟连接到一起的纽带，当通过时间比对链路将原子钟数据归算到数据处理中心时，必然会将链路本身的噪声引入原子钟数据中，在原子钟数据预处理中，就必须采用适当的方法分析并降低链路带入的噪声，当前常用的降噪的方法主要有卡尔曼滤波法、Vondrak 平滑法及小波分解滤波法等；另一方面，需要考虑利用氢钟和铯钟的特性，来消除或削弱铯钟短期波动及氢钟的长期漂移。通常主要采用的方法有两个，其一，采用降噪方法把原子钟的比对数据进行平滑滤波，把一列数据分成钟的长期波动和短期波动两类数据，对所有参加计算的钟的短期波动数据按短期波动情况取权作加权平均，对长期波动数据按长期波动情况取权作加权平均，最后再把两个加权平均结果合成得到最终的时间尺度；其二，对氢钟的长期频率漂移进行处理，通过数据处理，从钟的相位时间数据中动态地扣除频率漂移引起的数据变化，尽可能得到频率漂移较小的数据，进而参加时间尺度的计算。对于频率漂移长期较稳定的氢原子钟，如果能采用预报的办法准确预报并扣除这种缓慢漂移，将会使氢原子钟在时间尺度计算中取上较大的权重（袁海波等，2005）。

原子钟的比对数据进行降噪后，再作加权平均，得到原子时尺度。比较原始观测序列降噪和不降噪的结果，可以明显看出降噪后时间尺度的稳定度优于不降噪（李滚等，2006），结果见图 4.17。采用多种降噪方法，得到多个原子时尺度，计算这些时间尺度相应的阿伦方差，结果列于表 4.4。从这些结果可以看出，用小波包分解降噪得到的时间尺度最稳定（采样间隔 τ 为 1d），其他方法降噪效果也较好，实际各种降噪方法虽有区别，但所得结果差异不明显。

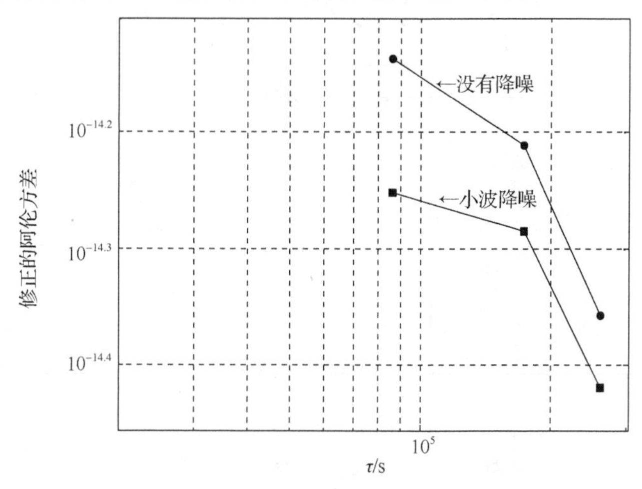

图 4.17　原始观测序列降噪和不降噪所得时间尺度稳定度的差异

表 4.4　几种降噪方法对应时间尺度的阿伦方差（τ为 1d）

降噪方法	小波分解滤波	最小二乘	自适应滤波	卡尔曼滤波	中值滤波	同态滤波	Vondrak 平滑
阿伦方差/10^{-15}	5.18	5.76	5.74	5.67	5.74	5.73	5.63

通过图 4.17 和表 4.4 可以看到，为了获得更稳定的时间尺度，降低原始观测序列的噪声非常重要，在降噪方法的选择上可以根据计算数据者的习惯或者熟悉程度，选择表 4.4 中任意一种方法即可达到较好的效果。

在 UTC(JATC)保持工作中，TA(JATC)计算前首先采用短期噪声削弱方法对原子钟数据进行降噪处理，然后根据比对数据的残缺情况采用 Vondrak 平滑法和三次样条平滑插值，以获得连续的原子钟数据，然后按照本章给出的氢原子钟和铯原子钟联合守时中氢原子钟频率和频率漂移模型建立方法建模，分析氢原子钟频率漂移，在正式开始原子时计算之前进行扣除，这样就可将所有参与综合原子时计算的原子钟看成是铯原子钟进行加权计算，以获得稳定可靠的 TA(JATC)。在TA(JATC)算法中仍然采用 ALGOS 算法（参见本书第 3 章）。通过以上分析，发现原子钟比对数据的预处理在原子时计算中有非常重要的作用，是原子时计算前的非常必要的数据处理环节。综合原子钟数据预处理过程见图 4.18。

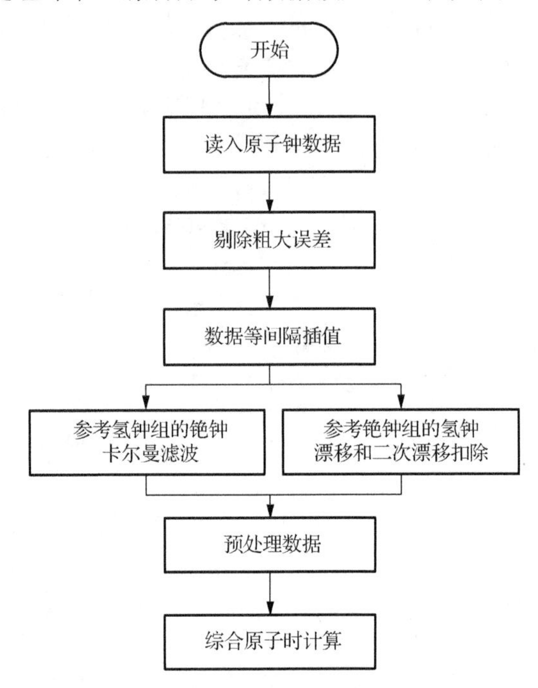

图 4.18　综合原子钟数据预处理过程

3. 综合原子时算法

综合原子时 TA(JATC)的噪声是钟组内所有钟噪声的统计综合。综合钟的噪声大小与所有钟的噪声大小有关，但不同的数理统计计算方法（原子时算法）将给出不同的综合钟的噪声，因此综合原子时算法是综合时间尺度建立的核心组成部分之一。通过综合原子时计算方法，尽可能地抑制噪声，得到高稳定度的时间尺度。

通过本书第 3 章的描述，可以看出对不同的原子时算法（ALGOS 算法、NIST 的 AT1 算法等）目标基本相同，其不同点在于频率预测和取权方法的差异。频率预测方法又与钟组实际性能（表现为不同的噪声模型）密切相关。但在具体原子时计算方法设计时，还要考虑参与原子时计算的原子钟的数量和需要得到的时间尺度性能（长期稳定度、短期稳定度）要求。在 TA(JATC)算法设计中既要考虑实时控制 UTC(JATC)的需要，又要考虑本身短期和中长期稳定度需求。由于参与TA(JATC)计算的原子钟较多（大约 40 台），且长期稳定度是 TA(JATC)主要指标之一，因此 TA(JATC)算法采用 ALGOS 算法。参与计算的原子钟包含氢原子钟和铯原子钟，为确保 TA(JATC)的短期性能和长期性能，需要对氢原子钟和铯原子钟数据按照数据预处理要求进行严格处理，在此基础项选择 5d 以上的稳定度指标进行权计算。经过预处理后的原子钟按照动态二次预报模型进行频率预报。采用这样的综合原子时计算方法，可有效抑制影响综合时间尺度的三个主要噪声，即相位白噪声、频率白噪声、频率随机游走噪声。

国际原子时 TAI 是目前长期稳定度相对最好的综合时间尺度，为全球范围内的原子时保持和时间同步的最高参考，因此 TA(k)相对于 TAI 的稳定度在很大程度上反映了该实验室（或国家）的守时水平。目前，国际上保持独源子时 TA(k)的守时机构共有 17 个，见附录 3，我国内地仅有 TA(NTSC)和 TA(JATC)。因此，充分利用国内资源，把国内尽可能多的高质量原子钟组成噪声尽可能小的综合钟，将大大提高我国地方原子时的稳定度，同时各参加实验室也能近实时得到稳定的参考时间尺度 TA(JATC)。表 4.5 为不同实验室保持的原子时尺度性能，TA(JATC)相对于 TAI 的稳定度与其他实验室保持的原子时尺度稳定度相比，有些指标相对较差，有些较好。

表 4.5　不同实验室保持的原子时尺度性能（2017.01～2019.12）

时间间隔/d	TA(USNO)	TA(JATC)	TA(NIST)	TA(NICT)
5	8.25×10^{-16}	3.54×10^{-15}	1.20×10^{-15}	2.30×10^{-15}
10	8.20×10^{-16}	2.43×10^{-15}	1.58×10^{-15}	2.53×10^{-15}
30	7.07×10^{-16}	1.21×10^{-15}	1.63×10^{-15}	1.91×10^{-15}
45	5.93×10^{-16}	9.14×10^{-16}	1.11×10^{-15}	1.92×10^{-15}
60	4.83×10^{-16}	7.47×10^{-16}	7.04×10^{-16}	1.90×10^{-15}
100	2.83×10^{-16}	5.24×10^{-16}	3.55×10^{-16}	1.81×10^{-15}

具体来看，TA(JATC)的短期稳定度不如其他几个实验室，但其长期稳定度甚至优于日本国家信息与通信技术研究院保持的 TA(NICT)，落后于美国海军天文台保持的 TA(USNO)和美国国家标准与技术研究院的 TA(NIST)。从表 4.5 中可以看出，我国的综合原子时尺度算法还需要进一步改进，通过算法的改进提高 TA(JATC)长期和短期性能。

4. UTC(JATC)自动监控

UTC 是 BIPM 定期发布的滞后的纸面时间，但对具体应用而言，需要的则是实际标准时间物理信号，因此承担时间服务的各时间实验室必须自行产生和保持一个 UTC 在本实验室的物理实现，为用户提供接近于 UTC 的标准时间信号，这个标准时间尺度就是 UTC(k)。UTC(k)以高精度的原子钟作为频率源，经过频率调整实现的，UTC(*k*)与 UTC 必然会存在一定的差异，由于不同实验室保持的 UTC(*k*)主钟、钟组、频率调整设备、参考原子时计算方法、频率调整策略等的不同而不同，但都应当满足 ITU 对 UTC(*k*)相对于 UTC 偏差的建议。事实上，UTC(*k*)与 UTC 的偏差就是衡量一个守时实验室守时水平的关键指标之一。随着科学技术的不断进步，特别是精密制导、雷达联合观测、高速通信等领域的快速发展，对作为基本技术支撑的时间基准的需求越来越高，要求 UTC(*k*)与 UTC 的偏差尽可能小。综合原子时 UTC(JATC)的物理实现也经过多年发展，不断提高其长期和短期稳定度，并不断缩小与 UTC 的偏差。UTC(JATC)的监控流程见图 4.19。

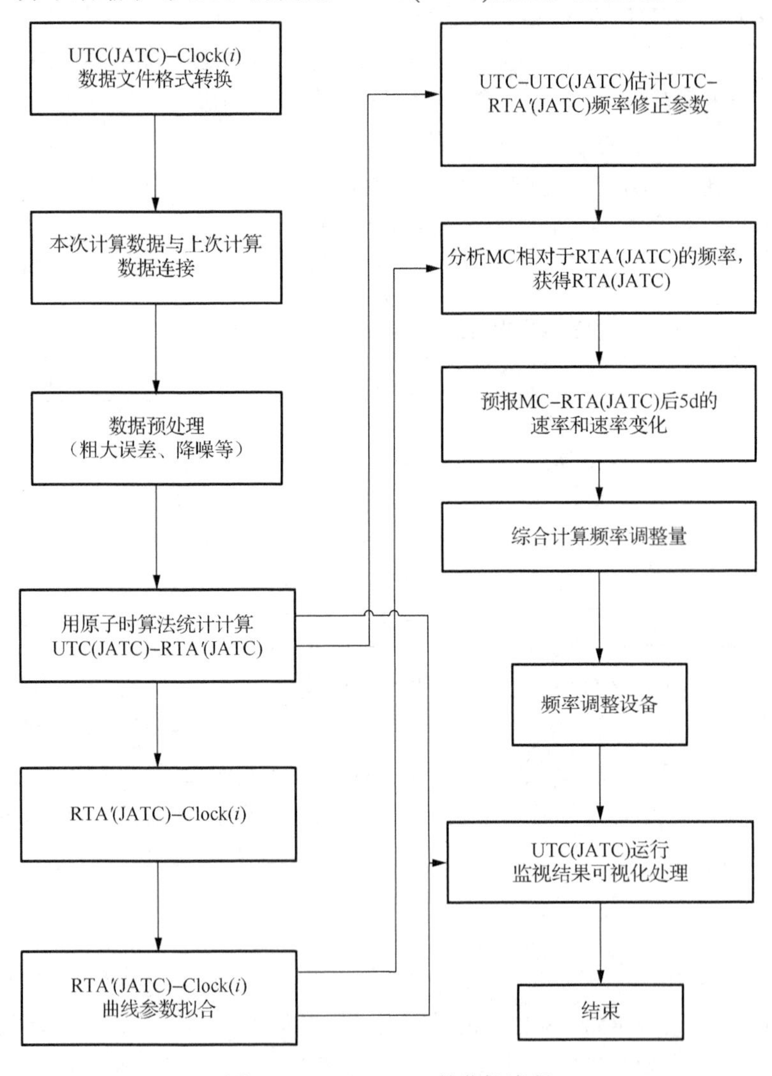

图 4.19　UTC(JATC)的监控流程

对于 UTC(k)的控制需要一个实时参考，而 UTC 的发布是滞后的，无法满足 UTC(k)控制的需求，因此就需要一个实时原子时作为参考，而这个参考只能通过原子时算法利用尽可能多的原子钟的比对数据计算参考时间尺度 RTA(k)，并根据 BIPM 给出的 TAI 的历史数据，调整 RTA(k)的工作参数。计算出 UTC(k)相对于 RTA(k)的频率偏差量，经过频率调整设备对主钟频率源输出的频率做适当补偿，使 UTC(k)在时刻和频率两方面都接近 UTC。

对于 UTC(JATC)而言，其控制的参考原子时计算除原子钟数据预处理外还需要进行两步工作，第一步是采用原子时计算方法计算 RTA′(JATC)，记录每台原子钟的权重数据；第二步是利用 BIPM 发布的 UTC−UTC(JATC)数据、第一步计算的 UTC(JATC)−RTA′(JATC)数据以及 RTA′(JATC)−Clock(i)数据估计每一台原子钟相对于 UTC 的速率，按照计算 RTA′(JATC)时的权重进行加权，获得对 RTA′(JATC)的修正量，修正后即可得到 RTA(JATC)。

利用上述方法开展了 UTC(JATC)的保持技术实验，实验结果验证了该方法的可用性和有效性。图 4.20 为实验期间 UTC(JATC)与 UTC 的偏差情况。

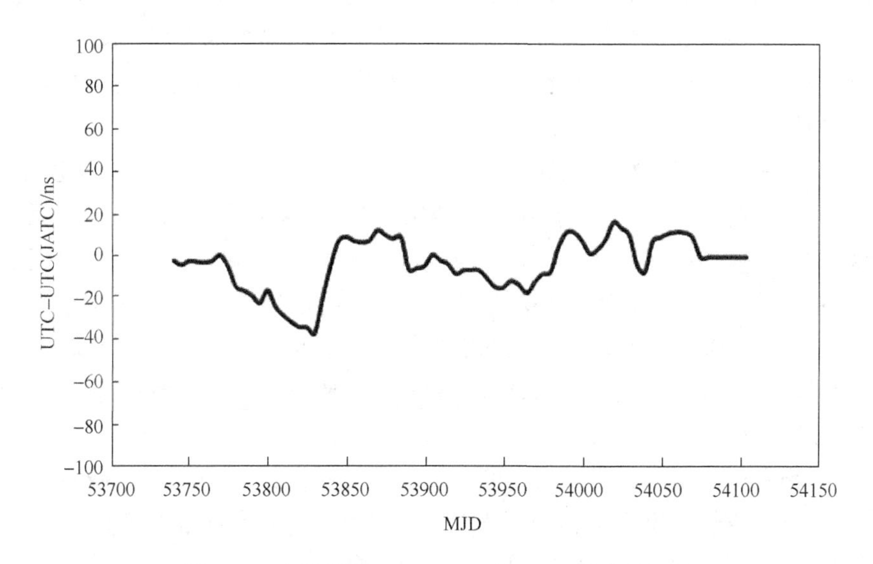

图 4.20　实验期间 UTC(JATC)与 UTC 的偏差情况

在综合原子时系统运行工作中，采用自动监控和人工监控相结合方法对 UTC(JATC)进行监控，确保 UTC(JATC)相对于 UTC 的偏差控制在规定的范围内，这也是国际上大多数实验室采用的 UTC(k)监控方法。

4.4　时间尺度国际标准溯源

对于一个国家的时间保持机构，特别是国家标准时间服务机构，其保持的时间必须与 UTC 保持高度一致，即需要溯源到国际标准时间。通常情况下，守时实验室或时间保持机构需要依托 GNSS PPP、GNSS CV、TWSTFT 等高精度时间比对链路，获得守时机构产生并保持的协调世界时 UTC(*k*)（又称实验室本地时间）与 UTC 之间的相对偏差序列，进而依据偏差序列表现出的偏差大小、主钟速率和变化趋势，计算 UTC(*k*)的主钟频率调整量，并通过主钟频率控制（驾驭）的方式实现本地保持的 UTC(*k*)与 UTC 的一致，这个过程就是 UTC(*k*)向 UTC 的溯源（Andreucci，2000）。

作为基本单位之一的秒是目前 7 个基本单位中测量精度最高的单位，在 7 个基本单位中作用更具基础性，同时所有基本单位都具有溯源性要求。实际上，溯源性是每种测量均需要实现的基本特性，是指一种测量的结果属性或者是一种标准，通过一条完整的、具有一定不确定性的比对链，可关联到规定或指定的更高的参考，这个参考通常为国家标准或国际标准。可以简单地理解为任何一种测量所采用的参考都应该有其最高参考，本地测量用的“尺子”需要和最高参考的“尺子”保持尽可能一致，这就是溯源。

一个国家的守时机构需要通过减小守时结果与 UTC 偏差和不确定度来完成其保持标准时间的溯源，也就是实现本地保持的原子时秒长与 BIPM 保持的 SI 秒长的溯源性。此处所述的溯源性往往是一种法律或合同的要求，其对于质量控制系统的重要性不可忽视，但也不能被夸大。国际标准化组织（ISO）第 17025 号指导文件列出了校准和测试实验室的能力的要求（ISO/IEC GUIDE17025，2017），以确保无论在哪里，只要测试条件满足要求，实验室所做的度量都可以追溯到国际或国家度量标准。

对于设备的测量与校准，校准证书意味着追溯到国际或国家度量标准，并且可以提供度量结果、度量的相关不确定性和经鉴定的度量规格承诺书。通常可用塔形图来说明溯源性，如图 4.21 所示。金字塔的顶端显示的溯源链开始于由国际权度局保持的国际单位制单位。时间和频率度量的基本单位是秒（s）。秒被定义为在一定条件下，铯原子的特定跃迁相关的振荡持续时间。频率是 21 个国际单位制中的一个，由基本单位派生，并通过计数 1s 间隔事件发生的次数获得。塔形图延伸到 BIPM 保持的国际标准，再延伸到区域标准，然后延伸到工作标准，并最终延伸到由最终用户进行的测量。

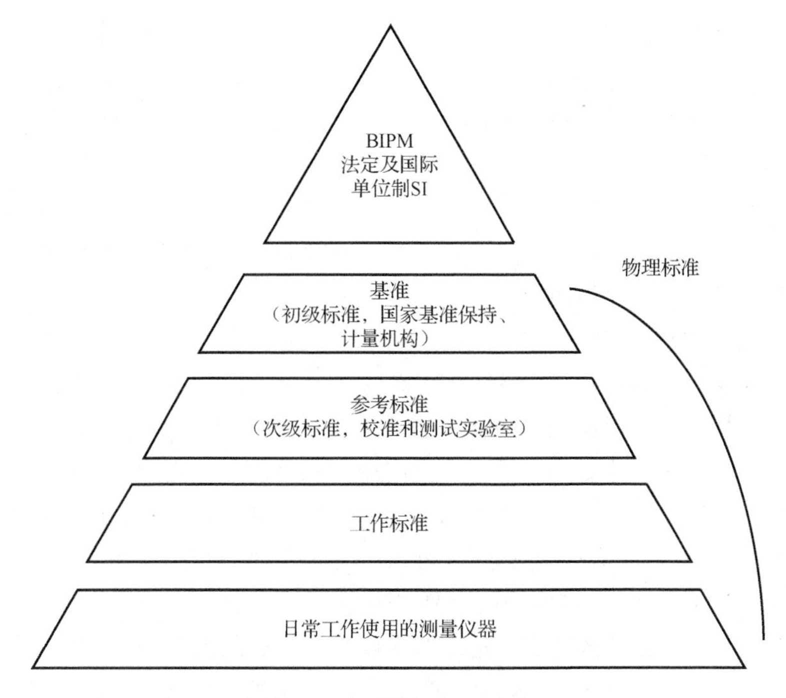

图 4.21　度量单位塔形图溯源

在测量的一些领域，溯源性只以周期性的间隔建立，这是因为它涉及从一个位置到另一个位置的运输标准和设备。然而，时间和频率度量提供了许多方便的方法，以建立溯源到国际标准的连续、实时的溯源。实际工作中，可以通过信号直连方式溯源到协调世界时 UTC，从而获得本地信号与溯源参考的偏差，并进行修正，修正后的信号通过无线电、电话或网络等路径进行广播，如中国科学院国家授时中心的长、短波授时，卫星授时和电话、网络授时。

国际权度局(BIPM)位于法国巴黎，保持着质量、频率、时间尺度、长度、激光波长和频率标准，电学标准，光度和辐射度标准。热力学、电离辐射标准等，并建有保持这些标准的实验室。BIPM 的工作由国际计量委员会负责监督。BIPM 研制、建立和保存了有关的国际原器及上述组织协议承认的国际标准。例如，根据第十八届国际计量大会及第七十七届国际计量委员会的决议，“自 1990 年 1 月 1 日起国际上将同时正式启用以约瑟夫森常数和冯·克里青常数的国际公认值为基础的电学测量新标准复现电压单位和电阻单位。”这些国际标准就保存在 BIPM 的电学标准实验室内。从这天起，世界各国应按照新的单位量值一致的原则，调整并保存各自国家的“电压单位量值”和“电阻单位量值”。

时间和频率是国际度量衡中非常重要的物理量，也是目前各个物理量中可以被测量的准确度领先的物理量。时间和频率国际标准是国际权度局综合全球各实验室的原子钟统一计算的国际原子时，并与世界时关联后产生协调世界时尺度。参与 TAI 计算的每台原子钟被分配一个加权因子，在计算中较好的原子钟赋予较大的权重。2014 年以前，铯原子钟在国际原子时计算中占的权重要大于氢原子钟；但在 2014 年后，国际权度局更新了原子时权重计算方法，将“可预报性”作为权重计算的重要因素，使得氢原子钟在原子时计算中的权重大幅增加（Song et al., 2017）。通过复杂的原子时算法，国际权度局可以获得更加接近原子时秒定义秒长，从而为国际时间溯源提供参考。

依据国际权度局的要求，各成员国相关单位守时实验室保持的协调世界时 UTC(*k*)必须实现向国际单位制 SI 秒的溯源，以确保国际秒定义的准确传递。目前，各实验室保持的时间频率国际溯源手段主要是通过 GNSS 共视、GNSS PPP 和 TWSTFT 技术实现。中国科学院国家授时中心保持的我国标准时间也同样通过上述三种远程高精度时间比对手段参与国际原子时比对网，并实现国家标准时间向 UTC 的溯源。图 4.22 为截至 2019 年参与国际原子时计算的国际时间比对网，图中 NTSC、USNO、SUS 等代号均为参与国际国家原子时合作的实验室名称缩写。该网中有一个比较重要的节点，这个节点就是位于德国的 PTB，它是国际时间比对网主节点，负责实现国际各守时实验室与 PTB 之间时间比对，进而将各实验室的原子钟数据转换到统一的参考。

时间频率溯源实际上是通过时间比对手段获得本地时间与参考时间之间的偏差，并通过改正数或实际信号的控制，使得本地保持的时频信号与参考信号高精度一致。时间频率国际溯源就是通过国际时间比对链路获得守时实验室保持的 UTC(*k*)与 UTC 的偏差，并通过频率驾驭手段使得本地保持的 UTC(*k*)物理信号与 UTC 保持一致，实现国际溯源。

在实际国际溯源比对链中，部分实验室为了保证溯源链路的稳定性和可靠性，采用 TWSTFT 结合 GNSS PPP 等多手段溯源的方式实现其国际溯源。目前，拥有 TWSTFT 和 GNSS 时间双比对链路的实验室有近 20 个，只采用 GNSS 时间比对链路的实验室有超过 60 个。图 4.23 为参与国际原子时计算的守时实验室国际时间溯源手段分布。

依据第 3 章关于远程时间比对系统的描述，当前时间比对精度较高的远程时间比对技术包含 TWSTFT 比对技术和 GNSS PPP 高精度时间比对技术，这两种技术也是目前国际时间溯源比对的主要手段，同时还有部分实验室采用 GNSS CV 技术建立其与国际标准时间的溯源关系。需要说明的是，不同溯源比对手段的选择依赖于实验室追求的溯源比对精度和本身的财政状况。总的来说，国际时间溯源比对技术朝着比对精度越来越高、比对实时性越来越强的方向发展。

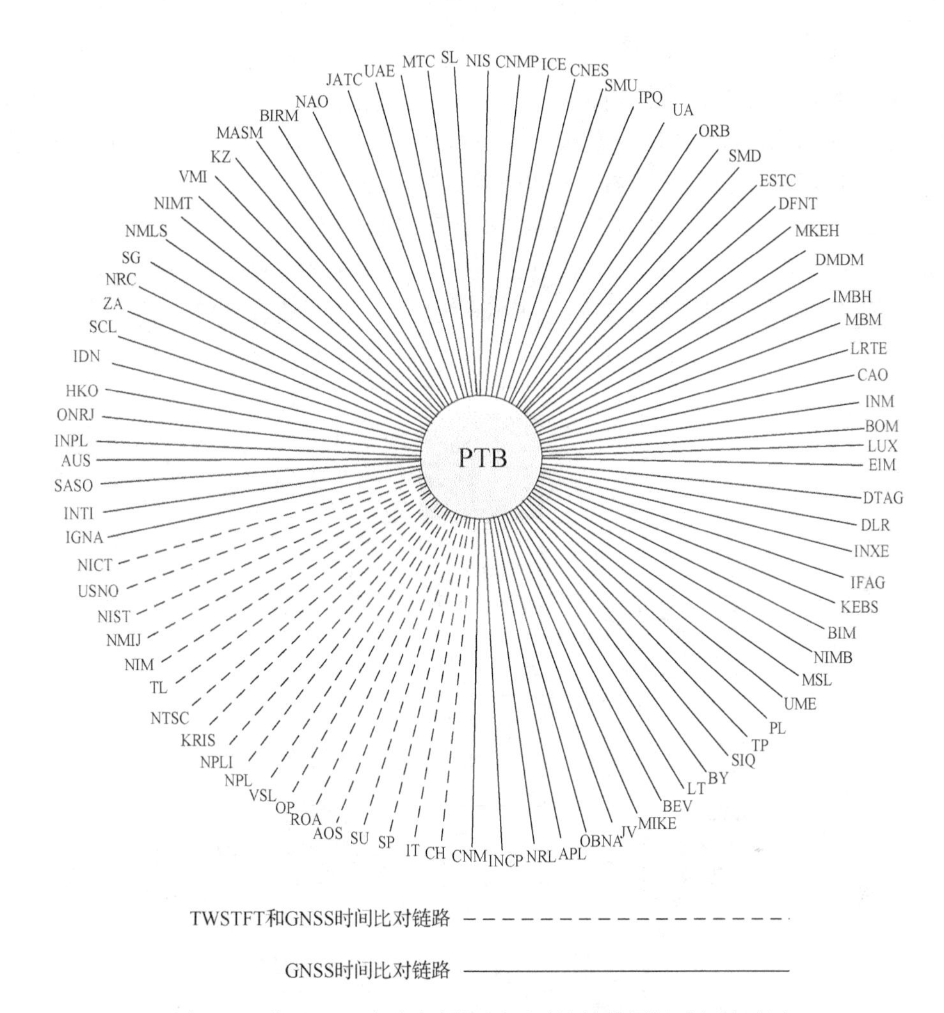

图4.22　截至2019年参与国际原子时计算的国际时间比对网

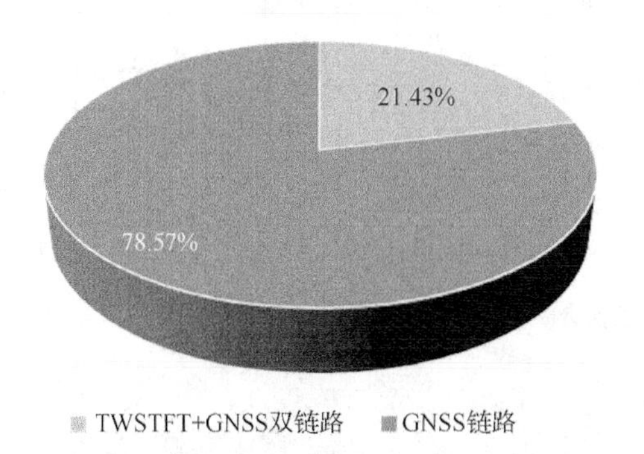

图4.23　参与国际原子时计算的守时实验室国际时间溯源手段分布

我国国家标准时间 UTC(NTSC)采用的国际溯源比对技术包含 TWSTFT 和 GNSS PPP 时间比对技术，两种技术相结合，确保溯源比对链路的可用性。我国其他各授时系统时间参考均溯源到国家标准时间 UTC(NTSC)。图 4.24 表示 NTSC 时间频率溯源测量链路。NTSC 利用氢原子钟组和铯原子钟组，建立并保持授时的时间基准：原子时 TA(NTSC)和国家标准时间 UTC(NTSC)。国家标准时间通过 TWSTFT 和 GNSS PPP 时间比对技术，向上溯源到国际时间标准，并为国际协调世界时 UTC 产生做出贡献，向下将国家标准时间通过不同手段传递至不同的用户。

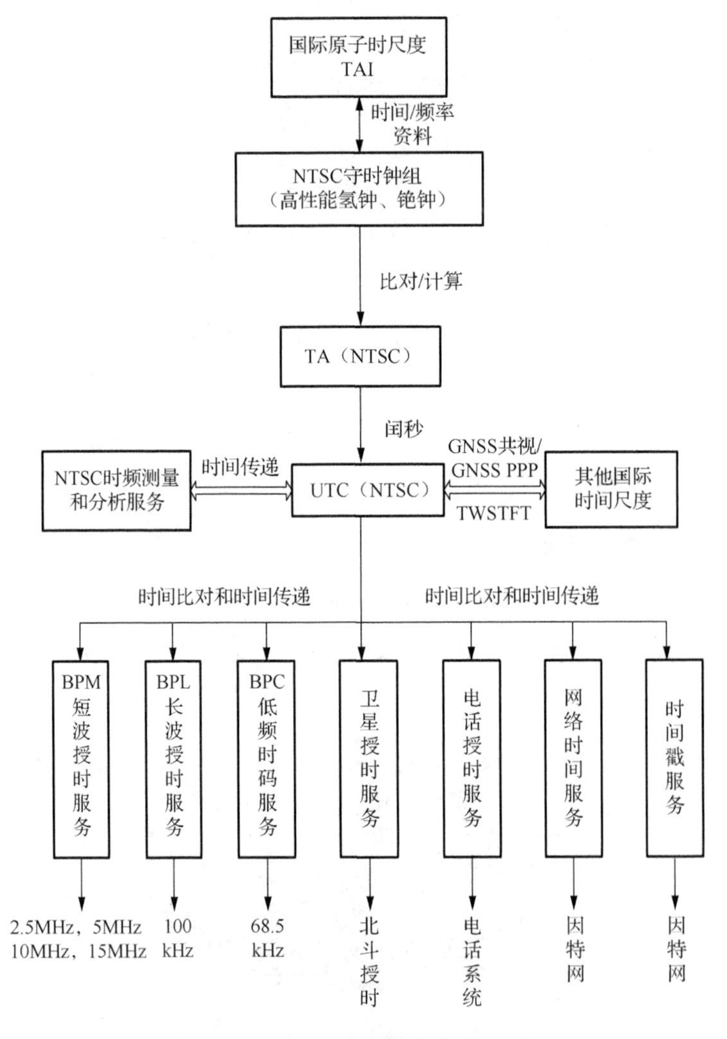

图 4.24　NTSC 时间频率溯源测量链路

NTSC 保持的国家标准时间与国际标准时间的比对，就是溯源链的第 1 阶段测量。第 2 阶段是它对各种授时发播服务的控制。这些发播服务都与 NTSC 时间尺度进行连续比对，并尽力保持测量不确定性尽可能小。第 3 阶段是 NTSC 与用户的联系。NTSC 发播的信号经一定的传播路径到达用户。如前所述，NTSC 向用户提供计算这些传播延迟计算公式和改正方法。溯源链的最后一个环路是用户的接收和测量系统。接收机的分辨率和测量系统引进的延迟，要靠用户自己去研究和消除，以尽可能保持授时信号的最高精度。

参 考 文 献

白杉杉, 董绍武, 赵书红, 等, 2018. 主动型氢原子钟性能监测及评估方法研究[J]. 天文学报, 59(6): 1-5.

李滚, 袁海波, 2006. 原子钟数据消噪方法比较研究[J]. 电气测量技术及仪器，20(6): 512-516.

宋会杰, 董绍武, 王燕平, 等, 2019. 基于渐消因子的改进 Kalman 滤波时间尺度[J]. 武汉大学学报·信息科学版, 44(8): 1205-1213.

王正明, 屈俐俐, 2003. 地方原子时 TA(NTSC)计算软件设计[J]. 时间频率学报, 26(2): 96-102.

袁海波, 李滚, 王正明, 2005. 小波包分解算法及 Kalman 滤波进行原子钟信号消噪的比较[J]. 电子测量与仪器学报, 19(6): 21-24.

袁海波, 王正明, 董绍武, 2006. 监控 UTC(NTSC)的参考原子时 TA(NTSC)算法[J]. 电子测量与仪器学报, 增刊: 1512-1515.

赵书红, 董绍武, 白杉杉, 等, 2020. 基准频标与守时频标联合的频率驾驭算法研究[J]. 仪器仪表学报, 41(8): 67-75.

赵书红, 董绍武, 白杉杉, 等, 2021. 一种优化的频率驾驭算法研究[J]. 电子与信息学报, 43(5): 1457-1464.

ANDREUCCI C, 2000. A new algorithm for the French atomic time scale[J]. Metrologia, 37(1): 1-6.

AZOUBIB J, 2001. A revised way of fixing an upper limit to clock weights in TAI computation[C]. Proceedings of the 32th Annual Precise Time and Time Interval (PTTI) Meeting, Long Beach, CA: 2-6.

BARNES J A, 1966. Atomic timekeeping and the statistics of precision signal generators[J]. Proceedings of the IEEE, 54(2): 207-220.

BIPM Time Department, 2019. BIPM Annual Report on Time Activities for 2019[R]. Paris: BIPM.

HANADO Y, MORIKAWA T, IMAE M, et al., 2003. Special issue on time and frequency standard[J]. Journal of the National Institute of Information and Communications Technology, 1: 155-169.

ISO/IEC GUIDE 17025, 2017. General Requirements for the Competence of Calibration and Testing Laboratories[R]. Geneve :ISO.

ITU, 1996. Handbook Selection and Use of Precise Frequency and Time Systems, Radio Communication Bureau[R]. International Telecommunication Union.

MATSAKIS D, MIRANIAN M, 2003. Steering strategies for the master clock of the U.S. Naval Observatory (USNO)[C]. Proceedings of the 35th Annual Precise Time and Time Interval (PTTI) Meeting, San Diego, CA: 1-6.

MICHAEL L, 2002. NIST Time and Frequency Services[R]. Boulder: National Institute of Standards and Technology.

SONG H J, DONG S W, RUAN J, et al., 2017. A atomic time algorithm based on predictable weighting and wavelet multi-scale threshold denoising[C]. 2017 European Frequency and Time Forum & IEEE International Frequency Control Symposium (EFTF/IFCS), Besancon, France: 381-384.

TAVELLA P, THOMAS C, 1991. Comparative study of time scale algorithms[J]. Metrologia, 28(2): 57-63.

THOMAS C, AZOUBIB J, 1996. TAI computation: Study of an alternative choice for implementing an upper limit of clock weights[J]. Metrologia, 33(3): 227-240.

WANG Z M, 2008. Experiments on a time scale algorithm for introducing hydrogen masers into an ensemble of cesium clocks[J]. Metrologia, 45(6): 38-41.

YUAN H B, DONG S W, WANG Z M, 2007. Performance of hydrogen maser and its usage in local atomic time at NTSC[C]. 2007 IEEE International Frequency Control Symposium Joint with the 21st European Frequency and Time Forum, Geneva, Switzerland: 889-892.

YUAN H B, GUANG W, 2012. Frequency steering and the control of UTC(*k*)[C]. 2012 IEEE International Frequency Control Symposium Proceedings, Baltimore, Maryland: 888-892.

ZHAO S H, YIN D S, DONG D, et al., 2014. A new steering strategy for UTC (NTSC)[C]. 2014 IEEE International Frequency Control Symposium (IFCS), Taiwan, China: 210-212.

第5章　守时条件控制

现代守时系统是精密的综合系统，涉及的主要仪器设备通常包括守时型原子频率标准（原子钟）、本地精密测量比对设备、远距离时间比对系统（GNSS 接收设备、通信卫星地面站等）、标准时间频率信号产生和分配设备等，这些仪器设备具有不同的温度效应、电磁效应。例如，MHM2010 主动型氢原子钟的温度系数可达 $1.0\times10^{-14}℃^{-1}$，磁灵敏度为 $3.0\times10^{-14}Gs^{-1}$，电源灵敏度为 $1.0\times10^{-14}V^{-1}$。因此，一个完整的守时系统除了原子钟、本地精密测量比对设备等外，还需要环境（温度、湿度）、电磁、电力等条件保障（辅助）系统的保障才能完成精密守时工作（董绍武等，2016）。

原子钟是利用原子能级间的跃迁频率做参考而运转的，原子核周围的电子因吸收或者放出能量发生跃迁，从而辐射出频率极其稳定的电磁波，因此原子钟内部的原子与电磁场间相互作用是时刻在发生的。原子钟内部有良好的电磁屏蔽设计，特别是氢原子钟会设置多达 4～5 层屏蔽层，以防止外界磁场变化引起的频率不稳定。尽管如此，原子钟运行环境的磁场变化依然会引起原子钟实际性能的变化。

另外，电力保障是现代守时系统运行的基本条件，现代守时系统依赖于稳定的电力供应才能可靠运行。有效接地、供配电不同相间的平衡、电磁兼容也是影响守时系统性能的重要因素。有实验表明，地磁场对设备性能影响可忽略，但接地电阻的影响不容忽视，曾观测到设备接地不良时的信号畸变现象，但具体机理及定量描述需要进一步实验验证。经验要求时间基准系统接地电阻应小于 0.4Ω。

现代守时系统中，守时系统连续可靠运行的外部条件包括电力保障和守时环境保障等。

5.1　电 力 保 障

现代守时系统的各部分主要是电子类设备，因此对电力供应具有极高的要求。时间的起点一旦被定义就必须连续不间断地保持下去，以进行各种标准时间信号的积累、编码和分配，如果时间基准系统中断后重新启动，势必要重新定义时间起点，将对国家造成不可估量的损失，因此电力保障系统设计首先必须考虑系统运行的可靠性，采用多路供电以避免电力中断。以中国科学院国家授时中心时间基准系统电力保障为例，我国时间基准系统 UTC(NTSC)作为国家重大科技基础设施——长短波授时系统的重要组成部分，采用国家一级供电，两路高压供电来自不同电站，同时备有大型发电机组，提供给守时实验室的是经过稳压后符合守时运行重要仪器设备要求的交流电，最终接入时间基准系统的外部电力由不间断电源（uninter-ruptible power supply，UPS）提供。同时，现代原子钟本身配备有备用干电池组以保证电力供应的万无一失，相当于四级供电保障。NTSC 时间基准供配电保障系统结构和专用低压配电系统分别如图 5.1 和图 5.2 所示。

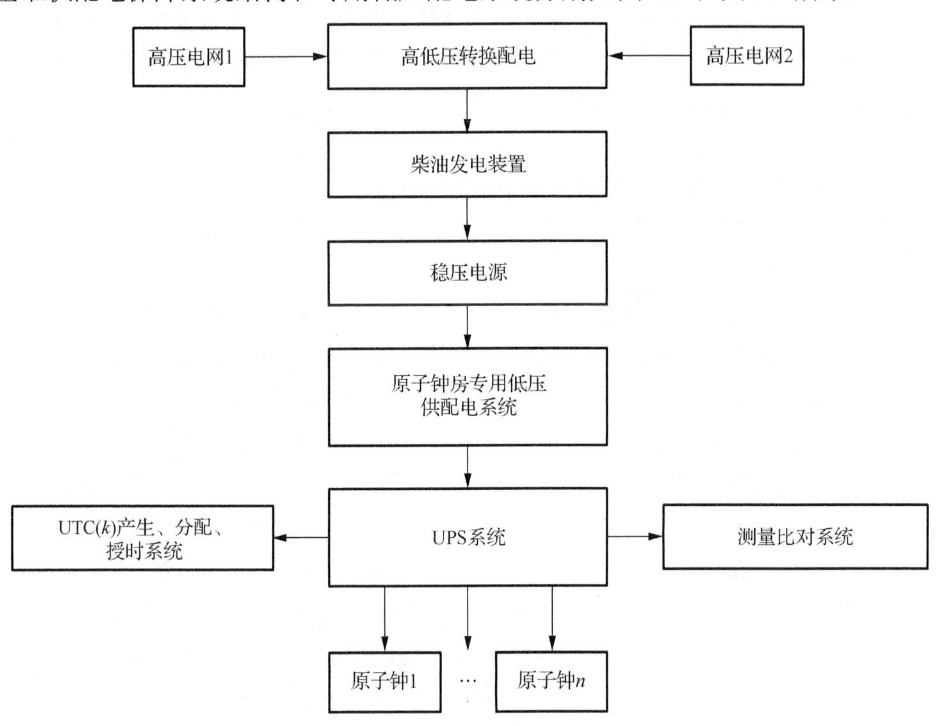

图 5.1 NTSC 时间基准供配电保障系统结构

图 5.2 NTSC 时间基准专用低压配电系统

5.2　守时环境保障

温度是影响守时结果的最主要因素之一。由于原子钟自身的特性，原子钟通常须放置在恒温恒湿的环境中才能稳定可靠工作。守时实验室都建有控温机房，一般来说氢原子钟要求温度变化范围在±0.1℃，铯原子钟要求在±0.5℃。精密测量比对设备时延、电缆时延都会随着温度变化而改变，本地测量比对设备通常放置在温控较好的专业实验室，一般要求温度变化在±2℃。由于 GNSS 接收机天线放置在室外，完成精密测量任务需要配置恒温箱天线，同时 GNSS 接收天线要选用低温度系数电缆。

氢原子钟 1000s 以下的短期稳定度靠其自身的温控层保障，中长期稳定度则主要取决于氢原子钟房的环境温度。环境温度变化是造成氢原子钟输出频率长期漂移的主要因素（Shemar et al.，2010；Parker，1999）。

原子钟的温度特性及效应要求其保持热平衡状态。温度的设置应便于实现恒定控制。以美国海军天文台（USNO）为例，为了保证原子钟及测量比对系统的性能，USNO 原子钟房温度变换控制在±0.1℃，相对湿度变化控制在±3%（部分资料是±1%）。在保持原子钟房恒温的同时，还要注意温度梯度及空调设备气流的影响，尽量保持均匀热交换及守时环境的稳定性。已经实验观测到在换季时温度剧变对原子钟性能的影响，因此有条件时，将原子钟放置在相对独立的恒温箱中是最理想的，见图 5.3。

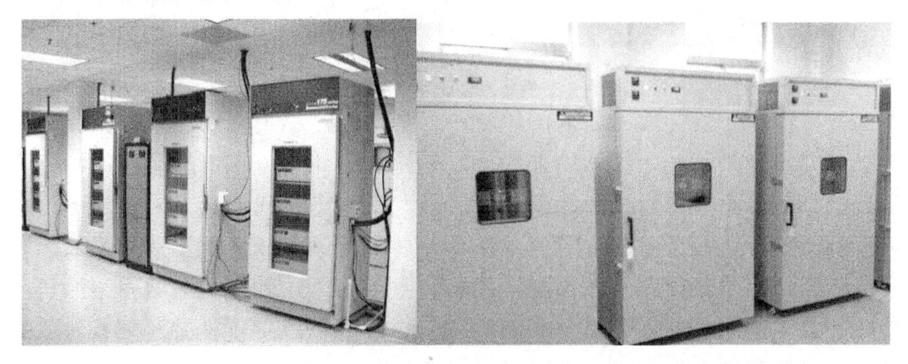

图 5.3　原子钟恒温箱

相关研究表明，湿度对守时型氢原子钟的性能有一定影响，国外研究报告认为应该将氢原子钟房湿度控制在±5%变化范围，湿度对铯原子钟性能的影响还没有明确的结论。由于气候变化，要保持±5%湿度变化并不容易实现，需要建立经专门设计的恒温恒湿精密原子钟实验室或者专业的恒温恒湿装置（Wang et al.，2010；Wang，2008）。

原子钟运行的外部环境因素包括温度、湿度、电磁场、地磁场、振动及大气压等。这些不确定因素都会引起原子钟性能的变化，而且不同环境因素所带来的影响也不相同，确切机理很复杂。然而，最终结果都会表现在钟输出频率的突变和漂移上，会不同程度地影响到守时系统工作的稳定性。目前，这些不确定因素对原子钟性能的影响还难以建立确定的数学模型，从而很难完全消除，但是可以通过改善和控制环境因素来减弱环境带来的影响。虽然国内外许多文献对环境影响做了不同程度的分析研究，但需要指出，大多数研究所建立的模型或者数据分析基本属于定性分析，没有完全实现定量研究。一些专家认为，在目前的技术基础和条件下，对所有环境因素的影响进行定量研究几乎不可能，这是因为环境因素变化复杂，定量模型较难建立，只能通过建立定性或者半定量模型，来概略研究这些影响。同时，目前的工艺和技术水平也不能完全消除外界环境因素的影响。

下面以铯原子钟为例，说明温湿度和电磁环境对原子钟性能的影响。

1）温湿度

在实验室环境下，通过测量环境温度变化和原子钟输出频率的变化可以计算原子钟的温度系数：

$$F_{\mathrm{T}}=\frac{f_{\mathrm{A}}-f_{\mathrm{B}}}{(T_{\mathrm{A}}-T_{\mathrm{B}})f_0} \tag{5.1}$$

式中，F_{T}为原子钟的温度系数；T_{A}、T_{B}分别为不同环境温度值；f_{A}、f_{B}为环境温度分别为T_{A}、T_{B}时的频率测量值；f_0为频率标称值。根据实验结果，氢钟的典型温度系数可达10^{-14}量级，具有明显的温度效应，钟个体温度系数差别较大。

2）电磁场

原子钟的内部核心部件是其物理部分，其中铯钟是铯束管，氢钟是储存泡，物理部分工作在一定强度的稳定的磁场中，并经过严格的电磁屏蔽以消除或者尽量减少外界磁场的影响，维持内部磁场的稳定。理论上，这些屏蔽措施使外界磁场变化的影响减小到了可以忽略的程度。例如，原子钟磁屏蔽要求将地球磁场影响减小到十万分之一（10^{-5}）或更小；铯原子钟的原理是以铯原子达到最大激发分布来标定一个固定频率。也就是说，用一定频率范围内的微波去激发铯原子，能够激发最多铯原子的频率就是其固有频率，以此为标准进行计时。固有频率是事先确定的，铯原子的激发率是随着微波频率变化的，激发率随微波频率变化的峰值所对应的频率，就是要确定的标准频率，这个峰的陡峭程度，则表明了测量的准确度，一般用半高宽来标定其准确度。如果铯原子分布在变化的磁场中，则铯原子的能级会发生分裂，从而导致铯原子激发率随频率分布的峰发生展宽，影响精度（王义遒，1986）。

原子核周围的电子会因为吸收或放出能量而跃迁，辐射出频率十分稳定的电磁波，用这种原子谐振频率（原子在特定能级之间跃迁的辐射频率）控制的实用标准频率发生器和计时装置就是当前守时系统普遍使用的高精度、高稳定度原子频率标准(原子钟)。在铯原子频率标准中,用作参考标准的是[(F=4, mF=0)$\leftrightarrow$$F$=3, mF=0)]能级跃迁,其相应跃迁频率 f_{Cs} 为

$$f_{\text{Cs}} = f_0 + 427.446H_0^2 \tag{5.2}$$

式中,f_0 为频率标称值,f_0=9192631770Hz;H_0 为工作磁场。如果 H_0 变化,则输出频率就会相应变化,引起误差。

同时,由于原子跃迁的频率与磁场相关,因此影响原子钟频率稳定度的主要因素还有磁场电源不稳定、磁场屏蔽筒剩磁变化等。

3)其他环境因素影响

通常认为,温度、湿度、磁场是影响原子钟性能的主要因素,这些物理量在现有技术条件下相对便于测量。振动、大气压等则较难测量,一般实验室没有相应的测量条件。理论上,大气压变化会引起原子钟物理部分的谐振腔结构压力的变化,使原子钟频率发生变化。大气压变化作用于原子钟电磁谐振腔周围的真空装置,破坏腔内电磁场,从而改变了原子钟谐振频率。有文献对氢钟的气压影响进行分析,认为大气压变化和原子钟漂移存在反比关系,即大气压减小漂移增大,反之减小,大气压引起的氢钟漂移可达 10^{-15}～10^{-13} 量级。大气压变化通过影响谐振腔频率,最终影响原子钟的输出频率。

振动则会引起原子钟核心物理部件的形变,从而改变谐振频率并最终影响原子钟输出频率,但影响因子未有确切的实验数据。

4)环境因素综合分析

原子钟性能与环境因素变化的相关性是确定无疑的。通常认为,氢原子钟具有较大的温湿度效应、振动效应和磁场效应,因此环境温湿度、磁场变化、剧烈振动等都会严重影响氢原子钟输出频率的稳定性。铯原子钟的环境效应相对较小。目前,守时实验室普遍采用内部带有温度补偿电路的高性能铯原子钟,利用内置智能芯片对检测到的外界温度变化进行补偿,因此其温度效应明显改善。

磁场不均匀会引起氢原子钟二次频率漂移,因此环境变化(主要是温度和磁场)对氢钟性能影响较大。湿度变化也会造成氢钟的频率漂移,季节性温湿度变化对铯原子钟的长期稳定度有影响。根据实验,MH2010 主动型氢原子钟的磁场灵敏度为 $3.0\times10^{-14}\text{Gs}^{-1}$,电源灵敏度<$1\times10^{-14}\text{V}^{-1}$,其辅助输出产生器(auxiliary output generator,AOG)的温度敏感性<10ps/℃,通常氢钟启动时需要大电流,功率可达标称稳定运行功率的一倍以上。5071A 高性能铯原子钟要求直流磁场小于 7.8Gs;冲击小于 30g/11ms;3 轴振动要符合正弦测试条件对环境等级 3 的军事特性 Mil-T-28800D 要求。运行电压范围为[(220～240)±10%]V,45～66Hz。

总之,守时实验室环境因素会影响原子钟的性能,由于不同类型原子钟本身的特性,环境因素对氢原子钟的影响要大于铯原子钟,因此对氢原子钟房的环境

控制要求更高。有文献报道，通过实验，原子钟房的环境控制满足下列要求时，其频率稳定度能基本维持频率标称值，不会有大的下降：

（1）原子钟房温度保持在 20～25℃，温度要尽量保持恒定，氢原子钟房一天的温度变化要在±0.10℃（安卫等，2018）。

（2）原子钟房的湿度应保持在 30%～80%，氢原子钟房一天湿度变化应控制在±5%。

（3）原子钟房尽量采取电磁屏蔽防护措施以减小外界电磁场变化对原子钟性能的影响。氢原子钟安放位置磁场应小于 0.4Gs，其周围磁场变化应控制在±0.02Gs。

（4）直接供应原子钟及主要测量比对仪器设备的交流电压 220V 的最大变化应在±10%，50Hz 最大变化应在±3%。并具有良好的接地，接地电阻应小于 0.4Ω。

（5）原子钟应尽量放置在防静电和防振动专用地板或台座上，振动变化最大值应小于 0.001g。

以上仅以原子钟为例，将守时环境的影响做了说明，实际上环境的影响不只是对原子钟，对守时系统的各个部分都有影响，如天线时延、电缆时延、测量设备噪声等，为了保证守时系统的正常稳定运行，良好的环境保障是非常重要和必需的基本要求。

5.3　守时系统状态监测

5.3.1　设备噪声和干扰

时间基准硬件系统包含原子钟、频率及脉冲分配放大器、电子转换开关、相位改正设备、时间间隔计数器、相位比对设备和各型信号电缆等。最新型的氢原子钟具有极低的信号噪声，秒级稳定度可达 10^{-13} 量级，通常作为标准时间物理信号的频率源。由于目前要求实现亚纳秒量级的测量精度，因此时间基准系统各环节上测量比对设备及连接电缆带入的测量噪声不容忽视。反过来，一些测量比对设备又对输入的本地参考信号品质具有很高的要求，如用于卫星双向时间频率传递系统的调制解调器，当其输入的参考信号上升沿和信号抖动不满足需要时，比对结果会呈现很大的误差，甚至出现设备不工作或工作异常。以 NTSC 的 4 台氢原子钟（H226、H227、H296、H297）为例，采用相同时段 4 台氢原子钟原始比对测量数据进行比较分析，可以明显看到噪声对测量结果的影响，如图 5.4 所示（袁海波等，2005a；王正明等，2003）。

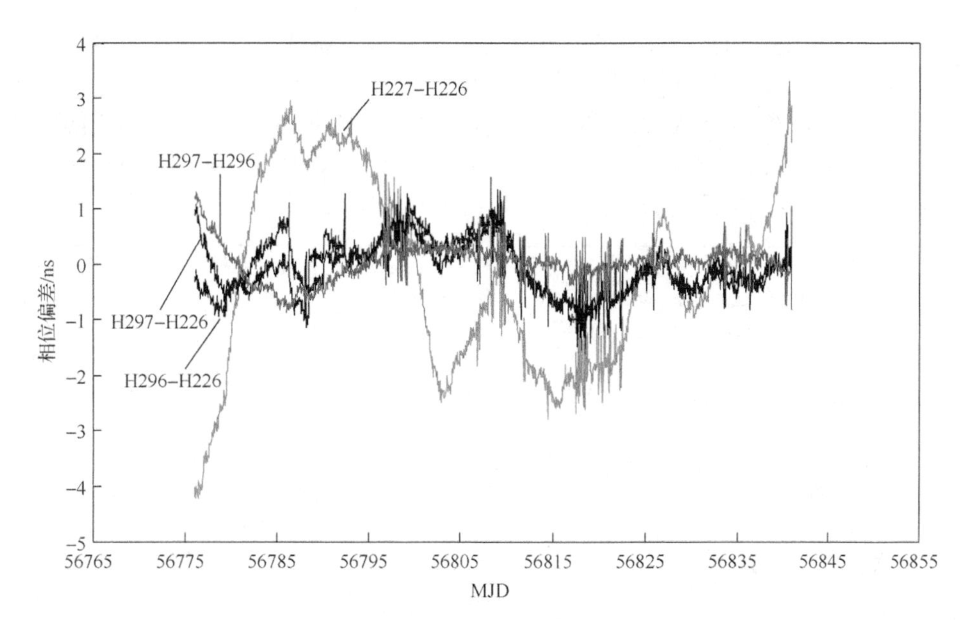

图 5.4　4 台氢原子钟相位两两比对数据扣去 3 次多项式后的结果

从图 5.4 可以看到，这些异常噪声点发生在几乎相同时刻，这样的噪声大概率不是来自原子钟本身，而是来自测量比对系统某个环节。因此，设备噪声和干扰也是守时工作需要密切监测和处理的误差干扰源（Yuan et al.，2007）。

对图 5.4 曲线做进一步平滑，用残差大于 3 倍方差原则去除大的噪声点后再次平滑，并计算比对结果在剔除大噪声点之后的方差，见表 5.1。由表可以看出 4 台氢原子钟两两比对的正常噪声偏差数据绝大部分应该集中在 0.1ns 左右，进一步说明比对结果中的干扰噪声是来自测量比对硬件设备和线路。

表 5.1　4 台氢原子钟比对结果中的噪声

比对曲线	方差/ns
H227–H226	0.112
H296–H226	0.105
H297–H226	0.105
H297–H296	0.069

将 H227–H226 和 H297–H296 两条曲线中剔除出来的异常噪声数据点作为时间序列作图，从图 5.5 中可以更明显地看出这些异常噪声点在某些时间段频繁发生，其相位偏差大于 0.3ns。仔细分析他们发生的时刻，并不严格限定在同一个比对时刻（原子钟比对是在每小时整点进行）。实际上，每台钟和主钟的比对时间也不是在同一个时间刻度上（如果是多路并行比对则不会出现这种情况），因此应该

可以认为是测量比对系统中某个（或者某些）硬件设备或者信号电缆在某些时间段上因为环境或其他原因而产生噪声。图 5.6 和图 5.7 是通过各级信号分配放大器输出信号与参考信号的比对结果。由图示可知，经过各个隔离放大器输出的信号有 0.1～0.4ns 的相位偏差，特别是信号分配放大器 MC-166 的噪声幅度可达±1ns 以上，这样的信号可能会引起 TWSTFT 及 PPP 设备的工作异常。

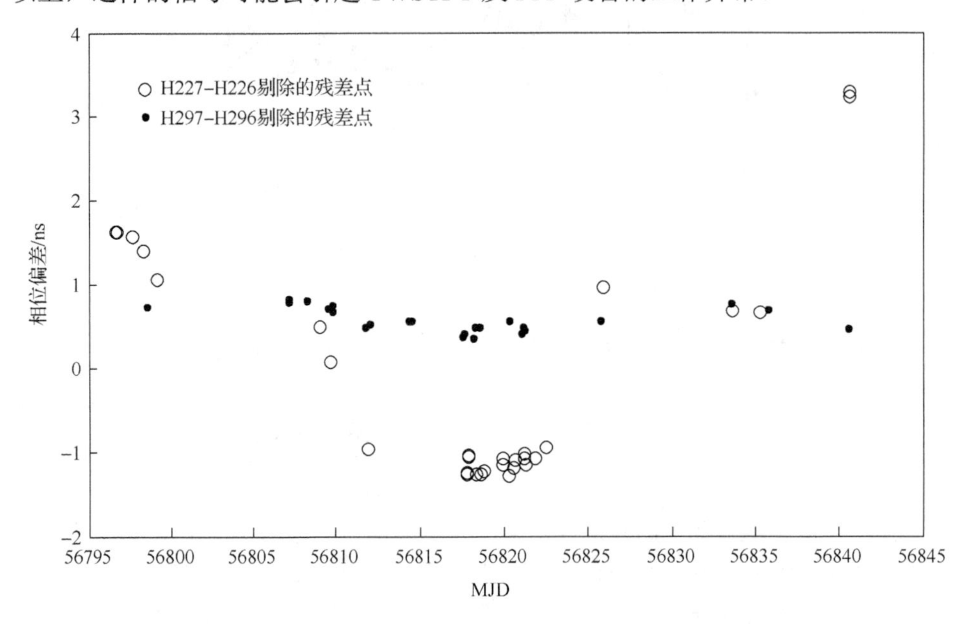

图 5.5　H227-H226、H297-H296 比对结果残差大于 0.3ns 的数据点

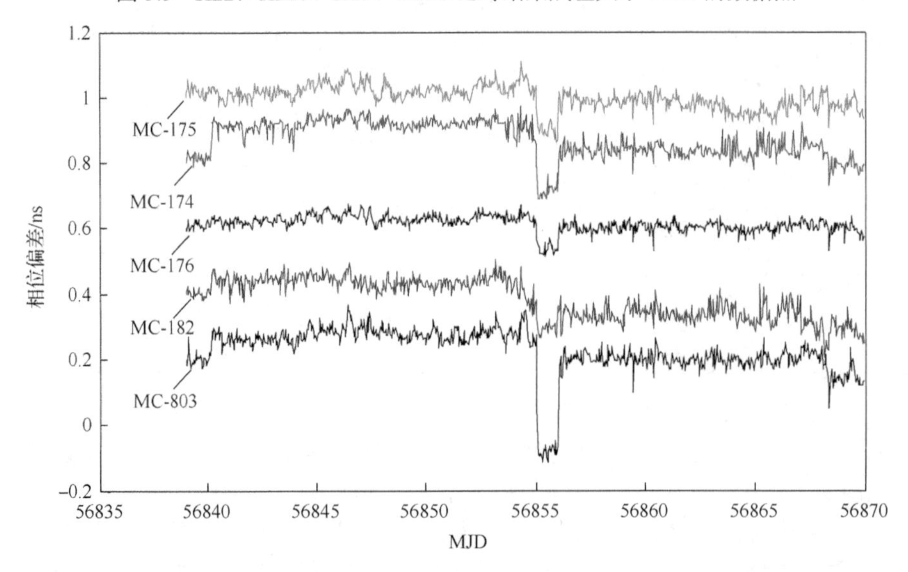

图 5.6　各级信号分配放大器输出信号与参考信号的比对结果

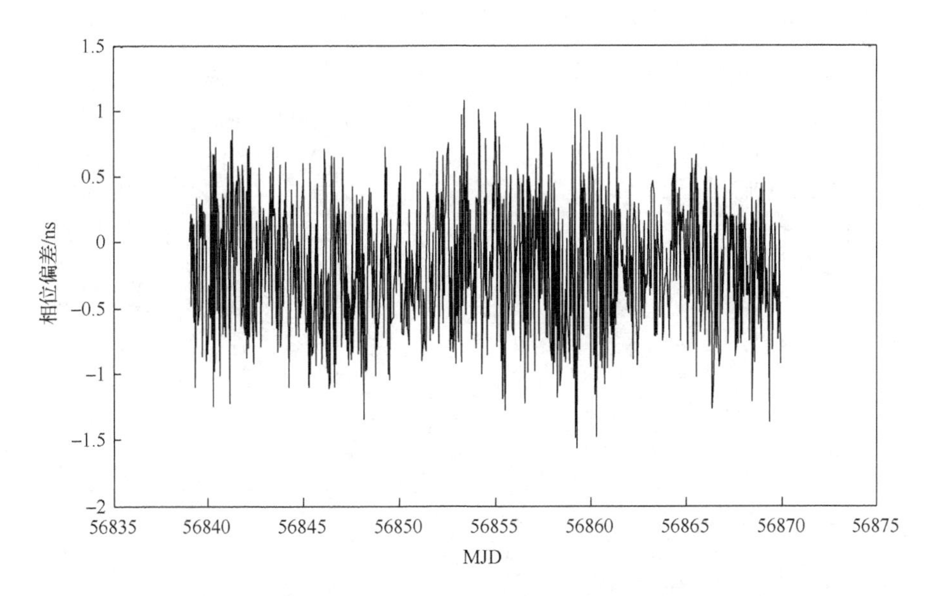

图 5.7　信号分配放大器 MC-166 输出信号与参考信号的比对结果

5.3.2　系统状态实时监测

现代守时系统是一个高精密的测量系统，涉及多个物理、电子过程。在当前纳秒甚至亚纳秒量级的测量精度上，有时条件控制会对测量结果产生重大甚至决定性的影响，因此守时系统状态监测和报警就非常重要。守时系统是包括了守时钟、内部测量比对仪器、远距离同步设备等很多硬件的系统，对守时系统硬件状态实时监测并报警必须涵盖系统的各个部分（Skinner et al.，2005）。完整的系统状态监测系统包括钟房温度监控、原子钟内部参数自动收集和分析、守时系统故障监测和报警系统等一系列守时辅助系统，保证守时系统稳定、可靠。

守时钟房温度、湿度等环境参数的变化会引起原子钟输出频率的变化，从而导致原子钟长期性能变差。为避免工作人员经常性出入钟房读取数据引起钟房环境的变化，特设计了钟房环境数据自动采集、处理和报警系统，当室温超出设定值时将报警。

原子钟在运行过程中其性能会发生规律性和突发性的变化，而这些变化会通过其内部参数反映出来，因此需建立原子钟内部参数监测系统，通过对内部参数变化的分析判断预报钟性能的改变，以及钟性能可能的异常，从而达到优化使用的目的。图 5.8 为氢原子钟参数监测与分析软件界面。

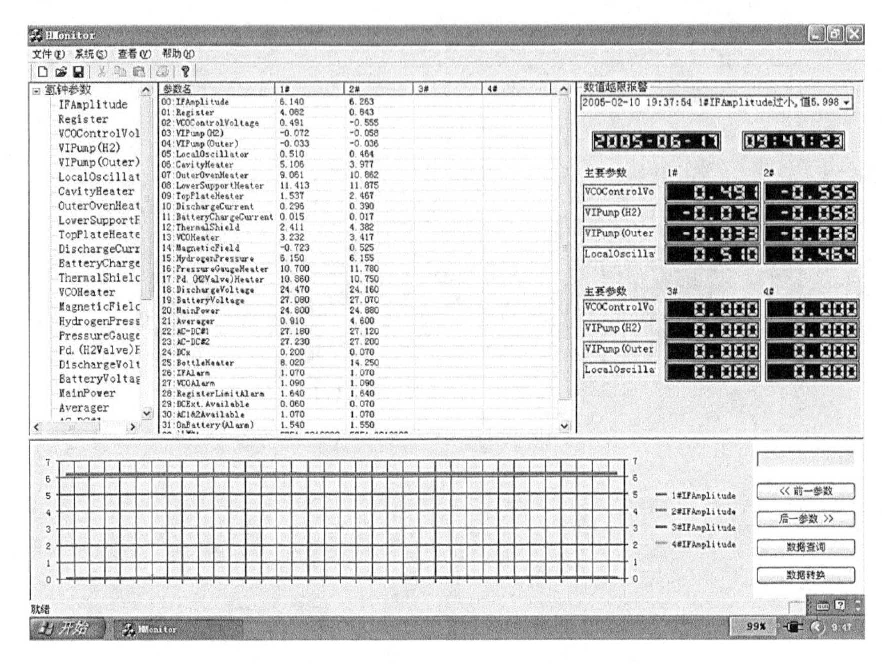

图 5.8　氢原子钟参数监测与分析软件的界面

5.4　主钟信号完好性监测

主钟信号是由主钟系统输出并提供各类应用的时间频率基准信号。主钟信号的完好性监测就是对主钟输出的 1PPS、5MHz/10MHz 等信号进行监测，包括信号连续性、稳定性、抖动和强度等。一般对根据各实验室的主钟信号分配网主钟信号完好性逐级进行实时监测，各实验室监测级次也因信号分配级次的不同而不同（袁海波等，2005b）。

以 UTC(NTSC)主钟信号完好性监测系统为例，主钟系统输出的精密时间频率信号完好性实时监测系统主要基于时间频率分配器构成的三级分配网络，对各级分配器输出的时频信号状态进行实时完好性监测。完好性监测依赖的硬件为时间频率信号分配器、示波器和时间间隔计数器等设备。监测软件以直观的图形方式显示设备的组网逻辑和各设备之间的连接关系，用户通过图形化显示的连接关系能方便做出故障诊断和分析。软件通过信号监测网络获取各分配器所有通道的工作状态，对于信号的有无以直观的图形化方式显示在用户终端设备上。主钟信号完好性监测系统结构如图 5.9 所示。

监控窗口使用逻辑连接框图显示监控界面，用户可通过给出状态判断诸如分配器设备的完好性，设备与设备之间的连接状态等。当系统中出现设备故障时，系统通过主窗口直接显示出现故障的设备及其故障说明等信息。

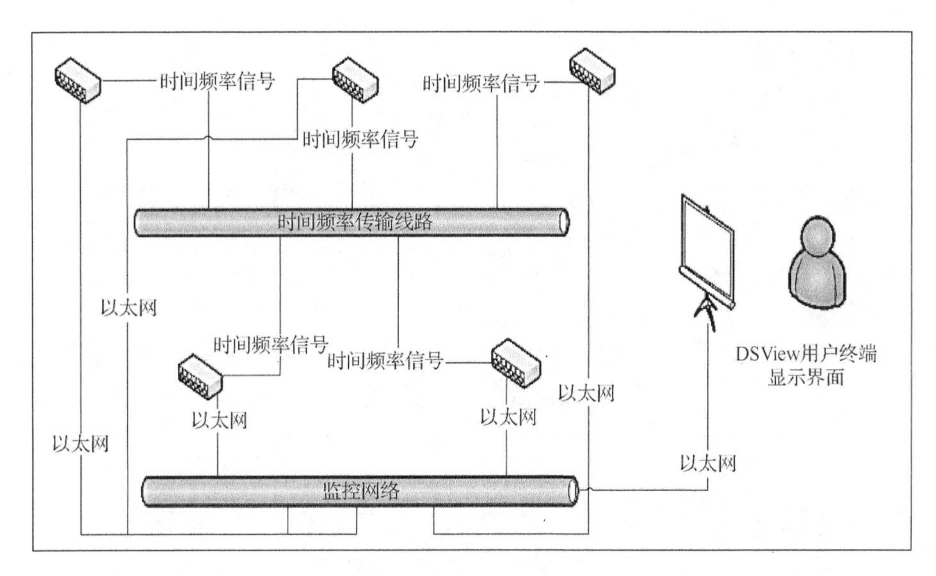

图 5.9　主钟信号完好性监测系统结构

对 UTC(NTSC)精密时间频率信号进行实时监测，监测工作主要涉及两种设备。首先是具备自动信号监测功能的频率分配设备和脉冲分配设备，监测系统选择了具备网络监控功能的频率和脉冲分配器，分别用于对精密时间频率信号和定时脉冲信号进行分配和传递工作，同时此类设备还具备对传递路径各个通道信号进行自动监测和参数传递功能。两种设备具备对输入信号的类型、输入输出信号的有无等实时自动监测；都可通过远程网络连接访问，这样可以对多个分配器构成的主钟信号传递路径进行集中监控。其次，还需要一台与各分配器进行通信并收集设备运行状态和告警的计算机软硬件系统，频率分配器和脉冲分配器通过远程接口与计算机软硬件系统链接，软件系统自动轮询并集中处理各设备的运行状态以及告警（蔡成林等，2003）。主钟信号完好性监测界面如图 5.10 所示。图 5.10 中对异常信号机型与告警，提示“一级 5 号输出口异常”，表示一级分配放大器 5 号通道信号出现异常。

对主钟信号监测另一个重要方面是主钟信号的品质监测。此功能需要使用较高测试带宽的示波器，系统中采用具备网络接口的示波器，该示波器的测试带宽为 500MHz，上升沿计算时间小于 800ps（用于守时领域的脉冲上升沿一般小于 2ns），可以满足对主钟信号品质监测的需要。

信号品质监测采用网口链接远程控制示波器完成对主钟信号的输出幅度、上升沿等关键信息的测量并采集相应测试结果，然后通过集中用户界面显示实时测量结果，一旦出现问题，系统会及时报警。图 5.11 为示波器测量秒信号上升沿界面。

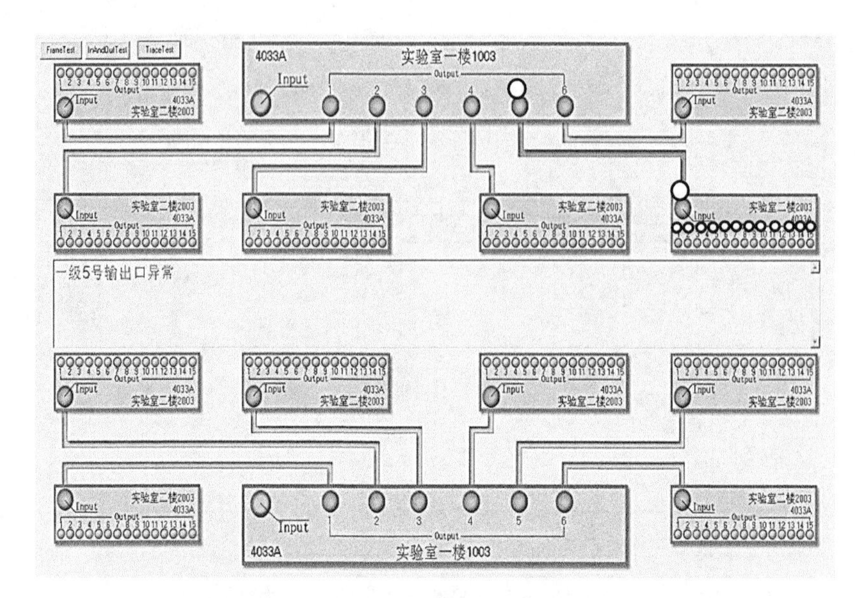

图 5.10　主钟信号完好性监测界面

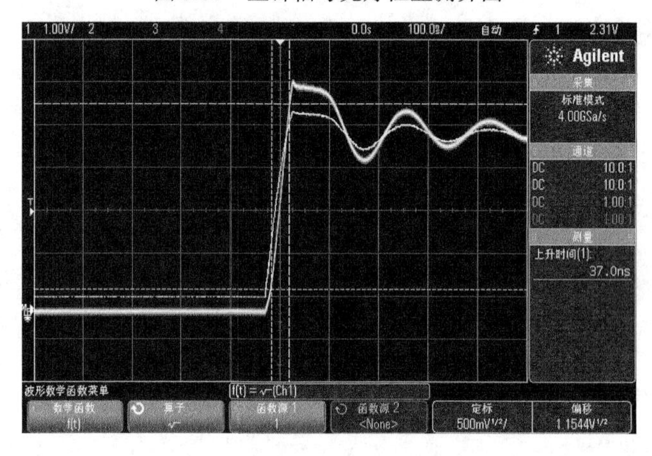

图 5.11　示波器测量秒信号上升沿界面

原子钟性能自动监测是信号完好性监测的重要内容。原子钟性能的监测和评估主要以频率稳定度、频率波动、长期频率漂移和相位噪声数据为参考，可采用相位噪声测试分析的方法实现。目前，守时系统产生主钟信号的原子钟相位噪声指标一般为 1Hz、10dB 左右，秒稳定度一般为 3×10^{-13}。

参 考 文 献

安卫, 张虹, 2018. 守时钟房温湿度监测系统[J]. 时间频率学报, 41(4): 347-353.
蔡成林, 董绍武, 2003. 基于 CTI 技术的守时系统故障报警实现[J]. 时间频率学报, 26(2): 103-110.

董绍武, 屈俐俐, 袁海波, 等, 2016. NTSC 守时工作：国际先进、贡献卓绝[J]. 时间频率学报, 39(3): 129-137.

王义遒, 1986. 量子频标原理[M]. 北京：科学出版社.

王正明, 屈俐俐, 2003. 地方原子时 TA(NTSC)计算软件设计[J]. 时间频率学报, 26(2): 96-102.

袁海波, 李滚, 王正明, 2005a. 小波包分解算法及 Kalman 滤波进行原子钟信号消噪的比较[J]. 电子测量与仪器学报, 19(6): 21-24.

袁海波, 王正明, 2005b. 监控 UTC(NTSC)的参考原子时 TA(NTSC)算法[C]. 2005 年全国时间频率学术交流会，西安：221-225.

PARKER T, 1999. Environmental factors and hydrogen maser frequency stability[J]. IEEE Transactions on Ultrasonics, Ferroelectrics, and Frequency Control, 46(3): 745-751.

SHEMAR S, DAVIS J, WHIBBERLEY P, 2010. Preliminary results from NPL's clock ensemble algorithm using hydrogen masers and caesium clocks[C]. EFTF-2010 24th European Frequency and Time Forum, Noordwijk, The Netherlands: 1-7.

SKINNER J, JOHNS D, KOPPANG P, 2005. Robust control of frequency standards in the presence of systematic disturbances[C]. Joint IEEE Frequency Control Symposium and the 37th Annual Precise Time and Time Interval (IFCS-PTTI) Meeting, Vancouver, Canada: 639-641.

WANG Q, ROCHAT P, 2010. An anomaly clock detection algorithm for a robust clock ensemble[C]. Proceedings of the 41st Annual Precise Time and Time Interval (PTTI) Meeting, Santa Ana Pueblo, NM: 121-130.

WANG Z M, 2008. Experiments on a time scale algorithm for introducing hydrogen masers into an ensemble of caesium clocks[J]. Metrologia, 45(6): 38-41.

YUAN H B, DONG S W, WANG Z M, 2007. Performance of hydrogen maser and its usage in local atomic time at NTSC[C]. 2007 IEEE International Frequency Control Symposium Joint with the 21st European Frequency and Time Forum, Geneva, Switzerland: 889-892.

第 6 章　全球卫星导航系统时间

卫星导航系统的三大基本要素为坐标基准、时间基准和信号体制。其中，时间基准的主要作用是为整个导航系统的测量提供一个稳定的时间参考，该参考可以为某一测量提供一个准确的时间信息，也可以为测距信号提供标准的频率源。常规认识中，时间参考量是一个不变的量，但在守时系统中，产生的时间或频率信号是一个随时间变化存在漂移的变化量，因此需要建立和保持该时间参考（又称时间基准）。卫星导航系统时间基准的建立和维持就是要建立一个相对稳定和准确的秒长参考量和频率参考量。

目前，正在运行的卫星导航系统主要包括美国的全球定位系统（GPS）、俄罗斯的全球卫星导航系统（GLONASS）、欧盟的伽利略卫星导航系统（GALILEO）及中国的北斗卫星导航系统（BDS）。这几大卫星导航系统均建立和保持着其独立的时间系统，同时其时间系统通过一定的比对和控制手段与外部时间系统建立联系。卫星导航系统的主要功能就是提供位置、速度和时间服务（position velocity timing，PVT）。作为一个授时系统，需要遵循 ITU 和 CGPM 的约定，尽可能接近 UTC 这个时间参考（吴海涛等，2012）。由于 UTC 不是一个连续的时间尺度，存在闰秒，而导航系统所有的测量均需要一个连续的量，所以大多数卫星导航系统的时间基准是一个连续的时间尺度，在电文中播发其系统时间和 UTC 时间的偏差信息，来完成授时服务。

6.1　GPS 时间

GPS 时间，又表示为 GPST，是协调整个 GPS 系统运行的时间参考。GPST 是连续的原子时间尺度，无闰秒调整，其初始历元为 1980 年 1 月 6 日 0 时。美国海军天文台负责 GPST 的产生和控制。GPS 时间由星载原子钟和地面站原子钟一起通过综合时间尺度算法产生。

6.1.1　时间系统

GPS 时间系统是由地面站原子钟和星载原子钟共同组成。其中，GPS 的空间段是由(24+3)颗卫星组成，其卫星系统类型为 Block IIA、Block IIR、Block IIR-M、Block IIF 及 Block IIIA。Block IIA 卫星为 GPS 第一批发射的工作卫星，设计寿命 7.3 年，由 Rockwell 公司设计，于 1990～1997 年发射。Block IIA 设计可以在不需要地面控制的情况下提供 180d 的工作，在此期间，其自主服务和精度降低的信息将会在广播电文中公布。每一颗 Block IIA 卫星搭载 4 台原子钟，即 2 台铯原子钟和 2 台铷原子钟。

Block IIR 卫星为上一批的替代卫星，由 Lockheed Martin 公司开发，设计寿命为 7～8 年，每颗卫星搭载 3 颗铷原子钟，并于 1997 年开始发射。该系列卫星设计在与地面站失去联系的情况下，可以提供至少 14d 的运行，以及在自主运行（autonomous navigation，AUTONAV）模式下高达 180d 的服务。自主模式下的服务精度将通过 Block IIR 星间的距离修正和通信技术来维持。交叉链路的距离修正将被用于位置的估计，并在导航电文中更新每颗卫星的参数，不需要和地面的主控站联系。

Block IIR-M 主要设计为提供 L2 波段的民用信号 L2C，以及 L1、L2 频段上的军用 M 码信号，该类型的第一颗卫星于 2005 年 9 月发射。Block IIF 卫星播发所有 GPS 的信号，包括 L5 频段的，以提供生命安全应用，于 2010 年 5 月首次发射。

2018 年 12 月发射的 GPS 第三代卫星 Block IIIA 也是由 Lockheed Martin 公司制造，将在新的可互操作民用信号 L1C 和新军事信号 L1M、L2M 等信号播发（曹冲，2019）。其星载原子钟为铷钟，精度较上一代卫星有更大提高，精度提高了 3 倍，抗干扰能力提高约 8 倍（卢晓春等，2021）。

GPS 卫星上的时间系统主要包括星载原子钟、星载时频测量控制系统、星间链路（试验中）。搭载的多颗原子钟，其中一台作为主用频率源，其他原子钟工作于备份状态。表 6.1 为 GPS 在轨卫星类型及星载原子钟的主用频率标准。

表 6.1　GPS 在轨卫星类型及星载原子钟的主用频率标准（截至 2019 年 3 月）

类型	PRN 号	SVN	发射日期	星位号	频标
Block IIA-23	18	34	1993-10-26	D6	Rb
Block IIR-2	13	43	1997-07-23	F6	Rb
Block IIR-3	11	46	1999-10-07	D5	Rb
Block IIR-4	20	51	2000-05-11	B6	Rb
Block IIR-5	28	44	2000-07-16	B3	Rb
Block IIR-6	14	41	2000-11-10	F1	Rb
Block IIR-8	16	56	2003-01-29	B1	Rb
Block IIR-9	21	45	2003-05-31	D3	Rb
Block IIR-10	22	47	2003-12-21	E2	Rb
Block IIR-11	19	59	2004-05-20	C3	Rb
Block IIR-12	23	60	2004-06-23	F4	Rb
Block IIR-13	02	61	2004-11-06	D1	Rb
Block IIR-14M	17	53	2005-09-26	C4	Rb

续表

类型	PRN 号	SVN	发射日期	星位号	频标
Block IIR-15M	31	52	2006-09-25	A2	Rb
Block IIR-16M	12	58	2006-11-17	B4	Rb
Block IIR-17M	15	55	2007-10-17	F2	Rb
Block IIR-18M	29	57	2007-12-20	C1	Rb
Block IIR-19M	07	48	2008-05-15	A4	Rb
Block IIR-21M	05	50	2009-08-17	E3	Rb
Block IIF-1	25	62	2010-05-28	B2	Rb
Block IIF-2	01	63	2011-07-16	D2	Rb
Block IIF-3	24	65	2012-10-04	A1	Cs
Block IIF-4	27	66	2013-05-15	C2	Rb
Block IIF-5	30	64	2014-02-21	A3	Rb
Block IIF-6	06	67	2014-05-17	D4	Rb
Block IIF-7	09	68	2014-08-02	F3	Rb
Block IIF-8	03	69	2014-10-29	E1	Rb
Block IIF-9	26	71	2015-05-25	B5	Rb
Block IIF-10	08	72	2015-07-15	C5	Cs
Block IIF-11	10	73	2015-10-31	E6	Rb
Block IIF-12	32	70	2016-02-05	F1	Rb
Block IIIA-1	04	74	2018-12-23	F6	Rb

GPS 系统的每颗 Block IIA 卫星上都放置了 4 台原子钟，即 2 台铷原子钟和 2 台铯原子钟，每颗 Block IIR 卫星上装载有 3 台铷原子钟，其中一台作为时间标准，其余备用（顾亚楠等，2008）。Block IIA 卫星原子频标的输出信号要通过频标分布单元（frequency standard distribution unit，FSDU）调制后再发播给用户，而 Block IIR 卫星原子频标的输出信号要通过时间维持系统后再发播给用户，时间维持系统还能调整定时信号的频率和频率漂移，使卫星钟相对于主钟的频率和频率漂移分别低于 3×10^{-12} 和 $2\times10^{-14}\mathrm{d}^{-1}$。GPS IIR 铷原子钟的天稳水平已经处于 1×10^{-14} 的水平，与 GPS IIA 相比有相当的提高，且超过了 GPS IIA 铯钟的天稳水平。GPS IIR 铷原子钟漂移率与 GPS IIA 相比也有较大提高，超过 70%的星载铷钟漂移优于 $1\times10^{-14}\mathrm{d}^{-1}$。且漂移方向调整技术让 GPS 星载铷原子钟在初始运行后每 2～4 年调整漂移的方向，使全寿命准确度保持在-4×10^{-12}～4×10^{-12}。

6.1.2　系统时间产生

GPS 时间是由地面主控站钟、监测站原子钟和卫星原子钟所组成的组合钟给出，通过主控站运用卡尔曼滤波算法对 GPS 系统内部钟组进行不等权平均，权重的确定参考各类原子钟的短期稳定度。其中，星载原子钟的权重最小，监测站原子钟的权重较大，主控站铯原子钟权重最大。然后，根据权重导出 GPST。GPST 以美国海军天文台的协调世界时 UTC(USNO)为基准，并与其保持一致。

GPS 时间通过 USNO 所保持的 UTC(USNO)完成国际溯源。UTC(USNO)与国际标准时间 UTC 通过 TWSTFT 和 GNSS PPP 实现高精度比对，通过 GPS 双频共视完成备份比对。

每颗卫星上的钟与 GPS 主钟之间的偏差，利用已知的或可以预测的数据来加以修正，维持卫星时间的精密同步。当卫星上的钟运行状态发生变化时，可以在它飞越监测站上空时鉴别出来。监测站以本站的原子钟为参考基准接收卫星发射的信号，观察卫星的实际位置与预测位置的偏差，测量出时间差，同时推算出与时间相关的卫星位置及传播延迟等延迟项误差。监测站把所测量的数据和推算出的结果通过通信网络输送到主控站。主控站又以 GPS 主钟为参考对来自各监测站的数据和结果进行计算机分析与处理，推算出新的合理的数据，并对某颗 GPS 卫星所要完成的动作发出指令。这些新数据和指令又被输送到注入站，一方面把这些数据和指令存储起来，另一方面及时发送这些数据和指令到要加注的相应卫星上去。卫星接收到新数据和指令后同样要做两项工作，一是把新数据和指令记入存储器；二是按照新指令的要求工作，把新数据及各修正参数发送给用户，直到下一次注入站加注新数据和指令时，卫星存储器被再次刷新，工作状态也开始执行新的指令。如此循环下去。对卫星的监测、加注每天至少要进行一次。通过这样的加注办法补偿卫星钟与系统时间偏差的变化，使卫星钟与 GPS 主钟之间保持精密同步。

运行于自主模式下的 GPS 系统，卫星的星历和时钟由卫星自己维持。此时，星上计算单元针对各颗卫星发射的伪距测量值进行数据处理，产生两类参数：一类是与星历有关的测量参数——距离测量值，另一类是与时钟相关的测量参数——时钟偏差测量值，两类导出参数互相不耦合。卫星星历和时钟估计器针对上述导出参数进行处理，并获得对所存储的参考星历和时钟的改正值。

Block-IIR 每颗卫星存储 210d 的参考星历和时钟信息，该参考信息是基于精密的动力学模型和大量测量数据计算产生，考虑星上有限的计算能力，参考信息由地面操作控制系统计算并每隔 30d 注入一次，以确保每颗卫星存储 180d 有效的参考信息。

Block-IIR 卫星的星载计算机系统采用分布式系统，每颗卫星仅利用可见卫星的星间测量数据对自身的星历和时间误差实施估计，因此并非最优估计。考虑到星上计算单元的计算能力，卫星直接采用线性化卡尔曼滤波器完成星上高精度自主导航计算。

通过星间双向测距与数据通信，星载处理器进行数据处理，不断更新卫星星历与时钟参数，从而实现星座卫星自主时间同步。具体流程可以概括为几个步骤：卫星星历与时钟参数的长期预报、星间双向测距与数据交换、星间测量数据处理。

GPS 的地面控制中心收集分布在全球的 5 个 GPS 监控站所接收到的各个卫星钟的时间信号，通过卡尔曼滤波处理，得到“综合钟”时间（即 GPS 时间）以及卫星的各种参数和各卫星钟的时间误差、频率误差、频率漂移，这些信息再注入卫星导航电文，使地面实时收到卫星的最新信息，这些信息包含了 GPS 时间、由 USNO 估计的 UTC、每个卫星钟的时间、米级准确度的卫星位置及其他参数，控制中心每天上载 GPS-UTC(USNO)。正是这些时间信息满足了几十米或米级准确度的导航，以及在地面上厘米级甚至毫米级准确度的定位需求。

GPS 时间溯源到 UTC(USNO)，以保证系统时间和 UTC(USNO)的偏差在 1μs 以内，但在实际应用中该项偏差保持得更好，在数纳秒以内。最早计划从 1994 年 3 月直至 GPS 时间的 2300 年的 1 月 12 日，驾驭设备的分辨率设计为$\pm1.0\times10^{-19}$，但在 2011 年，设备的分辨率已提高到$\pm5.0\times10^{-20}$。图 6.1 为 GPS 时间系统结构。

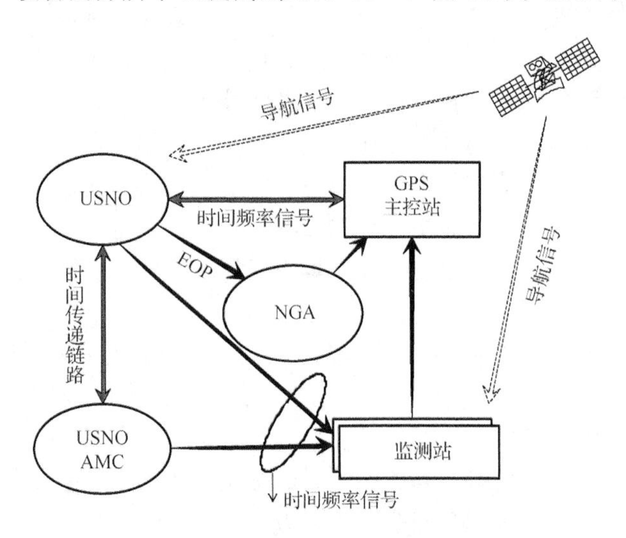

图 6.1　GPS 时间系统结构

AMC-alternate master clock，备份主钟；EOP-earth orientation parameters，地球定向参数；NGA-national geospatial-intelligence agency，国家地理空间情报局

6.1.3　系统时间溯源

作为 GPST 的溯源参考，美国海军天文台保持的地方协调世界时 UTC(USNO)与国际标准时间 UTC 的偏差控制在±10ns，为国际领先水平；其标准时间最重要的应用是对全球导航定位系统 GPS 时间的控制和 Loran 系统的发播控制。美海军天文台时间尺度由华盛顿总部的原子钟建立的 UTC(USNO MC#1)和 UTC(USNO

MC#2)与位于科罗拉多州的施里弗空军基地建立的其基准备份系统(USNO AMC)的原子钟共同产生。目前，USNO AMC 由 3 台氢钟和 12 台铯钟组成，USNO MC#1 和 USNO MC#2 由 12 台氢钟和 50 台铯钟组成。USNO AMC 和 USNO MC 通过卫星双向建立比对链路，实时比对两者之间的偏差，通过频率驾驭，使得 AMC 和 MC 的时间偏差始终保持在 2～3ns。图 6.2 为 USNO MC 系统实物图及 USNO AMC 主钟。实时 UTC(USNO)物理信号由 1 台氢原子钟和频率综合器产生，UTC(USNO)的控制依据是计算的纸面时 UTC(USNO)。USNO 测量 GPST 与 UTC(USNO)的偏差，GPS 控制中心通过“Bang-Bang”算法对 GPS 时间进行驾驭。图 6.3 为 UTC(USNO)与 GPST 之间的时间偏差。

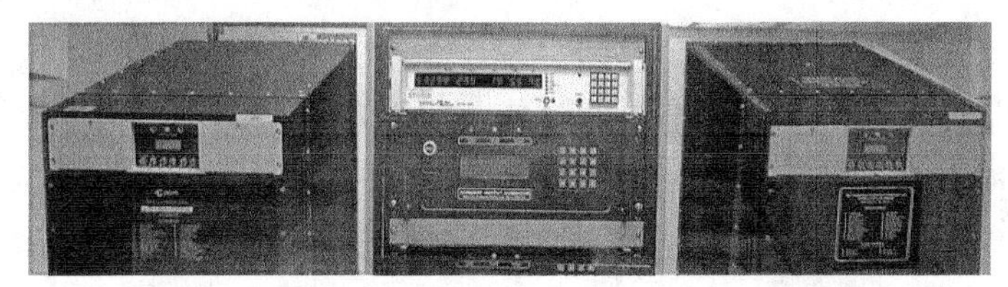

图 6.2　USNO MC 系统实物图及 USNO AMC 主钟

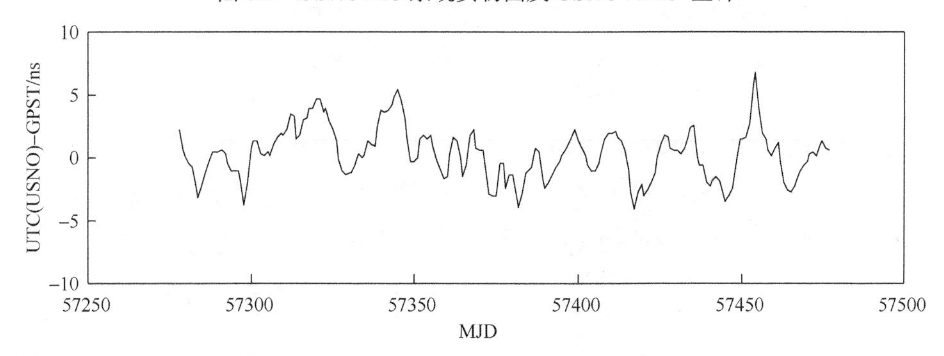

图 6.3　UTC(USNO)与 GPST 之间的时间偏差

美国海军天文台采用 GPS PPP 及 TWSTFT 技术，通过 GPS 双频接收机及卫星双向时间频率传递设备实现与国际 UTC 溯源。用户所需要的协调世界时是通过 GPS 电文中播发的各星载原子钟和系统时间的偏差参数，以及 UTC(USNO)与 GPST 的偏差，校正时间偏差和闰秒信息。

BIPM 在其公报中公布了用户通过 GPS 获得 UTC 的时间相对于 UTC 偏差的信息。用户通过 GPS 系统广播的 UTC 信息定义为 UTC(USNO)_GPS。GPS 广播的 UTC 时间和国际 UTC 的时间偏差由 BIPM 指定的守时实验室进行监测，并在 BIPM 的 T 公报中进行公布。截至 2020 年底，BIPM 监测的 UTC−UTC(USNO)_GPS 的曲线如图 6.4 所示。

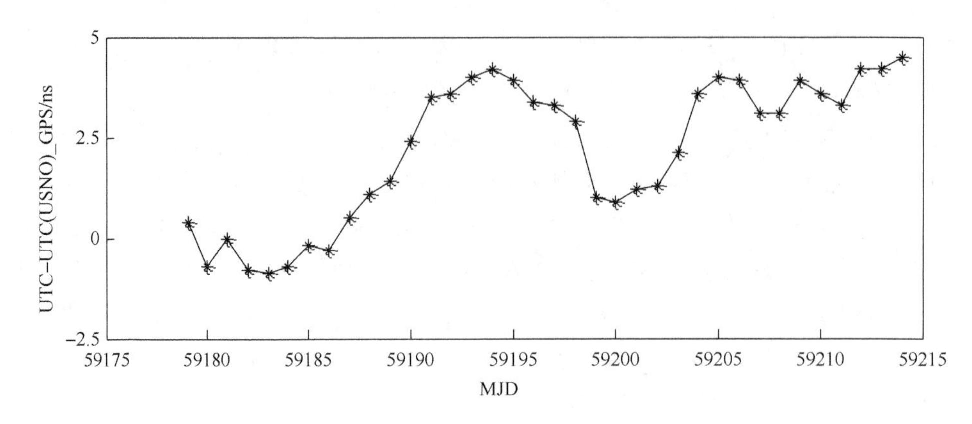

图 6.4　BIPM 监测的 UTC−UTC(USNO)_GPS 的曲线

早期，该偏差的监测首先由法国巴黎天文台记录高仰角的 GPS 卫星的观测数据，使用 IGS 的精密轨道和电离层产品修正；其次，通过平滑方法获取[UTC(OP)−UTC(USNO)_GPS]在 UTC 0 时刻每天的时间偏差值；最后，通过对[UTC−UTC(OP)]的线性插值推导到和 UTC 时差上。

6.2　GLONASS 时间

GLONASS 时间以俄罗斯时间与空间计量研究院保持的协调世界时 UTC(SU)为参考，与 GPST 不同，GLONASS 时间溯源到协调世界时 UTC，有闰秒调整。GLONASS 时间与 UTC(SU)的偏差控制在 1μs 以内。

6.2.1　时间系统

GLONASS 星座由分布于 3 个轨道面内的 24 颗卫星组成，每个轨道面内的 8 颗卫星间隔 15°，轨道面相对赤道面倾角为 64.8°，轨道高度大约为 19100km，卫星轨道周期近似为 11h16min。2010 年 9 月，有 22 颗 GLONASS 卫星在轨工作。

地面站的原子钟以氢原子钟为主，并使用 CS 基准对系统时间校频。GLONASS 时间通过 GLONASS 共视和 TV 共视溯源到 UTC(SU)，UTC(SU)的钟组为 9 台主动型 CH1-75 氢原子钟，主钟系统由 6 台氢原子钟加 1 台相位微调仪组成。图 6.5 为 UTC(SU)系统的时间比对测量系统及频率比对测量系统。钟组运行的环境温度变化保持在 0.1K 以内，相对湿度变化保持在 0.1RH 以内。

UTC(SU)的测量比对系统主要包括有一套时间比对测量系统及一套频率比对测量系统。其中，时间比对测量系统主要由两台多通道多路传输装置和一台时间间隔计数器组成，如图 6.5（a）所示；频率比对测量系统的主要设备是比相仪，

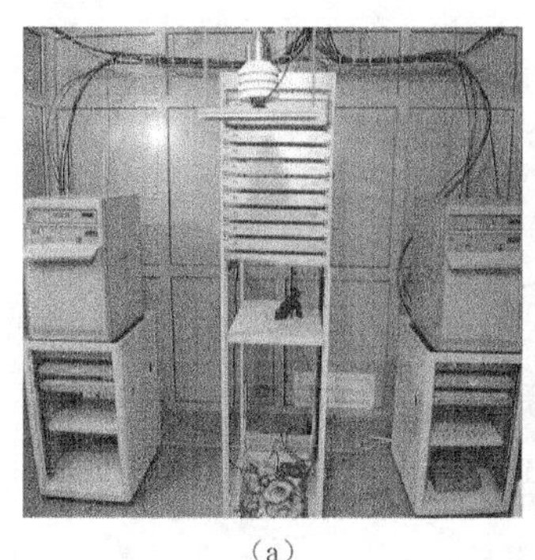
(a)

(b)

图 6.5　UTC(SU)系统的时间比对测量系统（a）及频率比对测量系统（b）

如图 6.5（b）所示。时间比对测量系统每 3min 采集一次，一天采集 460 个数据点，该测量系统的 A 类不确定度优于 20ps，B 类不确定优于 0.5ns。比相仪每秒比对一次，一天采集 86400 组各路输入信号的比对结果，该系统的 A 类不确定度优于 3×10^{-17}～4×10^{-17}，B 类不确定度优于 0.2×10^{-16}～1.3×10^{-16}。

6.2.2　系统时间产生

GLONASS 时间由若干台高精度的氢原子钟和铯原子钟综合得到，这些钟经纸面钟技术的综合，实时 GLONASS 时间由地面综合控制中心的氢原子钟产生，卫星的时间由铯原子钟保持，综合控制中心每天比对系统时间和卫星时间两次，并将星钟改正值上传至卫星。GLONASS 时间同步于俄罗斯国家标准时间 UTC(SU)，与 UTC(SU)一起闰秒，GLONASS 时间与 UTC(SU)间的修正数以及 GLONASS 卫星钟改正数在导航电文中播发，每 30min 更新一次。

GLONASS 时间与星载钟进行比对，通过对比对数据进行统计处理，根据统计处理结果，向卫星发射指令，对星载钟进行校正。

GLONASS 系统时间是一个与协调世界时 UTC 类似但又不完全相同的原子时系统。与 GPS 时间不同的是 GLONASS 系统时间引入了跳秒（闰秒），因此它与俄罗斯时间与空间计量研究所所产生和保持的俄罗斯协调世界时 UTC(SU)之间存在 3h 的系统差，即

$$T_{\mathrm{GLONASS}} = \mathrm{UTC(SU)} + 03\mathrm{h}00\mathrm{m} \tag{6.1}$$

此外，GLONASS 时间的控制精度保持在 1μs 之内（模 1s）。GLONASS 和 GPS 一样，也在其地面控制系统和 GLONASS 卫星上的原子钟配置中采用了冗余备份。卫星轨道估算以及星载原子钟的准确校准均由 GLONASS 地面控制系统通过地面精确计算后，传送给 GLONASS 卫星，再通过空间的 GLONASS 卫星把含有精密星历和时钟校正项的相应数据组再发射给用户。GLONASS 地面控制系统在计算时钟误差的同时，还对时钟误差进行分段外推。

GLONASS 卫星采用 3 台星载原子钟冗余配置方式，3 台钟均为铯原子钟，其输出信号频率 5MHz。原子钟经过开关矩阵选择两路输出至星载时间频率基准，作为系统的参考频率信号。

星载时间频率基准在结构设计上采用了主备用链路的冗余设计方法，整个系统包括两个结构和功能完全相同的信号产生链路，分别为主用链路和备用链路。两条链路结构完全对称，输入和输出接口互相匹配，性能指标也较为一致。每个链路都包括鉴相器、环路滤波器、时间比对电路、脉冲分配放大器、频率分配放大器、系统时间产生器及压控晶体振荡器。

主用链路的压控晶体振荡器通过由鉴相器和环路滤波器组成的锁相环路与星载铯原子钟相连，其输出频率信号锁定于铯原子钟的输出。压控晶体振荡器同时通过系统时间产生器产生 1PPS 秒脉冲信号与地面系统时间基准进行比对，并根据比对结果调整输出信号，此时主用链路的输出信号为主用频率信号和时间信号。备用链路以不同于主用链路的星载原子钟为参考，产生备用频率信号和时间信号。时间信号通过脉冲分配放大器分别输出两路，频率信号通过频率分配放大器分别输出五路。正常工作状态下主用时间信号输出作为卫星时间，主用频率信号输出作为卫星基准频率。在主用链路出现故障的情况下，切换备用信号输出，以提高星载时间频率基准的可靠性。

6.2.3 系统时间溯源

时间与空间计量研究院产生和保持俄罗斯独立地方原子时 TA(SU)和协调世界时 UTC(SU)。UTC(SU)为俄罗斯国家标准时间，是 GLONASS 系统、陆基无线电授时系统、电视、网络等授时服务系统的溯源参考。目前，UTC(SU)由 9 台俄罗斯产氢原子钟组成，独立原子时 TA(SU)的归算基于全部参加守时的氢原子钟组并参与国际原子时 TAI 归算合作，UTC(SU)是由 5～7 台氢原子钟计算得到的“软件钟”并溯源至国际标准时间 UTC，目前 UTC(SU)与 UTC 采用 TWSTFT 相连接。UTC(SU)通过共视技术被传递到 GLONASS 地面主控站，是 GLONASST 的溯源参考。俄罗斯时间频率基准的另外一个重要组成部分是其 2 台连续运转的铯喷泉基准钟，其中一台 CsF01 的 B 类不确定度小于 3×10^{-13}，另一台 CsF02 的 B 类不确定度小于 5×10^{-16}，2 台铯喷泉钟作为基准钟定期对独立原子时 TA(SU)的频率进行校准。其中，CsF02 的数据被 BIPM 用于国际原子时 TAI 的频率校准，根据 BIPM 2014 年 3 月第 315 期公报，CsF02(SU)6 次被用于自由原子时 EAL 的频率校准，同期被用于 EAL 频率校准的基准频标分别来自 PTB、NPL、OP、IT 及 NIST。

UTC(SU)采用 GPS 全视和 GLONASS 共视相结合的方法，以及 TWSTFT 技术，通过 GLONASS 多通道共视接收机、GPS 多通道全视接收机及卫星双向时间频率比对设备与国际 UTC 进行比对。图 6.6 为 GLONASS 时间溯源示意图，

GLONASS 通过 UTC(SU)向协调世界时 UTC 溯源。当前 GLONASS 地面控制站之间的时间比对链接为 GLONASS/GPS 共视、TV 共视。GLONASS 系统时间 GLNT 采用间接溯源方式，GLNT 通过 GLONASS/GPS CV 和 TV CV 等方式溯源到 UTC(SU)，进而通过 UTC(SU)的 GLONASS/GPS CV、TWSTFT 等手段实现向 UTC 的溯源，如图 6.7 和图 6.8 所示。

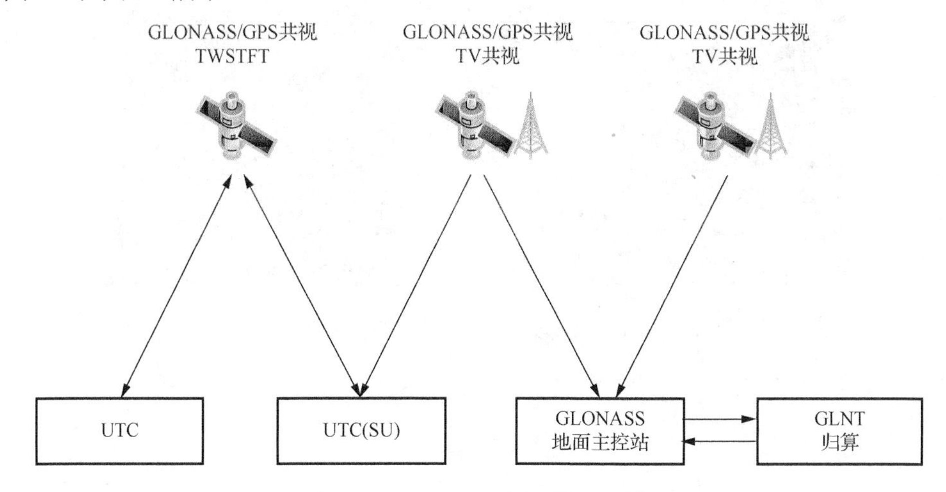

图 6.6 GLONASS 时间溯源示意图

图 6.7 UTC(SU)国际溯源链路（GNSS CV 链路）

随着时间比对手段的变化和精度的提高，GLNT 向 UTC(SU)溯源的方式也会逐渐变化，并且溯源精度会进一步提高。GLONASS 未来发展计划包括地面控制站建设和改进时间比对连接手段。按照计划，到 2020 年，UTC(SU)和 GLONASS 地面控制站之间将会建设基于专用光纤的时间比对链路，提高 GLONASS 主控站向 UTC(SU)溯源的比对精度，实现|GLONASST−UTC(SU)|≤1ns 的目标。同时，几个地面控制站间也将使用光纤实现高精度同步，届时用户获得的 GLONASST 精度也会提高到几十纳秒，见图 6.9。

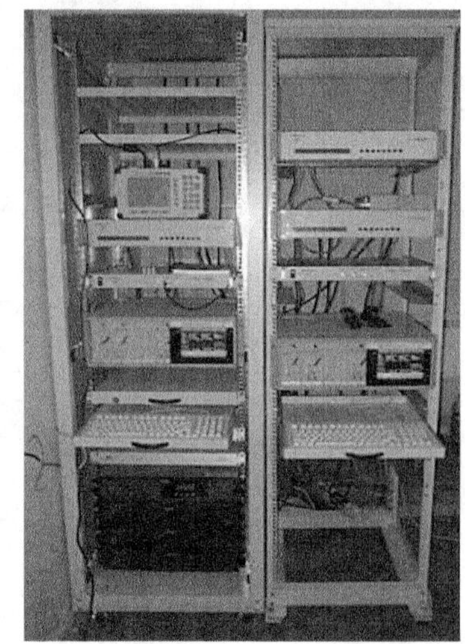

图 6.8　UTC(SU)国际溯源链路（TWSTFT 链路）

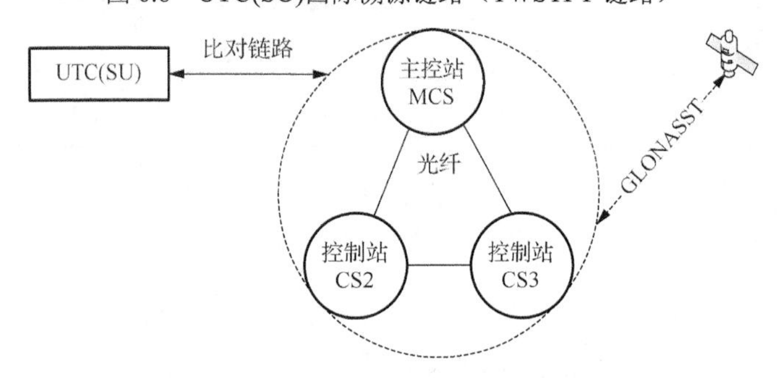

图 6.9　未来 GLONASS 地面时间控制系统

通过 BIPM 的 T 公报数据，获得 UTC 与 UTC(SU)之间的时差结果如图 6.10，其时差结果的标准偏差为 1.70ns（截至 2020 年底）。

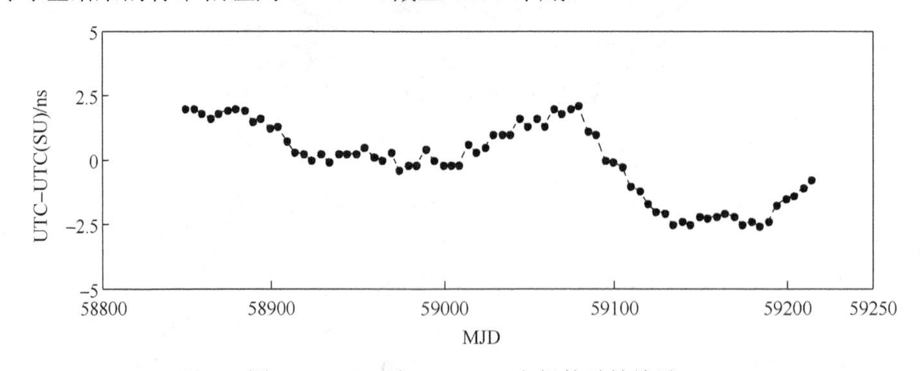

图 6.10　UTC 与 UTC(SU)之间的时差结果

由于 GLONASST 直接溯源到 UTC(SU)，再通过 SU 溯源到国际标准时间

UTC，其时间基准不连续，含有闰秒。使用 BIPM 发布时间公报中的数据中放置于 AOS 的接收机采集到的数据，归算到 UTC 与 GLONASST 之间的时差结果如图 6.11 所示。由图 6.11 可以看出最近 3 年多 GLONASST 和 UTC 溯源的绝对偏差在 30ns 以内。

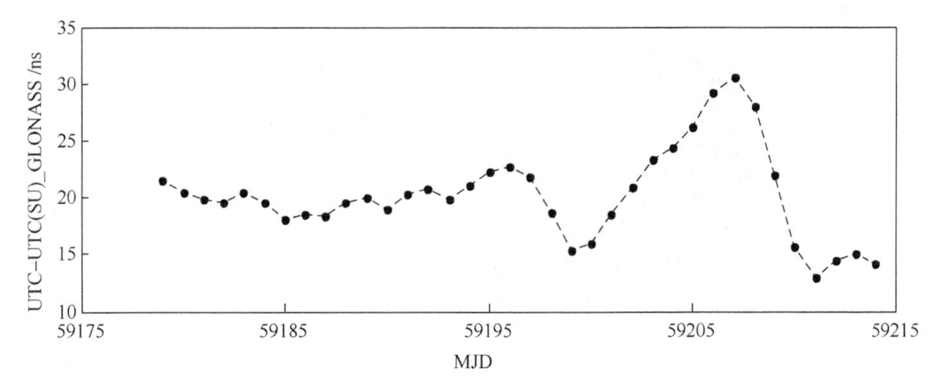

图 6.11　UTC 与 GLONASST 之间的时差结果

用户通过 GLONASS 卫星系统广播获得的 UTC 时间表示为 UTC(SU)_GLONASS。该结果由波兰天文台记录高仰角的 GLONASS 卫星观测数据，通过平滑方法获取[UTC(AOS)−UTC(SU)_GLONASS]在 UTC 0 时刻的每天的钟差值，再通过对[UTC−UTC(AOS)]的线性插值推导到 UTC 时差上。

6.3　GALILEO 时间

GALILEO 时间简称 GST，与 GPS 类似，是连续的原子时间尺度，无闰秒调整，其国际溯源参考是国际原子时 TAI。GALILEO 系统规定，GST 与 TAI 的偏差应控制在 50ns 以内，不确定度为 28ns（European Union，2010）。

6.3.1　时间系统

GALILEO 空间部分由总数为 30 颗卫星的星座组成，分布在轨道高度约 23616km、轨道倾角为 56°、相互间隔 120° 的 3 个倾斜轨道面上，每个轨道面等间隔部署 9 颗工作卫星和 1 颗在轨备份卫星。星座采用 Walker 27/3/1 分布。GALILEO 卫星的星上时间子系统包括稳定的星载原子钟组以及时间监测和控制单元。GALILEO 星载两种原子钟，一种是铷钟，另一种是被动型氢钟，氢钟作主钟，铷钟作备钟，见图 6.12。该时钟系统为导航信号的产生提供参考时间。时钟监测与控制单元由选定主钟的 10MHz 参考信号生成并保持稳定的 10.23MHz 的主定时参考频率，实现卫星时间的保持。2005 年发射的 GIOVE-A 试验卫星上就装载了 2 个铷钟，而 2008 年升空的 GIOVE-B 卫星上则装载了 2 个铷钟和 1 个氢钟。通过 GIOVE 地面监测站，对 2 颗卫星上的星载钟都进行着持续的监测（Zanello et al.，2007）。

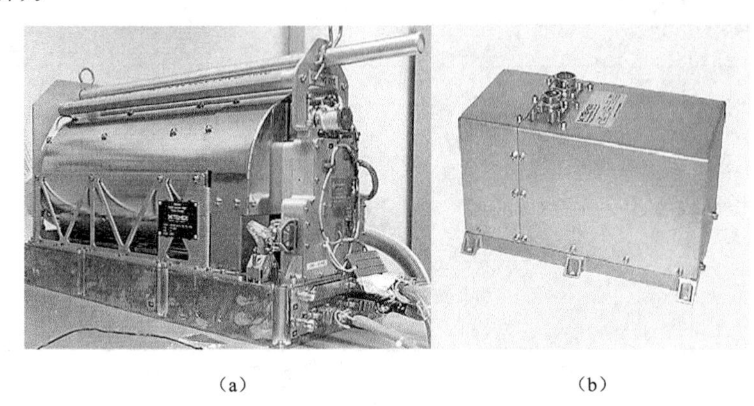

（a）　（b）

图 6.12　GALILEO 星载被动型氢钟（a）和铷钟（b）

GALILEO 系统卫星原子频标要通过钟监测控制单元生成定时信号并保持定时信号的稳定。实验表明，由钟监测和控制单元生成的 GALILEO 导航信号的稳定性与参考钟在同一量级。铷钟设计指标满足：100s 稳定度$<5\times10^{-13}$，闪变噪声段$\leqslant5\times10^{-14}$，一天内时间稳定性要优于 10ns，频漂$\leqslant1\times10^{-13}d^{-1}$。被动型氢钟的设计指标满足：一天内时间稳定性要优于 1ns，频漂$<10^{-14}d^{-1}$。要达到 0.5m 的等效测距精度，按欧洲航天局的原子钟设计指标要求，铷钟需要每 9h 更新一次星历，被动型氢钟需要每天更新一次星历。按精度要求，当上传时间间隔$\geqslant$4h 时，卫星钟预报误差$\leqslant$1.5ns（1σ）。

6.3.2　系统时间产生与溯源

GALILEO 卫星的星上时间子系统包括稳定的星载原子钟组以及时差监测和控制单元（CMCU）。GALILEO 地面部分由位于德国奥伯法芬霍芬和意大利富奇诺两个伽利略控制中心（GALILEO control center，GCC）组成（蔺玉亭等，2014）。精密定时装置（precise timing facility，PTF）是 GALILEO 时间产生的重要组成部分，由稳定和精确的原子钟系统组成，PTF 具备如下双重功能：①为系统导航功能短期稳定性提供较好的参考；②为系统授时功能的中长期稳定性提供较好参考。系统的轨道测定和时间同步在估计卫星轨道和星地钟差相关参数时，需要很高的短期稳定度以尽量减少时钟噪声对系统状态估计的影响。短期稳定度是需要从 1s 到几个小时都具有较好的性能。在伽利略传感器站（GALILEO sensor stations，GSS）进行载波相位测量时会受到秒级稳定度影响，在系统轨道和钟差参数的最大更新时间数小时内会受到小时级稳定度的影响。

GALILEO 导航系统时间是由欧洲主要守时实验室，如 PTB、OP、NPL、INRIM 等联合起来作为系统的时间供应商（time service provider，TSP），共同参与欧洲 GALILEO 导航系统时间基准系统的建立，形成了分布式的 PTF，这些地面原子钟由 GALILEO 控制中心的两个精密时间设施汇集并通过综合原子时算法产生伽利略时间（GST），这两个 PTF 均配备有 2 台主动型氢原子钟和 4 台高性能铯原子钟。图 6.13 为 GALILEO 时间产生的物理构成框图。对每一个时间产生单元，由 2 套主钟系统及多台高性能原子钟组成，2 套主钟系统都实时运行，形成互为热备连续运行的守时系统。GALILEO 时间系统采用组合钟时间尺度，由所有地面原子钟及卫星钟通过适当加权处理来建立和维持。

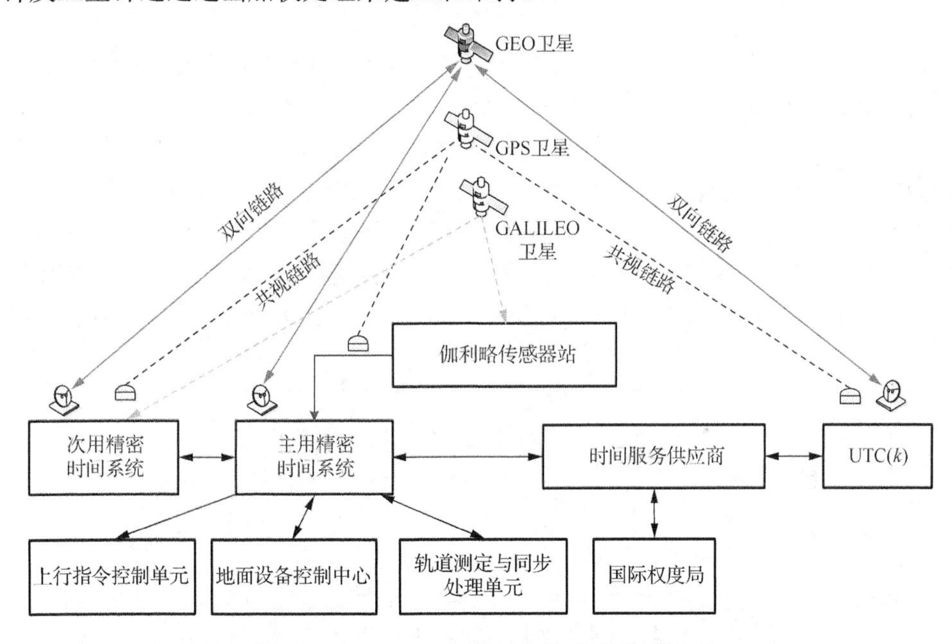

图 6.13　GALILEO 时间产生的物理构成框图

图 6.14 为 UTC 与 GST 的时间偏差，为 NTSC 通过多模监测接收机监测的 GALILEO 初始服务后近两年的时间保持性能。GALILEO 在 2018 年 5 月左右，其系统时间产生了一个较大的起伏，由于电文参数准确播发了上述起伏的变化，因此定位和授时用户并未明显受到该起伏的影响。

GALILEO 也可以像 GPS 那样发播相对于 UTC/TAI 的授时信息，其精度的要求意味着 GST 必须是一个独立连续的时间尺度，并要驾驭到 UTC/TAI。TSP 提供的授时服务对提高 GST 的长期稳定度以及确保 GST 向 UTC 溯源非常关键。TSP 的主要任务是向 GMC 的 PTF 提供 GST 向 UTC（模 1s）溯源所需要的校正量。校正量的更新是通过与欧洲主要的时间实验室之间的共视和双向时间比对获得，

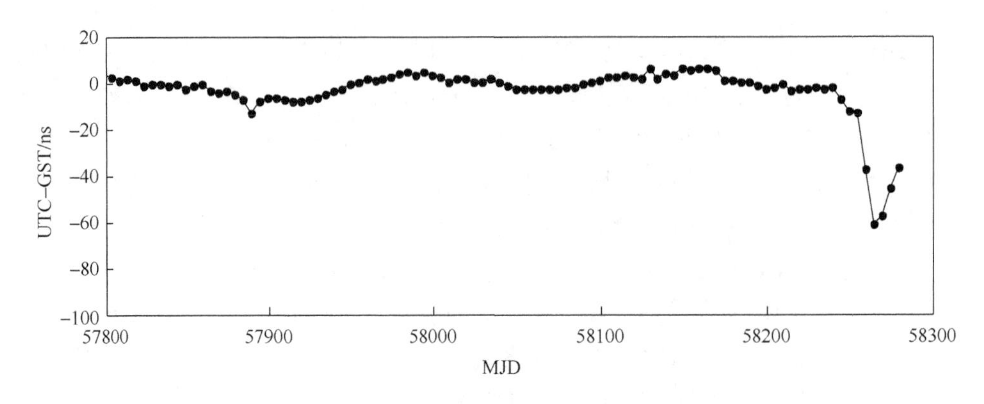

图 6.14　UTC 与 GST 的时间偏差

并由外部时间服务供应商每天提供。TSP 需要估计出精密的校正量，以保证 GST 具有较好的中期稳定度和长期稳定度。TSP 在正常工作模式下是全自动运行的，它每天从 PTF 及欧洲一些主要时间实验室 UTC(*k*)采集时间同步数据和原子钟比对数据，并将这些数据与从 BIPM 获得的各个主要实验室的原子钟数据进行融合，计算出相应的调整量，以每天一次的频率自动传输给 PTF。GST 的计算通过 GALILEO 控制中心的精密时统设施 PTF 完成，PTF 通过与 TSP 使 GST 完成国际溯源。TSP 与 UTC 以及欧洲合作实验室之间通过 TWSTFT 和 GNSS 共视完成时差测量。

6.4　北斗卫星导航系统时间

6.4.1　时间系统

依据北斗卫星导航系统发展报告（中国卫星导航管理办公室，2019）描述，“北斗卫星导航系统时间基准（北斗时），溯源于协调世界时，采用国际单位制（SI）秒为基本单位连续累计，不闰秒，起始历元为 2006 年 1 月 1 日协调世界时（UTC）00 时 00 分 00 秒。北斗时通过中国科学院国家授时中心保持的 UTC，即 UTC(NTSC)与国际 UTC 建立联系，与 UTC 的偏差保持在 50 纳秒以内（模 1s），北斗时与 UTC 的跳秒信息在导航电文中发播。”

BDS 在建设过程中经历了一代有源定位方式（radio determination satellite system，RDSS）的北斗导航双星验证系统、二代 RNSS 区域导航系统和三代全球卫星导航系统。2000～2012 年的第一阶段被称为北斗试验验证阶段，在此阶段为中国及其周边用户提供卫星无线电定位服务和短报文服务。北斗一代有源定位方式下，BDS 时间主要由地面的控制中心保持，通过北斗的地面标校设备实现 BDS 时间与外部时间系统的统一。2012～2020 年的第二阶段，无线电卫星导航服务实现了区域导航能力，卫星星座由 5 颗 GEO 卫星（58.75° E、80° E、110.5° E、140° E、160° E）、5 颗 55° 轨道倾角的 IGSO 及 4 颗 MEO 卫星组成。第三阶段，BDS 卫星 30 颗，卫星星座由 3 颗 GEO 卫星、3 颗 IGSO 卫星及 24 颗 MEO 卫星组成，定位精度为水平 10m，高程 10m（95%），授时精度优于 20ns（95%）（中国卫星导航系统管理办公室，2019）。

北斗卫星导航系统的时间系统主要由高精度铷原子钟组成，卫星信号的产生均基于星载原子钟频率源。北斗地面主控站时间系统主要由多台国产原子钟组成运行钟组，其中数台在线，并考虑热备份，其时间系统构成如图 6. 15 所示（Guang et al.，2018；Han et al.，2011）。在线运行的原子钟选择一台作为主钟，输出 10MHz 信号作为时频系统的信号源，经过区分放大、频率综合、脉冲信号产生等各种设备，产生北斗二号地面运控系统主控站各类设备所需要的频率与脉冲信号。其中，脉冲信号产生器输出的所有 1PPS 信号在 100m 末端具有相位一致性，任何一路 1PPS 信号均可作为 BDT 的时间起点，其余各类频率与脉冲信号均与 BDT 保持相位一致。

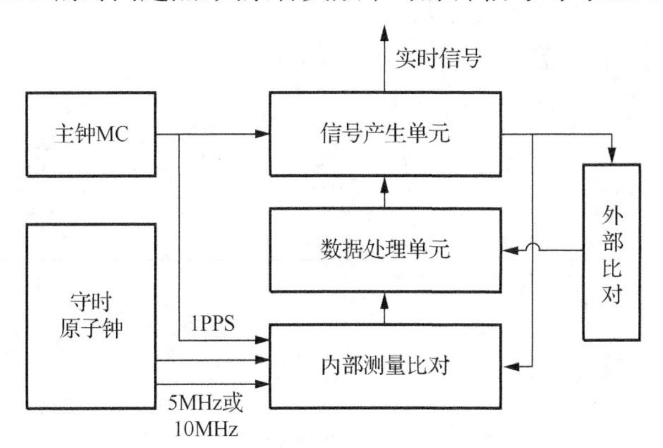

图 6.15　北斗地面主控站时间系统构成框图

6.4.2　系统时间产生与溯源

BDS 时间由纸面时实现，通过主控站的主钟产生和保持。用于守时的原子钟主要以氢原子钟为主，包括部分铯原子钟，钟组的规模在 10 台以上。系统时间计算的算法通过优化形成性能良好的纸面时，算法中充分考虑了原子钟自由运行的频率偏差、频率漂移及频率稳定性。原子钟的取权方式主要采用扣除钟斜率的阿伦方差和最大权限制。BDT 为了尽量和 UTC 保持一致，采用频率驾驭的方式在适当的时候调整该偏差，该调整量的将不大于 5×10^{-15}。

BDT 利用我国 UTC(NTSC)时间基准系统与国际标准时间 UTC 建立的时间传递链路，以及 UTC(NTSC)系统与北京卫星导航中心（Beijing Satellite Navigation Center，BSNC）建立的时间比对链路，获取 BDT 与 UTC 之间的偏差，并通过上述频率驾驭方法控制 BDT 与 UTC 保持在一定范围内，如图 6.16 所示。北斗主控站保持的时间基准，简称UTC(BSNC)，目前北斗系统播发的是BDT与UTC(BSNC)的时间偏差值，如图 6.17 所示，其时间偏差的绝对值不超过 2ns（蔡志武等，2021）。

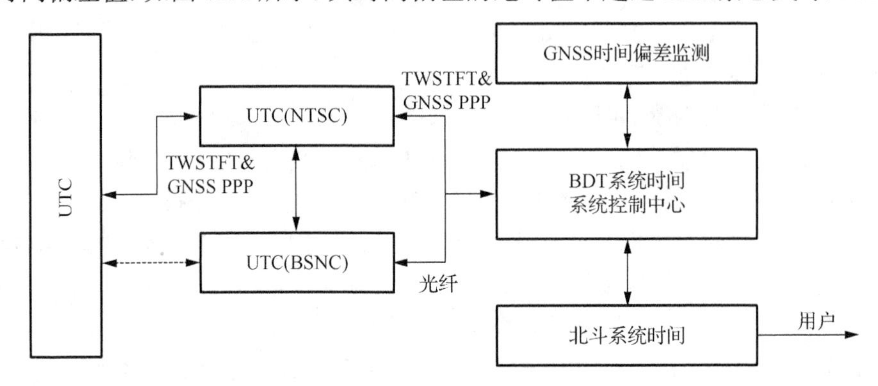

图 6.16　北斗溯源示意图

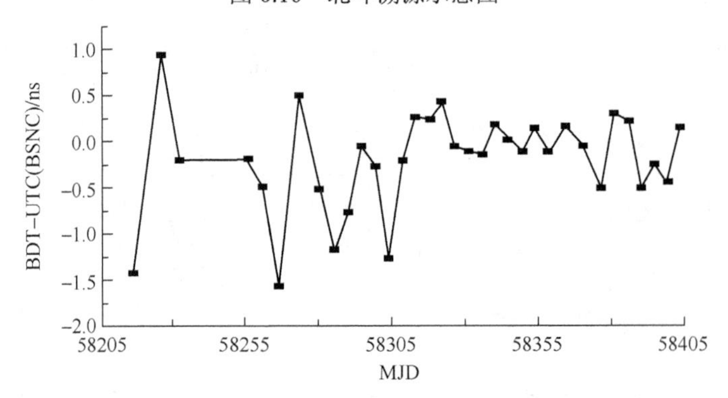

图 6.17　BDT 与 UTC(BSNC)的时间偏差

6.5　各 GNSS 时间的相互关系

当前，全球进入多 GNSS 时代，各卫星导航系统在提高自己系统的可靠性和服务能力的同时，一直在开展各系统间兼容互操作研究。兼容是一种能力，指单独或者结合使用全球、区域或者增强系统而不对各自服务或信号的使用造成有害影响的能力。互操作是指在不额外增加接收机复杂度和成本的基础上，联合使用多个全球、区域或者增强系统比使用单一系统获得更好性能的一种能力（广伟，2019）。因此，兼容互操作是多系统发展的一种产物。

兼容互操作将会给用户带来很多好处，因为用户在同一时间内可以收到更多导航卫星的信息，解算自己的位置、速度和时间，使用更加方便，同时精度也更高。各导航系统采用兼容设计后，可以充分利用宝贵的空间资源。BDS、GPS、

GLONASS、GALILEO 四大导航系统纷纷提出“兼容性”和“互操作性”，共谋兼容合作。2005 年，联合国外层空间事务办公室就多 GNSS 时代的到来专门成立了联合国全球卫星导航系统国际委员会兼容与互操作工作组这样一个非正式组织，邀请各供应商、国际组织、观察员、准成员、准观察员等参加这个组织，共同加强兼容互操作研究。随着 GNSS 的逐渐增多和日益完善，对每一个 GNSS 的组成部分在设计、构建和互操作性方面，使他们互相不“阻塞”，并且组合使用他们的信号时提供更佳的导航服务，这包含一系列复杂的问题，其中之一就是时间参考问题。

时间参考问题的解决可以通过将两个 GNSS 时间参考到同一个时间尺度上，如 TAI，用这样的方法来确定两个 GNSS 时间的时差。例如，GPS 和 GALILEO 联合开展时差监测预报研究和试验，这两个系统的系统时间差称为 GGTO（GPS/GALILEO time offset），多模导航时间问题的焦点主要集中在 GGTO 的确定以及 GGTO 对于定位准确度的影响。BDS 也开展了与其他 GNSS 在时间互操作领域的合作，GNSS 间的时差将被测量，然后在导航信息中广播。

GNSS 时差是卫星导航系统之间互操作性的一个重要方面。如前所述，各 GNSS 都有着相互独立的系统时间，两个 GNSS 时间尺度之间的偏差将在组合导航设备的测量之间引起时差，从而引起组合接收机定位的偏差（Zhang et al.，2014）。然而，各个卫星导航系统时间都可以驾驭到统一的国际原子时 TAI 上，从而在用户接收机端可以将伪距校正到公共的时间尺度，减少用户定位误差，各个卫星导航系统时间差的问题也就完美解决了（Tavella et al.，2020；Lewandowski et al.，2011）。

虽然四大导航系统时间都溯源到协调世界时，但由不同的系统溯源得到的 UTC 之间是有偏差的，这个偏差与系统时差量级相同（董绍武，2009）。系统时差约几十纳秒量级，并且随着时间的推移而变化。因此，要实现多导航系统联合导航定位，精密确定各个导航系统间的系统时间偏差，即实现 GNSS 时间互操作是必要的。此外根据 ITU 授时系统发播标准，要求授时系统保持的时间与协调世界时的偏差保持在 100ns 之内。授时是导航系统的一个重要的功能，监测各个导航系统的时间也为多模导航系统的联合授时功能奠定了基础。

早在 2005 年，GALILEO 和 GPS 之间制定了详细的时差监测方案（Jörg et al.，2005）。美国和欧盟之间的工作小组专门研究 GGTO 发布方案，并最终给出了 GPS 和 GALILEO 的导航电文中同时发播 GGTO 数据的建议。两系统间的时间偏差预报和发布的不确定度小于±5ns/24h（在 2σ 置信区间上），稳定度 $<8\times10^{-14}$（阿伦方差，日稳定度）。按照 GALILEO 的设计，时间偏差通过两种技术手段来确定。第一种技术手段：通过 PTF 和 USNO 之间建立卫星双向时间比对链路，通过卫星双向比对可以直接得到 GST 与 UTC(USNO)的时间偏差，加上 USNO 监测到的

UTC(USNO)-GPST 改正差即可得到 GGTO。第二种技术手段：通过设置在 PTF 的 GPS/GALILEO 接收机接收空中的 GPS 和 GALILEO 的信号来确定 GGTO。第一种为主要技术手段，第二种为冗余备份。

国际相关组织发布了有关 GPST、GLONASST 事后时差监测数据，实现了 GLONASS 卫星星钟与 GPST 及 GLONASST 的时差监测，并通过 FTP 服务器发布了相关数据（李晓睿，2013）。时差文件滞后一天发布，发布的时差数据有两种，一种是时间间隔为 30s，另一种为 5min。此外，BIPM 时间公报发布了 GPST/GLONASST 与 UTC 之差。国际组织发布的时差数据结果都是事后处理结果，而且没有通过导航电文进行实时发播。

GNSS 和现代守时技术互相促进，协调发展。现代守时技术的发展使得 GNSS 时间性能得到提升，从而能提供更精确的位置和定时服务，同时 GNSS 授时性能的改善也提高了守时系统中的远程时间比对的性能，进而提高其时间保持性能。

参 考 文 献

蔡志武, 蔺玉亭, 肖胜红, 等, 2021. 时间基准与授时服务[M]. 北京：国防工业出版社.

曹冲, 2019. 前六代俱往矣 GPS Ⅲ开启现代化新进程[J]. 卫星与网络, 192(4): 41-43.

董绍武, 2009. GNSS 时间系统及其互操作[J]. 仪器仪表学报, 30(10): 356-357.

顾亚楠, 陈忠贵, 帅平, 2008. 国外导航卫星星载原子钟技术发展概况[J]. 国际太空, 10: 12-16.

广伟, 2019.GNSS 时间互操作关键技术研究[D]. 西安: 中国科学院研究生院(国家授时中心).

李晓睿, 2013. 单站 GPST/GLONASST 实时差监测与预报研究[D]. 西安: 中国科学院研究生院(国家授时中心).

蔺玉亭, 谢彦民, 张健铤, 2014. GALILEO 系统时间保持与溯源技术分析[J]. 地理空间信息, 12(1): 40-41.

卢晓春, 王萌, 王雪, 等, 2021. GPS III 首星信号结构及其特性分析[J]. 电子与信息学报, 43:1-7.

吴海涛, 卢晓春, 李孝辉, 等, 2012.卫星导航系统时间基础[M]. 北京: 科学出版社.

中国卫星导航管理办公室, 2019. 北斗卫星导航系统发展报告[R]. 北京: 中国卫星导航办公室.

EUROPEN UNION, 2010. European GNSS (GALILEO) Open Service Signal in Space Interface Control Document[R]. Brussels: OSSIS ICD.

GUANG W, DONG S W, WU W J, et al., 2018. Progress of BeiDou time transfer at NTSC[J]. Metrologia, 55(2): 175-187.

HAN C H, YANG Y X, CAI Z W, 2011. BeiDou Navigation Satellite System and its time scales[J]. Metrologia, 48(4): 213-218.

JÖRG H H, EDWARD D, 2005. Implementation of the GPS to GALILEO time offset (GGTO)[C]. Proceedings of the 2005 IEEE International Frequency Control Symposium and Exposition, Vancouver, BC, Canada：33-37.

LEWANDOWSKI W, ARIAS E F, 2011. GNSS times and UTC[J]. Metrologia, 48(4): 219-224.

TAVELLA P, PETIT G, 2020, Precise time scales and navigation systems: Mutual benefits of timekeeping and positioning[J]. Satellite Navigation, 1(1): 1-10.

ZANELLO R, BUSSO A, DETOMA E, 2007. Time Transfer with The GALILEO Precise Timing Facility[C]. Proceedings of the 39th Annual Precise Time and Time Interval (PTTI) Meeting. Santa Ana Pueblo, New Mexico: 439-448.

ZHANG H J, LI X H, ZHU L, et al., 2014. Research on GNSS System Time Offset monitoring and prediction [C]. China Satellite Navigation Conference (CSNC) 2014 Proceedings, Nanjing, China: 427-438.

附　　录

附录 1　守时常用名词

atomic time scale	原子时间尺度
barycentic coordinate time(TCB)	质心坐标时
barycentic dynamical time(TDB)	质心力学时
calibration	校准
coordinate time	坐标时
coordinated universal time(UTC)	协调世界时
DTAI	TAI 和 UTC 之差
DUT1	UT1 和 UTC 之差
échelle atomique libre(EAL)	自由原子时
ephemeris time(ET)	历书时
frequency accuracy	频率准确度
frequency drift	频率漂移
frequency instability	频率稳定度
frequency offset	频率偏差
frequency reproducibility	频率复现性
frequency standard	频率标准（频率源）
frequency synchronization	频率同步
geocentric coordinated time(TCG)	地心坐标时
Greenwich mean time(GMT)	格林尼治平时
international atomic time(TAI)	国际原子时
International Telecommunication Union(ITU)	国际电信联盟
international earth rotation service(IERS)	国际地球自转与参考系服务组织
Julian date(JD)	儒略日
leap second	闰秒（跳秒）
maximum time interval error(MTIE)	最大时间间隔误差
mean solar time	平太阳时
modified Julian date(MJD)	约化儒略日
network time protocol(NTP)	网络时间协议
nominal value	标称值

normalized value	归一化值
phase deviation	相位偏差
phase jump	相位突跳
primary frequency standard	基准频率标准
proper time	原时
secondary frequency standard	次级频标
sidereal time(ST)	恒星时
terrestrial time(TT)	地球时
time interval error(TIE)	时间间隔误差
time scale	时间尺度
time synchronization	时间同步
traceability	可溯源性
uncertainty	不确定度
universal time(UT)	世界时
ZULU time	ZULU 时间，某些通信协议用（Z）或者（ZULU）时间来指定 UTC

附录 2　全球保持协调世界时 UTC(*k*)的守时机构名录*

简称	外文全称	中文全称
AGGO	Argentiniean-German Geodetic Observatory, Argentina	阿根廷-德国大地观测站，阿根廷
AOS	Astrogeodynamical Observatory, Space Research Centre P.A.S., Borowiec, Poland	波兰天文地球动力天文台
APL	Applied Physics Laboratory, Laurel, Maryland, USA	美国应用物理实验室
AUS	Consortium of Laboratories in Australia	澳大利亚联合实验室
BEV	Bundesamt für Eich-und Vermessungswesen, Vienna, Austria	奥地利国家标准与计量研究院
BFKH	Government Office of Capital City of Budapest, Metrology and Technical Supervisory Department, Hungary	布达佩斯政府办公室，计量技术监督部，匈牙利
BIM	Bulgarian Institute of Metrology, Sofiya, Bulgaria, Formerly NMC	保加利亚计量研究院
BOM	Bureau of Metrology of Macedonia, Macedonia	马其顿计量研究院
BIRM	Beijing Institute of Radio Metrology and Measurement, Beijing, China	北京无线电计量研究院
BY	Belarussian State Institute of Metrology, Minsk, Belarus	白俄罗斯国家计量研究院

* 资料来源于 BIPM 2019 年时间工作年报。

续表

简称	外文全称	中文全称
CAO	Stazione Astronomica di Cagliari(Cagliari Astronomical Observatory), Cagliari, Italy	意大利卡利亚里天文台
CH	METAS Swiss Federal Office of Metrology, Bern-Wabern, Switzerland	瑞士联邦计量局
CNES	Centre National d'Etudes Spatiales, France	法国国家空间研究中心
CNM	Centro Nacional de Metrología, Querétaro, Mexico	墨西哥国家计量院
CNMP	Centro Nacional de Metrología de Panamá, Panama	巴拿马国家计量中心
DFNT	Laboratoire de Métrologie de la Direction Générale des Transmissions et de l'Informatique(DEF-NAT), Tunisia	突尼斯计量研究院
DLR	Deutsche Zentrum für Luft-und Raumfahrt(German Aerospace Centre)Oberpfaffenhofen, Germany	德国国家航空与宇航中心
DMDM	Directorate of Measures and Precious Metals, Belgrade, Serbia(formerly ZMDM)	塞尔维亚测量与贵金属部
DTAG	Deutsche Telekom AG, Frankfurt/Main, Germany	德国电信公司
EIM	Hellenic Institute of Metrology, Thessaloniki, Greece	希腊计量研究院
ESTC	European Space Research and Technology Centre (ESA-ESTEC), Noordwijk, The Netherlands	欧洲太空研究与技术中心
HKO	Hong Kong Observatory, Hong Kong, China	中国香港天文台
IDN	Standardization Agency of Indonesia, Indones	印度尼西亚标准研究院
IFAG	Bundesamt für Kartographie und Geodäsie(Federal Agency for Cartography and Geodesy), Fundamental station, Wettzell, Kötzting, Germany	德国应用测量研究所（联邦德国制图与大地测量局）
IGNA	Instituto Geográfico Nacional, Buenos Aires, Argentina	阿根廷军事大地测量研究院
IMBH	Institute of Metrology of Bosnia and Herzegovina, Bosnia and Herzegovina	波斯尼亚-黑塞哥维那计量研究院
INCP	Instituto Nacional de Calidad(INACAL) of Peru, Peru	秘鲁国家质量研究院
INM	Instituto Nacional de Metrología of Colombia, Colombia	哥伦比亚国家计量研究院
INPL	National Physical Laboratory, Jerusalem, Israel	以色列国家物理实验室
INTI	Instituto Nacional de Tecnología Industrial, Buenos Aires, Argentina	阿根廷工业技术研究院
INXE	National Institute for Metrology and Technology(INMETRO) Time and Frequency Laboratory, Rio de Janeiro, Brazil	巴西国家计量技术研究院
IPQ	Instituto Português da Qualidade, Monte de Caparica, Portugal	葡萄牙国家计量研究院
IT	Istituto Nazionale di Ricerca Metrologica(INRIM), Torino, Italy	意大利国家标准计量院

续表

简称	外文全称	中文全称
JATC	Joint Atomic Time Commission, Lintong, China	中国综合原子时委员会
JV	Justervesenet, Norwegian Metrology and Accreditation Service, Kjeller, Norway	挪威贸易与工业局
KEBS	Kenya Bureau of Standards, Nairobi, Kenya	肯尼亚标准局
KRIS	Korea Research Institute of Standards and Science, Daejeon, Rep. of Korea	韩国计量科学研究院
KZ	Kazakhstan Institute of Metrology(KasInMetr), Astana, Kazakhstan	哈萨克斯坦计量研究院
LDS	University of Leeds, United Kingdom	英国利兹大学
LRTE	Laboratório de Referência de Tempo e Espaço, Brazil	巴西时间和空间参考实验室
LT	Center for Physical Sciences and Technology(VMT/FTMC), Vilnius, Lithuania	立陶宛物理科学与技术中心
LUX	Bureau Luxembourgeois de Métrologie(ILNAS), Luxembourg	卢森堡计量院
LV	Latvian National Metrology Centre, Latvia	拉脱维亚国家计量中心
MASM	Mongolian Agency for Standardization and Metrology, Mongolia	蒙古标准化计量院
MBM	Bureau of Metrology - Laboratory for time and frequency, Montenegro	黑山共和国计量院-时间和频率实验室
MIKE	Center for Metrology and Accreditation, Espoo, Finland	芬兰计量与认证中心
MSL	Measurement Standards Laboratory, Lower Hutt, New Zealand	新西兰测量标准实验室
MTC	MAKKAH Time Centre - King Abdulah Centre for Crescent Observations and Astronomy, Makkah, Saudi Arabia	沙特阿拉伯麦加时间中心-阿卜杜拉国王天文台
NAO	National Astronomical Observatory, Misuzawa, Japan	日本国立天文台
NICT	National Institute of Information and Communications Technology, Tokyo, Japan	日本国家信息与通信技术研究院
NIM	National Institute of Metrology, Beijing, China	中国国家计量研究院
NIMB	National Institute of Metrology, Bucharest, Romania	罗马尼亚国家计量研究院
NIMT	National Institute of Metrology, Bangkok, Thailand	泰国国家计量研究院
NIS	National Institute for Standards, Cairo, Egypt	埃及国家标准研究院
NIST	National Institute of Standards and Technology, Boulder, Colorado, USA	美国国家标准与技术研究院
NMIJ	National Metrology Institute of Japan, Tsukuba, Japan	日本国家计量院
NMLS	National Metrology Laboratory of SIRIM Berhad, Shah Alam, Malaysia	马来西亚国家计量实验室
NPL	National Physical Laboratory, Teddington, United Kingdom	英国国家物理实验室
NPLI	National Physical Laboratory, New Delhi, India	印度国家物理实验室

续表

简称	外文全称	中文全称
NRC	National Research Council of Canada, Ottawa, Canada	加拿大国家研究委员会
NRL	U.S. Naval Research Laboratory, Washington D.C., USA	美国海军研究实验室
NSAI	National Standards Authority of Ireland's National Metrology Laboratory(NSAI NML), Ireland	爱尔兰国家计量研究院
NTSC	National Time Service Center, CAS, Lintong, China	中国科学院国家授时中心
ONBA	Observatorio Naval, Buenos Aires, Argentina	阿根廷海军天文台
ONRJ	Observatório Nacional, Rio de Janeiro, Brazil	巴西国立天文台
OP	Laboratoire national de métrologie et d'essais – Systèmes de références space temps, Observatoire de Paris(LNE-SYRTE), Paris, France	法国巴黎天文台
ORB	Observatoire Royal de Belgique, Brussels, Belgium	比利时皇家天文台
PL	Consortium of laboratories in Poland	波兰联合实验室
PTB	Physikalisch-Technische Bundesanstalt, Braunschweig, Germany	德国技术物理研究院
ROA	Real Instituto y Observatorio de la Armada, San Fernando, Spain	西班牙圣费尔南多皇家天文研究院
SASO	Saudi Standards, Metrology and Quality Organization, Riyadh, Kingdom of Saudi Arabia	沙特阿拉伯计量和质量标准机构
SCL	Standards and Calibration Laboratory, Hong Kong, China	中国香港标准与校准实验室
SG	National Metrology Centre - Agency for Science, Technology and Research(A*STAR), Singapore	新加坡国家计量中心
SIQ	Slovenian Institute of Quality and Metrology, Ljubljana, Slovenia	斯洛文尼亚质量与计量研究院
SL	Measurement Units, Standards and Services Department (MUSSD), Sri Lanka	斯里兰卡标准与服务计量部门
SMD	Metrology Division of the Quality and Safety Department-Scientific Metrology Brussels, Belgium	比利时科学计量局质量与安全计量部门
SMU	Slovenský Metrologičký Ústav(Slovak Institute of Metrology), Bratislava, Slovakia	斯洛伐克计量研究院
SP	Research Institutes of Sweden AB(RISE)	瑞典国家检测研究院
SU	Institute of Metrology for Time and Space(IMVP), NPO “VNIIFTRI” Mendeleevo, Moscow Region, Russia	俄罗斯时间与空间计量研究院
TL	Telecommunication Laboratories, Taiwan, China	中国台湾电信实验室
TP	Institute of Photonics and Electronics, Czech Academy of Sciences(IPE/ASCR), Prague, Czech Republic	捷克科学院光子与电子研究院
TUG	Technische Universität, Austria	奥地利技术大学

续表

简称	外文全称	中文全称
UA	National Science Center "Institute of Metrology", Kharkhov, Ukraine	乌克兰国家科学中心“计量研究院”
UAE	Emirates Metrology Institute(EMI/UAE), The United Arab Emirates	阿联酋计量研究院
UME	Ulusai Metroloji Enstitüsü, Marmara Research Centre, (National Metrology Institute), Gebze Kocaeli, Turkey	土耳其国家计量院
USNO	U.S. Naval Observatory, Washington D.C., USA	美国海军天文台
VMI	Vietnam Metrology Institute, Ha Noi, Vietnam	越南计量研究院
VSL	VSL, Dutch Metrology Institute, Delft, the Netherlands	荷兰计量研究院
ZA	National Metrology Institute of South Africa(NMISA), Pretoria, South Africa	南非国家计量院

附录 3　全球保持独立原子时 TA(k)的守时机构名录*

简称	外文全称	中文全称
AOS	Astrogeodynamical Observatory, Space Research Centre P.A.S., Borowiec, Poland	波兰天文地球动力天文台
CH	METAS Swiss Federal Office of Metrology, Bern-Wabern, Switzerland	瑞士联邦计量局
CNM	Centro Nacional de Metrología, Querétaro, Mexico(CENAM)	墨西哥国家计量院
JATC	Joint Atomic Time Commission, Lintong, China	中国综合原子时委员会
KRIS	Korea Research Institute of Standards and Science(KRISS), Daejeon, Rep. of Korea	韩国计量科学研究院
NICT	National Institute of Information and Communications Technology, Tokyo, Japan	日本国家信息与通信技术研究院
NIST	National Institute of Standards and Technology, Boulder, Colorado, USA	美国国家标准与技术研究院
NRC	National Research Council of Canada, Ottawa, Canada	加拿大国家研究委员会
NTSC	National Time Service Center, CAS, Lintong, China	中国科学院国家授时中心
ONRJ	Observatório Nacional, Rio de Janeiro, Brazil	巴西国立天文台
OP	Laboratoire national de métrologie et d'essais-Systèmes de références space temps, Observatoire de Paris(LNE-SYRTE), Paris, France	法国巴黎天文台

* 资料来源于 BIPM 2019 年时间工作年报。

续表

简称	外文全称	中文全称
PL	Consortium of laboratories in Poland	波兰联合实验室
PTB	Physikalisch-Technische Bundesanstalt, Braunschweig, Germany	德国技术物理研究院
SU	Institute of Metrology for Time and Space(IMVP), NPO “VNIIFTRI” Mendeleevo, Moscow Region, Russia	俄罗斯时间与空间计量研究院
TL	Telecommunication Laboratories, Taiwan, China	中国台湾电信实验室
UA	National Science Center “Institute of Metrology”, Kharkhov, Ukraine	乌克兰国家科学中心“计量研究院”
USNO	U.S. Naval Observatory, Washington D.C., USA	美国海军天文台